Die **Beiträge zur Geschichte des österreichischen Eisenwesens** werden enthalten:

Abt. I. Bergbau und Roheisenverarbeitung

Geologie der innerösterreichischen Eisenerzlagerstätten. (Dr. K. A. Redlich, o. ö. Professor an der Deutschen Technischen Hochschule Prag.) — Römischer Bergbau und römische Eisenverhüttung in Steiermark und Kärnten. (Dr. Walter Schmid, Professor an der Universität Graz, Landesarchäologe in Steiermark.) — Geschichte des steirischen und Hüttenberger Erzberges von den ältesten Zeiten bis zum Ende des 18. Jahrhunderts. — Die Rauheisenhämmer im innerösterreichischen Gebiet. (Dr. Hans Pirchegger, Professor an der Universität Graz.)

Abt. II. Eisenverarbeitung und Eisenhandel

Staatliche und wirtschaftliche Grundlagen. († Dr. Kurt Kaser, o. Professor an der Universität Graz.) — Eisenverarbeitung und Eisenhandel von den ältesten Zeiten bis in die Mitte des 19. Jahrhunderts. (Bearbeiter noch unbestimmt.)

Abt. III. Die österreichische Eisenindustrie der Gegenwart

Die volkswirtschaftliche Bedeutung des österreichischen Eisenwesens der Gegenwart auf geschichtlicher Grundlage. (Dr. Wilhelm Andreae, o. Professor an der Universität Graz.) — Geschichte des innerösterreichischen Eisenwesens vom Ende des 18. Jahrhunderts bis zur Gegenwart. (Ing. Wilhelm Schuster, Eisenerz.)

Abt. IV. Kultur und Kunst im österreichischen Eisenwesen

Eisenleute und Eisenstätten. Von Dr. Maja Loehr, Wien. — Sitte und Brauchtum im österreichischen Eisenwesen. (Dr. Viktor von Geramb, Privatdozent an der Universität Graz, Vorstand der Volkskundlichen Abteilung am Landesmuseum Joanneum.) — Das Eisen im österreichischen Kunsthandwerk. (Dr. Dr. Hans Riehl, Privatdozent an der Universität Graz.)

Abt. V. Quellen zur Geschichte des österreichischen Eisenwesens

Quellen und Urkundenauszüge. (Dr. Anton Mell, o. Professor an der Universität Graz.) — Glossar der Bergmanns- und Hüttensprache. ... sämtlichen Heften.

Bisher sind e...

Abt. I., Heft 1. ... Die Geologie der innerösterreichischen Eisenerzlagerstätten, 1931.

Abt. I., Heft 2. W. Schmid, Norisches Eisen, 1932.

Abt. II., Heft 1. Kurt Kaser, Eisenverarbeitung und Eisenhandel. Die staatlichen und wirtschaftlichen Grundlagen, 1932.

BEITRÄGE ZUR GESCHICHTE DES ÖSTERREICHISCHEN EISENWESENS

IM AUFTRAGE DER
ÖSTERREICHISCH-ALPINEN MONTANGESELLSCHAFT

HERAUSGEGEBEN VON

DR. MAJA LOEHR PROF. DR. ANTON MELL
PRIVATDOZ. DR. HANS RIEHL

ABT. II, HEFT 1

1932

WIEN-BERLIN
VERLAG JULIUS SPRINGER

DÜSSELDORF
VERLAG STAHLEISEN M. B. H.

EISENVERARBEITUNG UND EISENHANDEL

DIE STAATLICHEN UND WIRTSCHAFTLICHEN GRUNDLAGEN DES INNERÖSTERREICHISCHEN EISENWESENS

VON

DR. KURT KASER

O. PROFESSOR AN DER UNIVERSITÄT GRAZ

MIT 18 ABBILDUNGEN

1932

WIEN·BERLIN

VERLAG JULIUS SPRINGER

DÜSSELDORF

VERLAG STAHLEISEN M. B. H.

ISBN 978-3-7091-9715-8 ISBN 978-3-7091-9962-6 (eBook)
DOI 10.1007/978-3-7091-9962-6

ZUR EINFÜHRUNG.

Als sich die Österreichisch-Alpine Montangesellschaft vor einigen Jahren rüstete, im Jahre 1931 den Gedenktag ihres 50jährigen Bestandes zu begehen, reifte in den leitenden Persönlichkeiten der Entschluß, diesen Zeitpunkt in würdiger Weise festzuhalten durch Förderung eines großangelegten wissenschaftlichen Werkes, das die Geschichte des steirisch-kärntnerischen Eisenwesens von den ältesten Zeiten bis zur Gegenwart behandeln und somit die Wurzeln und die Vorgeschichte des größten alpenländischen Montanunternehmens erschöpfend aufhellen und sowohl der Fachwelt als weiteren Kreisen zugänglich machen sollte.

Zur Bearbeitung des umfassenden und auf reichhaltigem, bisher noch unbearbeitetem archivalischen und gegenständlichen Material aufgebauten Werkes wurde eine Reihe von Fachgelehrten gewonnen und ein Redaktionsausschuß eingesetzt, in den außer dem seitens der Gesellschaft mit der Leitung betrauten Prokuristen Dr. phil. Fritz Erben, Dr. phil. Maja Loehr, Wien, und Dr. phil. et Dr. rer. pol. Hans Riehl, Privatdozent an der Universität Graz, berufen wurden.

Im Zuge der vorbereitenden Arbeiten wurde das außergewöhnlich umfangreiche handschriftliche Material, das der 1918 verstorbene, um die Erforschung des innerösterreichischen Eisenwesens hochverdiente Realschulprofessor Alphons Müllner gesammelt hatte, aus den Händen seiner Witwe erworben und zur quellenmäßigen Verwertung durch die Mitarbeiter im Steiermärkischen Landesarchiv zu Graz hinterlegt. Zu gleichem Zwecke stellte das Bundesministerium für Handel und Verkehr den in seinem Besitz befindlichen Teil des handschriftlichen Nachlasses Alphons Müllners zur Verfügung, wofür an dieser Stelle dem hohen Ministerium der geziemende Dank abgestattet werde.

Die Arbeiten an dem auf fünf Bände angelegten Werke waren bereits sehr weit vorgeschritten, als die Ungunst der Zeiten die Österreichisch-Alpine Montangesellschaft veranlaßte, die Drucklegung vorläufig zu unterbrechen. Um die bereits vollendeten und in sich abgeschlossenen Teile so bald als möglich der Veröffentlichung zuzuführen, wurde die Form gewählt, die ursprünglich nach systematischen Gesichtspunkten aufgebauten Bände in Einzelhefte einer zwanglos erscheinenden Schriftenfolge aufzulösen und der Herausgabe durch die Unterzeichneten anzuvertrauen. Es ist geplant, das gesamte Stoffgebiet auf diese Weise nach und nach fortlaufend zu bearbeiten und die Schriftenreihe zuletzt durch ein Generalregister abzuschließen und zu einem geschlossenen Werke zusammenzufassen.

Über den Inhalt der in Aussicht genommenen Einzelhefte und ihre Bearbeiter gibt die Übersicht auf dem Umschlag Aufschluß.

Schließlich sei es den Herausgebern gestattet, ihren aufrichtig gefühlten Dank hier allen jenen öffentlichen Stellen und Einzelpersönlichkeiten abzustatten, die die Bearbeitung des gewaltigen Stoffgebietes durch teilnehmendes Interesse gefördert haben. In erster Linie gebührt unser wärmster Dank den Hütern des reichhaltigen archivalischen Materials zur Geschichte des steirischen und kärntnerischen Eisenwesens, dem Steiermärkischen Landesarchiv und dem Landesregierungsarchiv in Graz sowie dem Kärntnerischen Landesarchiv in Klagenfurt; ferner dem Staatsarchiv und dem Hofkammerarchiv in Wien und dem Städtischen Archiv in Steyr; schließlich allen örtlichen öffentlichen und privaten Archiven, die ihre Bestände in entgegenkommender Weise der Bearbeitung durch unsere Mitarbeiter zugänglich gemacht haben.

Wien und Graz, im Dezember 1931.

Maja Loehr Anton Mell Hans Riehl

GELEITWORT.

Von Generaldirektor Dr. mont. h. c. ANTON APOLD.

Es gehört gewiß zu den Seltenheiten, daß ein Industrieunternehmen heute noch an den Stätten arbeitet, an denen schon vor etwa 2000 Jahren in derselben Richtung eine rege Tätigkeit entfaltet wurde und daß die gleichen alpinen Erzvorkommen wie in den ältesten Zeiten so auch heute noch den Ausgangspunkt des österreichischen Eisenwesens bilden.

Die Güte des norischen Eisens, schon von antiken Schriftstellern gepriesen, hat seither in der ganzen Welt Anerkennung gefunden und unsere Eisen- und Stahlhüttenwerke waren mit Erfolg bemüht, dem steirischen Stahl seine Weltgeltung zu bewahren.

Sie haben an einer Tradition festgehalten, die in die vorchristliche Zeit zurückreicht und sich als deren treue Hüter zum Nutzen der Wirtschaft unsterbliche Verdienste erworben.

Inmitten einer Zeit, die alle Fäden zwischen Vergangenheit und Zukunft zu zerreißen strebt, die das Werdende dem Einfluß des Gewordenen mit allen Mitteln zu entziehen sucht, zeigt sich gerade auf dem Gebiete der Technik ein lebhafter Sinn für geschichtliche Entwicklung; Technik und Wirtschaft beginnen ihren Entwicklungsgang zum Gegenstand wissenschaftlicher Forschung zu machen. Die besonderen örtlich gebundenen Verhältnisse der österreichischen Eisenindustrie haben trotz der durch die technischen und wirtschaftlichen Veränderungen des Gesamtbetriebes von der Urproduktion bis zum Marktverkehr hervorgerufenen kolossalen Umwälzungen eine starke ununterbrochene Tradition erhalten, deren Auswirkungen auf kulturellem und wirtschaftlichem Gebiet einer umfassenden Darstellung des gesamten Eisenwesens durch die berufenen historischen, volkswirtschaftlichen und technischen Fachleute wert erscheinen.

Und so faßte die Österreichisch-Alpine Montangesellschaft den Entschluß, anläßlich der Feier ihres fünfzigjährigen Bestandes die Bearbeitung des in großer Fülle vorhandenen urkundlichen und gegenständlichen Materials zur Geschichte des Eisenwesens in Innerösterreich durch berufene Fachmänner zu veranlassen und hofft mit dieser umfassenden historischen Darstellung die Entwicklung unserer Eisen- und Stahlindustrie bis zu ihrem heutigen Stande weiten Kreisen näherzubringen. Dem Fachmann insbesonders möge diese Schriftenfolge von neuem die Arbeit unserer Vorgänger in übersichtlicher Form vor Augen führen und ihn die Leistungen ehrfürchtig schätzen lehren, auf denen wir heute weiterbauen.

EISENVERARBEITUNG UND EISENHANDEL

DIE STAATLICHEN UND WIRTSCHAFTLICHEN GRUNDLAGEN DES INNERÖSTERREICHISCHEN EISENWESENS

VON

KURT KASER

ZUM GELEIT.

Keinen dankbareren, wichtigeren, aber auch kaum einen schwie= rigeren Stoff kann sich der Erforscher und Darsteller der Vergangenheit des österreichischen Wirtschaftlebens wünschen als die Geschichte des steirisch=kärntnischen Eisenwesens. Der Historiker darf stets hoffen, seinen Leser dann am stärksten zu fesseln, wenn er ihn auf ein Gebiet führen kann, wo Vergangenheit und Gegenwart sich innig die Hände reichen, wenn er ihm eine Entwicklung anschaulich zu machen sucht, deren Quellen noch das heutige Leben befruchten. Und dann darf er vielleicht auch die bescheidene Hoffnung hegen, nicht nur seiner Wissen= schaft zu nützen, dem engeren Kreis der Fachgenossen etwas Neues zu sagen, sondern auch den praktischen Bedürfnissen der Mitwelt einen und sei es auch nur kleinen Dienst zu erweisen.

Und bei welchem historischen Thema wäre das leichter möglich als bei einer die Jahrhunderte überschauenden Betrachtung des alpen= ländischen Eisenwesens, wo ja Geschichte und Leben förmlich in= einanderfließen. Entsproßten doch der eisenreichen Erde unserer inner= österreichischen Länder seit kaum erdenklicher Zeit nimmermüder Gewerbe= und Kunstfleiß und ein weltumspannender Handelsgeist. Heißt unser Steirerland doch mit Recht die „eherne Mark“. Und hat doch das Eisenwesen Steiermarks und Kärntens sowie der ihm eng ver= bundenen Donauländer in stetiger technischer und kommerzieller Wand= lung, oft unter schweren Kämpfen und Rückschlägen, bis heute sich seine unverwüstliche Lebenskraft bewahrt, vor 50 Jahren im Rahmen einer neuen, alle Kräfte zusammenfassenden Organisation einen starken Quell der Verjüngung gefunden.

Reichlich, fast überreichlich strömt der Born der Überlieferung. In Österreichs staatlichen, landschaftlichen und städtischen Archiven lagern wahre Berge von Material, das erst zum geringsten Teil literarisch verarbeitet ist, in der Hauptmasse aber noch der sichtenden, prüfenden und gestaltenden Hand des Forschers bedarf, der manchmal im Überfluß zu ersticken fürchtet, manchmal freilich auch auf schmerzliche, schwer ausfüllbare Lücken stößt. Diese Massen im ersten Angriff bewältigen zu wollen, ginge wohl über Menschenkraft. Auch dieses Werk kann und soll kein Abschluß sein, bleibt von voll=

ständiger Erschöpfung des erdrückenden Quellenstoffs weit entfernt. Sein Verfasser mußte sich an dem Versuch genügen lassen, aus der Fülle des Urmaterials das Wesentlichste herauszuschürfen und mit den gesicherten Ergebnissen älterer Forscher zu einem — hoffentlich lebensvollen — Gesamtbild zu verschmelzen. Möge es ihm gelungen sein, den historischen Fachmann, den Wirtschaftshistoriker, vielleicht auch den Erforscher der Geschichte der Technik zu weiteren Grabungen anzuregen, ihm einen Führer durch neuerschlossene Gefilde an die Hand zu geben. Aber auch an den weiten und bunten Kreis aller Geschichtsfreunde will er sich wenden, vor allem an die heutigen Träger und Bahnbrecher der Eisenindustrie, an die Unternehmer wie an die Arbeiter. Ihnen möchte er, wenn auch nur in gröbsten Umrißlinien, ein Bild zeichnen von der Arbeit ihrer Vorfahren, von deren Wollen und Vollbringen, deren Kämpfen, Siegen und Niederlagen. Dann empfindet wohl auch das heutige Geschlecht unserer Eisenleute die Wahrheit des Dichterwortes:

„Wohl dem, der seiner Väter gern gedenkt."

Ein weiter und steiler Weg führt von den noch im Halbdunkel liegenden Anfängen des Eisenwesens zu der Gestaltung, die es vor einem halben Jahrhundert gewonnen hat. Hineingepflanzt in eine rauhe Gebirgswelt, gebunden an Wasser und Wald, dem Haß der Elemente preisgegeben, oft bedrängt durch Kriegs- und Hungersnot, im Kampf mit einer sich immer drohender entfaltenden Konkurrenz haben unsere alten Gewerken mit unverdrossenem Fleiß ihre Arbeit getan, in zäher Beharrlichkeit und mit bescheidenen Hilfsmitteln Hindernisse überwunden, deren eine fortgeschrittene Technik spielend Herr wird, ihre ganze Kraft der Erhaltung der weitberühmten „Gottesgabe" des Eisenbergwerks gewidmet und so ein Erbe hinterlassen, von dem noch die Gegenwart dankbar zehrt.

Aber nicht nur aus „Büchern und Papier" kann dieses Bild der Vergangenheit wiederhergestellt werden. Es bedarf hiezu der lebendigen Anschauung. Mit ehernen Zügen hat sich die Entwicklung des Eisenwesens in das Kultur- und Landschaftsbild der österreichischen Alpenländer eingegraben. Wer sie mit offenem Auge durchwandert, der findet noch genug Reste älterer Erscheinungsformen unserer Eisenindustrie, wenn wir der Kürze wegen diesen Ausdruck gebrauchen dürfen, obwohl er dem heutigen Begriff nicht voll entspricht. Und am lehrreichsten, eindringlichsten und reizvollsten wirken diese Formen dort, wo in ihnen das Leben noch nicht erloschen ist, am allerstärksten an Orten, wo neben die Denkmäler der Vergangenheit die Gegenwart ihre gigantischen Schöpfungen gestellt hat. An den Abhängen des steirischen Erzberges die Spuren römischer Schmelztätigkeit und unweit davon das gewaltige Werk Donawitz, wo der ganze Prozeß der Eisenverarbeitung von der Gewinnung des Roheisens bis zur letzten Formgebung sich leicht überblickbar vor unseren Augen abrollt, wo in engster Arbeitsvereinigung die moderne Technik ihre höchsten Triumphe zur Schau stellt. So läßt sich die Geschichte unseres Eisenwesens zum Teil wie aus einem Bilderbuch ablesen und mit einem Blick kann der Historiker sich manchmal der ungeheuren Veränderungen des Produktionsprozesses bewußt werden.

Aber nicht nur Richtung und Stärke des technischen Fortschritts lernt er auf solchen Wanderfahrten deutlicher erfassen. Sie verhelfen ihm auch zu recht lebendiger Erkenntnis der ideellen Errungenschaften, der hohen Bedeutung, die das Eisenwesen für die altösterreichische Bürgerkultur gewonnen hat. Unvergeßlich bleibt vor allem jeder Besuch der altberühmten Eisenstädte Steyr, Leoben, Althofen und St. Veit an der Glan. Sie bewahren noch, leidlich geschützt gegen modernisierenden Zerstörungsdrang, in den Hauptzügen das Bild der Glanzzeit, wo der in der Eisenarbeit gesammelte Reichtum sich in ästhetische Werte umgesetzt hat. Wir bewundern die stattlichen, von Wohlstand und Geschmack zeugenden Gewerken- und Kaufmannshäuser, die hochragenden Kirchenbauten. Selbst die Namen der Gassen und Stadtviertel können unsere geschichtliche Kenntnis bereichern.

Aber auch draußen auf dem Land, in den reizvollen Fluß- und Gebirgstälern Oberösterreichs, in manchem abgelegenen Graben genug der Überbleibsel einst blühender Eisengewerbe, deren Betrachtung den Wanderer freilich manchmal wehmütig stimmt. An mancher verlassenen oder nur noch mühsam weiterlebenden Messer- oder Nagelschmiede führt ihn sein Weg vorbei, an den Leichensteinen auf dem Schlachtfeld des modernen Wirtschaftskrieges, wo auch nur das ewige Recht des Stärkeren gilt. Greifbar und ergreifend sieht er vor sich das unaufhaltsame Hinwegschreiten des Großbetriebes über das patriarchalische Kleinhandwerk. Und darf er dann über die Schwelle eines Gewerkenhauses treten, die gern gewährte Gastfreundschaft des Eigentümers genießen, so findet er bei ihm ein lebendiges historisches Interesse, aufgeschlossenen Sinn für Vergangenheit von Familie und Werksbetrieb. Pietätvoll bewahrtes Innungsgut aus besseren Tagen wird ihm vom Gastfreund mit wehmütigem Stolz vorgewiesen, kunstreich geformte Kelche, die beim fröhlichen Umtrunk kreisten, und alte Zunftladen. Diese aber bergen — was sein Herz am lautesten lachen macht — kostbare Dokumentenschätze, halb vergilbte Geschäftspapiere, die ihm die aus den offiziellen Akten gewonnene Erkenntnis wertvoll ergänzen, so daß er sein Geschichtsbild durch kräftigere Farbentöne, feinere, intimere Züge bereichern kann. Aber nicht nur tote Objekte, verstaubte Papiere erweitern den Kreis seiner Anschauungen. Aus dem Mund des freundlichen Wirtes vernimmt er manche Kunde von vergangener goldener Zeit, aber auch von herber Gegenwartsnot. Er sieht den Enkel der Väter Erbe treulich bewahren, er hört von rastlosen Bemühungen, uralte Geschäftsverbindungen aufrechtzuerhalten oder, wo Wandlungen auf dem Weltmarkt dies unmöglich gemacht haben, neue zu knüpfen. Er überzeugt sich davon, daß Kämpfe und Sorgen heimgegangener Generationen auch noch auf die späten Nachfahren drücken.

So darf der Historiker des Eisenwesens sich nicht nur in Bücher- und Aktenstaub vergraben. Er muß wandern und schauen, muß Augen und Ohren weit auf tun, wenn er der Größe seines Gegenstandes gerecht werden will, wenn seiner Darstellung Farbe und Wärme nicht mangeln sollen.

Zum Schluß noch ein herzliches Wort der Dankbarkeit an die stillen Mitarbeiter dieses Werkes, die Herren Archivbeamten in Graz, Steyr und Wien, aber auch an alle lieben Gastfreunde im Oberösterreicher „Landl“ für wertvollste Unterstützung in Wort und Tat!

Graz, im April 1931.

Kurt Kaser.

Abkürzungen.

A. Fr. = Archiv Freistadt.

H. K. = Akten der innerösterreichischen Hofkammer im Steiermärkischen Landesregierungsarchiv in Graz.

K. M. = Archiv der Kirchdorf-Micheldorfer Sensengewerkschaft (Landesregierungsarchiv Linz).

Müllner = Materialien Alfons Müllners zur Geschichte des innerösterreichischen Eisenwesens (hinterlegt im Steiermärkischen Landesarchiv in Graz).

L. A. = Steiermärkisches Landesarchiv in Graz.

OBA. = Akten des Oberbergamtes Leoben (im L. A.).

St. R. = Staatsratsakten (Haus-, Hof- und Staatsarchiv in Wien).

I. Die staatliche Organisation.

In der Entwicklung des innerösterreichischen Eisenwesens treten uns gewisse ständige oder doch sich regelmäßig wiederholende Einrichtungen und Normen entgegen, die aus unveränderlich fest gehaltenen Prinzipien erfließen, gleichsam das Bleibende im Wechsel darstellen. Es dürfte zweckmäßig sein, diese Erscheinungen in systematischer Ordnung der Schilderung des zeitlichen Ablaufes vorauszuschicken, sozusagen das Flußbett abzustecken, in das sich der Strom des geschichtlichen Lebens mit seinen Wellenbergen und Wellentälern ergießen wird. Durch einen solchen vorangehenden Überblick wird die Erzählung der Einzelvorgänge unterbaut und zugleich entlastet, werden sich störende Wiederholungen am leichtesten vermeiden lassen. Was also an wirtschaftlichen, sozialen und staatlichen Erscheinungsformen des Eisenwesens für alle Zeiten oder mindestens für längere Entwicklungsperioden typisch ist, sich wenigstens in seinen Grundlinien nicht ändert — all dies soll den Inhalt dieser einleitenden Betrachtungen bilden.

Unter jenen konstant wirkenden Momenten aber finden wir eines, das dem Gesamtbild Untergrund und Farbe verleiht: die staatliche Organisation des Eisenwesens. Das Altertum möge hier beiseite bleiben, nur das babenbergische und vor allem das habsburgische Zeitalter sollen in Betracht gezogen werden. Mit dem Ausgang des 12. Jahrhunderts etwa sehen wir die Staatsgewalt den mannigfaltigen Eisenfragen mit zunehmender Intensität und auf verschiedene Art ihr Augenmerk zuwenden. Von den mehr sporadischen Maßregeln der älteren Zeit, von Begnadungen einzelner Stifte, Städte und Korporationen[1] und gelegentlichen Verboten schreitet sie mit Beginn der Neuzeit zu umfassenderen Ordnungen vor, die sich auf alle Glieder des vielgestaltigen Organismus erstrecken, die auf alle Bedürfnisse Rücksicht nehmen, jeden Mangel

[1] Vgl. vorläufig Franz Anton Schmidt, Chronologische und systematische Sammlung der Berggesetze der österreichischen Monarchie, 3. Abt., Sammlung der Berggesetze von Österreich, Steiermark, Kärnten und Krain, 1. Bd. 1182 bis 1553 (1839), n. 3, 12, 13, 16 bis 19 und sonst.

und Mißstand tilgen, jedes Hindernis des Gedeihens aus dem Weg räumen wollen. Ordnung, Gerechtigkeit und Billigkeit sollen im gesamten Bereich des Eisenwesens herrschen. Besonders in schweren Krisenzeiten ist es der Staat, der, gestützt auf sein Zwangsrecht, mit eiserner Hand das Verderben abzuwehren, den ganzen Betrieb in rettende Bahnen zu lenken trachtet.

Diese Fürsorge übt der Staat am eifrigsten zwischen 1500 und 1800, also in jener Zeit, wo die monarchische Gewalt Schritt für Schritt zur Omnipotenz emporsteigt, wo sie nach dem Prinzip unbedingter, straffer Zentralisation und mit Hilfe eines immer feiner durchorganisierten Verwaltungssystems auch der wirtschaftlichen Autonomie mehr und mehr den Boden abgräbt, wo sie schließlich durch Errichtung eigener Kommerzbehörden den Gesamtverlauf des Wirtschaftslebens zu regeln sucht. Gezwungen durch seine eigenen Bedürfnisse, übernimmt der Staat vor allem der Industrie und dem Handel gegenüber die Rolle des gestrengen Vormunds, denn durch ihren Aufschwung kann ja nach der Auffassung der Zeit das Volksvermögen, der Geldüberschuß am sichersten erhalten, am kräftigsten gemehrt werden. Der Staat bedarf einer gesunden, zu höchster Leistung fähigen Volkswirtschaft, wenn er das Gespenst ewiger Geldnot verscheuchen, wenn er Großmachtpolitik treiben, lange und opferreiche Kriege zur Verteidigung oder zur Erweiterung seiner Macht führen können will.

In solcher Zwangslage steckt das Habsburgerreich im ganzen Zeitraume vom Ausgang des Mittelalters bis zum Beginn der Revolutionskriege. Diese Periode ist ausgefüllt durch religiöse und soziale Wirren, durch Weltpolitik, Großmachtbildung, Türken- und Franzosennot, durch die Kämpfe mit dem hohenzollerischen Rivalen und schließlich mit dem Frankreich der Revolution und Napoleons. Ungeheure Aufgaben und kargste Mittel, krampfhaftes Aufspüren neuer Hilfsquellen geben jenen Jahrhunderten habsburgischer Geschichte die Signatur. Zur Herbeiführung des notwendigen finanziellen Gleichgewichtes, zur Sanierung des Staatshaushaltes, zur Stärkung des Staatskredits können aber nach der Meinung der kaiserlichen Berater die Schätze des Erzberges, der Fleiß und die Geschicklichkeit ihrer Bearbeiter, die Erträgnisse des Eisenhandels die besten Dienste leisten. Daher bedarf unter allen Wirtschaftszweigen ganz besonders das Eisenwesen sorgsamster Erhaltung, allseitiger Förderung, damit es dem Staat seine Lasten tragen helfen könne. Wer seine Entwicklung verstehen will, muß sich dieses Zusammenhanges mit der Ausbildung des Merkantilsystems bewußt bleiben, das mindestens schon seit dem 15. Jahrhundert in Mittel- und Westeuropa die Finanzpraxis aller bedeutenden Staatsmänner beherrscht, wenn auch sein breiter theoretischer

Unterbau erst später geschaffen wird. Das Wesen dieses Systems aber ist die Unterordnung der Volks- unter die Staatswirtschaft. Die Hebung der wirtschaftlichen Kraft ist nicht Selbstzweck, sondern hat in erster Linie das finanzielle Machtreservoir des Staates zu erweitern und zu sichern. Und von diesem Gesichtspunkt aus behandelt die habsburgische Finanzpolitik auch die ganze Problemreihe der Eisenwirtschaft.

Eine planmäßige, auf die Hebung des Ganzen bedachte, nicht mehr nur in mehr zufälligen Einzelmaßregeln sich verzettelnde staatliche Ordnung des Eisenwesens setzt am kräftigsten unter Maximilian I. und Ferdinand I. ein,[1] als bedeutsamer Ausläufer der damaligen allgemeinen, fundamentalen Verwaltungsreformen. Seit dieser Zeit wird ein völliges System der verschiedensten Einrichtungen und Vorschriften aufgebaut, teils zur Belebung, Regelung und Überwachung von Produktion und Handel, teils aber auch und letzten Endes zur Sicherung staatlicher Einnahmequellen. Lückenlosigkeit und Folgerichtigkeit werden wir bei der Betrachtung der Einzelheiten als unleugbare Vorzüge dieses Systems rühmen können, aber auch seiner ersichtlichen Mängel und Härten inne werden. Durch einen sich mehr und mehr ausdehnenden, vielfach umgewandelten Verwaltungsapparat reguliert der Staat alle Bewegungen des Eisenkörpers, sucht er dessen Glieder zu schützen und zu stärken, zwischen ihren gerechten Ansprüchen und ihren unabweislichen Pflichten den notwendigen Ausgleich herzustellen. Aber eine strikte Durchführung aller dieser Normen hätte auch zu schädlicher Beengung führen, das freie Spiel der Kräfte hemmen müssen. Die Regierung muß sich daher nicht selten zu mildernden Eingriffen in ihre eigene Ordnung entschließen, wenn sie nicht selbst den Ungehorsam züchten, ihre Autorität erschüttert und das Interesse des Fiskus geschädigt sehen will. Unter Josef II. erst erfolgt eine grundsätzliche Lockerung dieser Fesseln. Die Reformen von 1781, die in eine neue Zeit hinüberleiten, ergeben daher für die Schilderung der staatlichen Organisation von selbst die untere Zeitgrenze.

Die formale Berechtigung seines Eingreifens findet der Landesherr im Montanregal, das vom König auf ihn übergegangen ist. Er betrachtet sich als Herrn und Eigentümer aller Bergwerke in seinen Ländern, sowohl der im Betrieb stehenden wie der erst noch zu erschließenden, also auch der Eisenberge in Steiermark und Kärnten. Der Fürst ist — so heißt es einmal gegen Ende des 16. Jahrhunderts — der Eigentümer des Erzberges und schreibt seinem Betrieb das Gesetz vor. Die Eisenerzeuger sind seine Lehensleute und haben den allerhöchsten Weisungen

[1] Als Vorläufer mag man bereits die Eisenordnungen Friedrichs III. 1448 und 1449 und die Einführung des Proviantwidmungssystems 1490 betrachten.

zu gehorchen. Das Montanregal begreift aber auch alles in sich, was zum Bergbetrieb gehört, „Wälder, Flüsse und Wegfahrten". Zur speziellen Anwendung seines halb in Vergessenheit geratenen Regals auf das Eisenwesen treibt den bedrängten Staat die Erkenntnis von dessen hohem Wert für den allgemeinen Wohlstand und damit auch für die öffentlichen Finanzen. Eine knappe Charakteristik der wirtschaftlichen Bedeutung des Eisenwesens wird uns die Energie der Staatsverwaltung, ihre Mittel und Ziele begreifen lehren.

Seit Jahrhunderten hat das wirtschaftliche Gedeihen der österreichischen Alpenländer, besonders der Steiermark, Kärntens und Krains, die stärksten Wurzeln seiner Kraft in reichstem Bergsegen gefunden. Mit vollen Händen hat die Natur ihrem Boden edle und unedle Mineralien einverleibt, Silber und etwas Gold, Blei, Kupfer und Quecksilber und vor allem Eisen und Salz und ihnen dadurch einen unbezahlbaren Ausgleich für die Armut an Ackerland und Weidegründen geschenkt. Sie gab ihnen zur Hebung und Ausbeutung dieser Schätze auch in Fülle Wasser und Wald, doppelt unentbehrlich für Geschlechter, denen Steinkohle, Dampfkraft und Elektrizität noch unbekannt waren. Und so lag auch in jenen Jahrhunderten, bei denen unsere Betrachtung jetzt verweilt, im 16., 17. und 18., in der Gewinnung der Montanprodukte eine der mächtigsten Triebkräfte der österreichischen Volkswirtschaft. Durch sie wurden blühende Industrien geweckt. Der Verschleiß der Rohstoffe und Fabrikate machte einen sehr erheblichen Teil des erbländischen Innen- und Außenhandels aus, half Österreichs angesehene Stellung auf dem Weltmarkte begründen.

Aber den kostbarsten Teil dieses Montanbesitzes bildet doch der Reichtum an Eisen und Salz, mit dem die Natur Steiermark und Kärnten besonders verschwenderisch bedacht hat. Dort schuf sie neben der ergiebigen Salzlagerstätte Aussee die mächtigen Gebilde des steirischen Erzberges und des kärntnerischen Hüttenberges, deren Adern seit Menschengedenken nimmermüder Fleiß, schließlich gepaart mit sieghafter Technik, tiefer und tiefer schürfend durchwühlt. Frühere Generationen sprachen mit Stolz von der Unerschöpflichkeit dieser Erzgruben — ein Glaube, den allerdings die mit besser geschultem Auge betrachtende und sicherer rechnende Gegenwart nicht mehr unbedingt zu teilen vermag.

Unsere Vorfahren wußten den Wert ihrer „Eisenwurzen" vollauf zu schätzen. Ihre Sprache kann sich an Bildern zu ihrem Lob und Preis nicht ersättigen. Einmal heißt der Erzberg „der Laib Brot", von dem sich jeder sein Stück abschneiden kann. Dann wieder wird „das Eisenbergwerk beider Eisenärtzt" gefeiert als die „löbliche, gnadenreiche, weit berühmte Gottesgabe", als ein herrlicher „Beweis göttlicher Gnade", als „teuerstes Kleinod des Landes", als das „cor patriae". Das Eisenwesen zu fördern, ihm jeden Schaden, jede Hemmung fernzuhalten — dieser Grundsatz wird in der Überlieferung unzählige Male und in den verschiedensten Wendungen ausgesprochen.

Das Lob ist verdient, die Forderung, wenn je eine, berechtigt. Das Eisen ist das Mark der alpenländischen Volkswirtschaft. Fast kaum aufzuzählen sind die Arten seiner Verwendung. Seiner bedürfen alle Klassen der Bevölkerung, der Städter wie der Landwirt, der Adelige wie der Bürger. Es wird gebraucht zu friedlicher Arbeit wie zu kriegerischer Rüstung. Es versorgt den Bauern mit Ackerwerkzeugen, Pflügen, Sensen, Sicheln und Strohmessern, städtische und ländliche Haushalte mit Messern und Pfannen, es liefert dem Fuhrmann seine Radreifen, dem Reiter seine Sporen und die Nägel zum Hufbeschlag, dem Schuster seine Ahlen. Es hilft Türen und Tore verschließen und die Fenster vergittern. Das Eisen versieht aber auch den Kriegsmann mit Wehr und Waffen zu Schutz und Trutz, zu Hieb und Stich, von den primitiven Mordwerkzeugen der älteren Zeit bis zu den neu aufkommenden Feuerwaffen, vom Harnisch, Schwert und Bogen bis zur Hackenbüchse und zur Kartaune. Und manche dieser Erzeugnisse heben sich über die bloße Brauchbarkeit empor zu künstlerischem Niveau, geben Zeugnis, daß auch Geschmack, Schönheitssinn und Phantasie unserem alten Eisenhandwerk nicht gemangelt haben.

Eine stattliche Reihe blühender Gewerbszweige sind somit aus dem steirischen und dem kärntnerischen Eisenberg herausgewachsen. Sie können zum Teil nur auf lokalen Absatz rechnen, zum Teil aber sich auch über die engere Heimat hinaus einen dichten und ausgedehnten Kundenkreis erobern. Der Bereitung von Eisen und Stahl und seiner industriellen Verwertung folgt der Eisenhandel in fast schrankenloser Ausdehnung. Die in unseren „Eisenwurzen" liegenden Lebenskräfte wirken weit über die Grenzen des habsburgischen Länderbereiches hinaus. Die Güte des Rohstoffes und eine technische Geschicklichkeit und Sorgsamkeit, die in generationenlanger Übung erworben und gesteigert wird, gewinnen dem „norischen Eisen" seit Römerzeiten berechtigten Ruhm in aller Herren Ländern. Mit Recht preist daher die Regierung in ihren Erlässen und Gesetzesentwürfen immer und immer wieder den Eisenhandel als des Landes Steiermark stärkste Geldquelle. Die Ausfuhr des Eisens bringe mehr ein als der Handel mit Wein und Vieh, weil der Wein vom Ausland verschmäht werde, Vieh noch für den heimischen Bedarf dazugekauft werden müsse. Dagegen sei das Eisen „nit allein unseren Königreichen, Landen und Leuten, sondern teutscher und zum Teil wälscher Nation zu merklichem Nutz". Sogar bis nach „Indien" sei sein Ruf gedrungen. Wie das in den innerösterreichischen Ländern gewonnene Eisen nicht nur auf den lokalen Märkten der Steiermark und Kärntens, der Erzherzogtümer ob und unter der Enns abgesetzt wird, wie es sich auf Land- und Wasserstraßen die Märkte Ost- und Westeuropas erobert, wie es auf schwer gangbaren Gebirgspässen zur Adria und nach der Lagunenstadt sich seinen Weg bahnt, sogar über das Weltmeer dringt — diese weltweite Verbreitung zu schildern, wird eine unserer reizvollsten Aufgaben sein.

Im Welthandel hat das Eisen sogar einem anderen Hauptmontanprodukt der Alpenländer den Rang abgelaufen, dem Salz, dem die österreichischen Herrscher kaum geringere Fürsorge haben angedeihen lassen. Aber nur mühsam ist es ihnen gelungen, dem Produkt der steiermärkischen und oberösterreichischen Salinen das Monopol in Steiermark und Kärnten und in den salzlosen Ländern der böhmischen Krone zu sichern, die von Westen und Süden her drohende Invasion des fremden Salzes abzuwehren.[1] Damit ist aber auch die äußerste Grenze des Salzvertriebs erreicht, der den Kreis der deutschen Erbländer nicht überschreitet. Das Eisen hingegen bricht sich, hierin dem Kupfer und Quecksilber vergleichbar, im Weltverkehr Bahn, genießt hier in seinen besten Zeiten sogar eine Vorzugsstellung, die es freilich gegen eine fast von Jahrhundert zu Jahrhundert sich verstärkende Konkurrenz des Auslandes verteidigen muß, um sie zu Beginn des 19. Jahrhunderts für lange Zeit zu verlieren.

Die Existenz, ja der Wohlstand breiter Volksschichten sind mittel- oder unmittelbar mit dem Eisenwesen verknüpft. Die Bergknappen, deren Zahl die Zeitgenossen — wohl stark phantastisch — auf Tausende angeben, die Holzarbeiter und Köhler, die Rad- und Hammergewerken mit ihren Knechten, die Eisenhandwerker mit ihren Gesellen, die Kaufleute mit ihrem Kontorpersonal, die hohen und niederen Funktionäre der Eisenverwaltung — sie alle finden in dem weitverzweigten Betrieb Arbeit, Amt und Brot und viele können sogar Reichtümer sammeln, auf der sozialen Stufenleiter hoch emporsteigen. In den Zeiten der Blüte wächst in den städtischen Zentren des Eisenwesens, aber auch in ländlichen Industriebezirken ein Patriziat heran, gesättigt mit Geld und Gut, selbstbewußt und einflußreich im eigenen Gemeinwesen, ja sogar an den Stufen des Throns, im Alleinbesitz aller Vorteile des Eisengeschäfts, Herr über die kleineren Meister, die von seiner Geldmacht abhängen, erpicht auf den Erwerb von Hammerbetrieben, Landgütern und Adelstiteln, üppig in seiner Lebensführung, aber auch nicht

[1] Heinrich v. Srbik, Studien z. Gesch. des österr. Salzwesens (Forschungen z. inneren Gesch. Österreichs), herausgegeben von Alfons Dopsch, H. 12, 1917; besonders S. 182 ff. und 205 ff.

ohne Sinn für feinere und höhere Lebensformen. Und daneben manch armer Gebirgsort, dessen Bewohner aus Mangel an jeder anderen Erwerbsquelle sich ausschließlich von der Zubereitung oder Verarbeitung des Eisens ernähren. Aber auch die nicht unmittelbar am Betrieb beteiligten Bevölkerungsschichten dürfen sich des Segens miterfreuen. Die Gewerken bedienen sich dafür geradezu formelhafter Wendungen: stehe das Eisenwesen in „Würde", so könne der Grundherr und der Bauer seine landwirtschaftlichen Produkte zu gutem Preise an die Eisenleute versilbern. Dann finde der untersteirische Wein im Oberland zahlreiche Konsumenten, hätten Holzarbeiter, Köhler und Frächter tüchtig zu tun. Namentlich Köhlerei und Eisenfuhr ergäben einen erklecklichen Nebenverdienst, mit dem der Bauer in getreide- und geldlosen Zeiten sein Leben fristen könne.[1] Nicht zu vergessen endlich die zahlreichen Gewerbetreibenden, Schmiede, Schlosser, Wagner, Riemer und Sattler, Maurer und Zimmerleute, Binder und Glaser, die für die vielfältigen Bedürfnisse der Eisenwirtschaft zu sorgen haben. So gründet ein nicht geringer Teil der Stadt- und Landbevölkerung entweder auf das Eisen direkt seine Existenz oder er findet wenigstens durch seine Beziehungen zu diesem vielverzweigten, bedürfnisreichen Betrieb vermehrte Gelegenheiten zum Verdienst.

Je stärker also der Eisenabsatz, desto lebhafter kreist das Blut in den Adern des gesamten Wirtschaftskörpers. Dafür muß aber auch jede Krise, mag sie nun in Gestalt einer Produktionsstörung oder einer Absatzstockung auftreten, nicht nur den Gewerken und Händlern die schwersten Verluste bereiten, sie vielleicht mit dem gänzlichen Ruin bedrohen, sondern sich auch in allen denjenigen Kreisen auswirken, die irgendwie auf das Eisenwesen angewiesen sind, muß sie auch ihre Erwerbsmöglichkeiten schmälern. Eisenwürde — allgemeiner Wohlstand, Unwürde — Elend und Verfall, das ist der ewige Kehrreim in all den Bitten und Klagen, den Bedenken und Mahnungen, die von den Eisenleuten in kritischen Augenblicken an die verantwortlichen Kreise gerichtet werden. Er findet aber sein Echo auch im Munde der Regierenden selbst.

Ist doch in den drei innerösterreichischen Ländern, wie im Erzherzogtum ob und unter der Enns nicht nur die Volkswirtschaft, sondern auch ein gutes Stück Staatswirtschaft aufs tiefste im Eisenbetrieb verwurzelt. Der steirische Erzberg ist die längste Zeit österreichisches (babenbergisches und habsburgisches), der Hüttenberg erzbischöflich-salzburgisches Kammergut gewesen. Und beide Berge machen neben den Salinen den wertvollsten Bestandteil des in jenen fünf Ländern

[1] H. K. 1700 Nov. 26 (1699 1. Dez., die kärntnerische Landschaft an die innerösterreichische Hofkammer).

liegenden Staatsvermögens, die Hauptquellen der dort fließenden Kameraleinnahmen aus. Deshalb führen auch alle, die dem Eisenwesen verwandt sind, den offiziellen Titel „Kammergutsleute“ oder „Kammergutsbeförderer“.[1] Der doppelte Wert des Eisens für den Volkswohlstand sowohl als für die Staatsfinanzen wird in offiziellen Kundgebungen oft genug mit klaren Worten ausgesprochen. Gewisse Reformen müssen mit aller Strenge durchgeführt, gewisse Bauanlagen müssen gemacht, auch scheinbar harte Opfer müssen getragen werden, „zu Nutz und Aufnemen von Land und Leuten“, die durch das Eisenbergwerk „ihre tägliche Nahrung und Unterhaltung erlangen“, aber auch zum Besten des Landesfürsten, des Landes Steier und der gesamten Bevölkerung. Alle die, „so berüertem Eisenbergwerk unterworfen und verwandt sein“, müssen die Amtsleute in ihrer Verwaltung treu und gehorsam unterstützen „zu Handhabung und Förderung desselben, auch königlicher Majest. Camerguets“. Volkswohl und Staatsvorteil bilden somit eine unauflösliche Einheit.

Der Staatsvorteil aber wächst proportional dem Hochstand des Eisenwesens. Je mächtiger dessen Aufschwung, desto ergiebiger auch die Einnahmen, die der Fiskus aus dieser Quelle schöpfen kann, und zwar teils unmittelbar aus den Steuern und Zinsen, die von den auf landesfürstlichem Grund und Boden angesiedelten Gewerken für die Verleihung ihrer Gerechtsame bezahlt werden müssen, und mehr noch aus Verkehrsabgaben aller Art, teils aber auch mittelbar aus der Steigerung der allgemeinen Steuerfähigkeit. Je höher der Gewinn des Eisengewerken, desto mehr fällt davon auf andere Bevölkerungsklassen ab, desto leichter kann der Landesuntertan den Forderungen des Staates genügen.

Das fiskalische Leitmotiv wird denn auch in den Weisungen des Herrschers an die Beamten des Bergwesens, in den Mandaten an die Eisenverwandten regelmäßig und nachdrücklich angeschlagen. Wenn man sich von höchster Stelle aus zu einer Neuordnung entschließt oder deren Befolgung anbefiehlt, namentlich aber, wenn es gilt, den Gewerken und ihren Abnehmern eine neue Auflage mundgerecht zu machen, dann ist der Nutzen oder Schaden des Kammerguts das ständige Hauptargument. Wie kann der fiskalische Gewinn aus den Erträgnissen des

---

[1] Man wird vielleicht den Begriff des „Eisenkammergutes“ enger oder weiter fassen können. Kammergut im engeren Sinn sind der steirische Erzberg und (für Salzburg) der Hüttenberg mit ihren Radwerken. Zu den Kammergutsleuten im weiteren Sinn aber zählen die Hammergewerken und Verarbeiter, einmal soweit ihre Betriebe auf landesfürstlichem (nicht grundherrlichem oder städtischem) Grund und Boden liegen, sie also dem Fürsten in seiner Eigenschaft als Grundherrn bestimmte Giebigkeiten entrichten müssen. Dann aber auch insofern, als die Finanzverwaltung vom Vertrieb ihrer Erzeugnisse Abgaben einhebt, sie also für die „Kammer“ (den Fiskus) nutzbar macht.

Eisenwesens gemehrt, wie können Schädigungen vermieden werden? Das ist das beständige Sinnen und Sorgen der Lenker des Staates. Aber auch die Eisenleute selbst spielen in ihren Verhandlungen mit den Behörden das Kameralinteresse gern als wirksamstes Abwehr- oder Lockmittel aus. Wenn sie eine Vergünstigung durchsetzen, eine unbegründete Neuerung verhindern, eine ungerechte Last abschütteln wollen oder wenn sie eine nach ihrer Meinung unheilvolle Regierungsmaßregel rückgängig gemacht zu sehen wünschen, sogleich sind sie mit dem Nachweis bei der Hand, daß im einen Falle das Kammergut nur gewinnen könne, im anderen unfehlbar die ärgste Schmälerung erleiden müsse. Dann betonen sie mit einer gewissen Emphase ihre Funktion als Kammergutsleute, die keine höhere Sorge kennen dürfen, als das finanzielle Wohl und Wehe Sr. Majestät. Besonders aber wird diese Waffe gebraucht, wenn der Staat seinen lieben Kammergutsbeförderern eine neue Bürde auferlegen möchte. Dann erschallen Wehrufe von allen Seiten: dem Eisenhandel werde der Lebensfaden durchschnitten, die Werkstätten werden veröden, die Gewerken und ihre Arbeiter mit Weib und Kind betteln gehen müssen. Was habe der Staat davon? Nur ein Zusammenschrumpfen der Eisengefälle und eine Minderung der allgemeinen Steuerkraft werde die unausbleibliche Folge sein. Die Bevölkerung dieser armen, ganz vom Eisen lebenden Länder werde die „onera" nicht mehr tragen, das „Contributionale" nicht mehr entrichten, keine außerordentlichen Abgaben mehr leisten können.[1] Kurz: „Kammergut, Kammergut" ist die Losung oben und unten.

Wohlgeregelte Eisenwirtschaft ist eine Hauptaufgabe rationeller Finanzpolitik. In ihrem eigensten Interesse muß daher die Regierung auf allseitiges Gedeihen des Betriebes bedacht sein, diesen in allen seinen Zweigen unter ihre strengste Vormundschaft nehmen. Ein Riesenkörper ist in Ordnung zu halten. Keines seiner Glieder darf vernachlässigt, ihre Harmonie nicht gestört werden. Die bildhafte Sprache der älteren Zeit vergleicht das Eisenwesen mit einem kunstvollen Organismus, dessen Teile fest und stetig ineinandergreifen, hemmungslos und zweckmäßig funktionieren müssen. Einmal wird das hübsche Bild vom Uhrwerk gebraucht, dessen Mechanismus bisweilen der Reparatur bedürfe. Oder: „Die Radmeister (Erzeuger des Roheisens) sind die Wurzel, die Hammermeister die Äste, die Eisenhändler der Wipfel des Baumes." Rohproduktion, Verarbeitung und Handel sind Glieder einer Kette, deren keines sich vom anderen lösen, keines rostig werden darf, wenn nicht das Ganze auseinanderfallen soll. Darum begleitet die Aufmerksamkeit

[1] Vgl. S. 7, Anm. 1.

der staatlichen Organe schützend und antreibend, mahnend und richtend das Eisen auf seinem ganzen Gang, durch alle Stadien seiner Entwicklung, von der Schürfung des Erzes bis zur Abgabe des Fabrikats an den letzten Kunden. Der gesamte Komplex produktiver und kommerzieller Tätigkeit wird mit einem dichten Netz von Vorschriften und Kontrollmaßregeln umsponnen. Der Fürst und seine Diener sind und bleiben sich ihrer Pflichten gegen die führende Industrie des Landes vollauf bewußt. Es gilt, den Ruhm des steirischen Eisens nicht durch „bös Geschrei und Ungeruech" trüben zu lassen, oder, wie es noch in einer theresianischen Verordnung heißt, dafür zu sorgen, daß „das inländische Publikum ebenso wie die ausländischen Käufer contentiert" werden. Das Prinzip der Leitung, Förderung und Überwachung des gesamten Wesens bleibt durch die Jahrhunderte unverrückt in Geltung.

Die staatliche Obsorge beginnt schon bei den Grundvoraussetzungen der Eisenproduktion, bei der Sicherstellung von Holz, Kohle und Nahrung. Eine Lebensbedingung erkennt die Regierung im Schutze von Wald und Gehölz, „on das khain perchwerch zu erheben, noch weniger zu erhalten". Aus dem Wald wird das Holz zur Auszimmerung der Gruben, zu Rechen- und sonstigen Fachwerksbauten, zur Herstellung der zum Eisentransport notwendigen Flöße und Schiffe gewonnen. Der Wald aber liefert der Eisenindustrie vor allem das tägliche Brot, den Brennstoff. Der Übergang von der vegetabilischen zur fossilen Kohle war eine der jüngsten und gewaltigsten Revolutionen auch in der Geschichte des steirisch-kärntnerischen Eisenwesens, eine Umwälzung, die sich erst in der jüngsten Vergangenheit durchgesetzt hat. Jahrhunderte hindurch haben die Gewerken so gut wie ausschließlich Holzkohle zur Verfügung gehabt, sie teils in eigener Regie erzeugt, teils von den Bauern bezogen, denen, wie wir schon hörten, Holzschlag und Köhlerei neben der Eisenfracht einen ganz erheblichen Nebenerwerb abwarfen. Die dichten Waldbestände Obersteiermarks und Kärntens sind also eine Lebensquelle für den Erzberg und seine Nutznießer gewesen.

Nun aber arbeitet eine Fülle zerstörender Kräfte an der Vernichtung dieses scheinbar unerschöpflichen Waldreichtums. Der Urgrund des Übels liegt — besonders in der Steiermark — in der bäuerlichen Landnot. Da ihm seine karge Scholle nicht genug Getreide liefert, so benützt der Bauer den Wald zur Erweiterung seines Nahrungsspielraumes, namentlich zur Vergrößerung seiner Viehwirtschaft. Und so haust er denn in eigenen und fremden Wäldern mit „Reuten, Brennen und Schwenden", wandelt er das gerodete Land in Acker- und besonders in Weidegründe um, schafft er sich Raum für die Anlage von Almen und Schwaighöfen, die er zum Teil wieder an fremde Bauern verpachtet. Rinder und Schafe grasen jetzt da, wo einst hochragende Stämme gestanden sind. Das schädliche Geißvieh tut sich gütlich an den jungen Zweigen. Dabei sündigt der Bauer aufs gröblichste gegen die Grundregeln rationeller Forstwirtschaft, indem er die Stämme nicht in rechter Höhe und zur richtigen Jahreszeit fällt, des Jungholzes und der Samenbäume nicht schont, das abgehauene Astwerk sorglos liegen läßt und der Fäulnis preisgibt, die Schirmbäume niederhaut, die zum Schutze der Landstraßen gegen Lawinengefahr gepflanzt sind. Auch die ländlichen Proletarier, die ledigen Bauernsöhne und Knechte, für die im Hause des Vaters oder des Dienstherrn keines Bleibens mehr ist oder die sich ihr Leben freundlicher gestalten wollen, denen die selbst verarmten steirischen Städte die Einwanderung verwehren — auch diese Enterbten alle nisten sich in den Wäldern ein und gründen sich dort ihre eigenen Wirtschaften.

Der geistliche oder weltliche Grundherr aber, der als Obereigentümer der Bauernwälder, auch vielfach als Pfandinhaber von Landgerichten zuerst den Wald hätte behüten sollen, begünstigt dieses verderbliche Treiben seiner Untertanen, statt ihm Einhalt zu tun. Er entzieht die Übeltäter der verdienten Strafe und macht sich selbst des gleichen Waldfrevels schuldig. Er sieht es recht gerne, wenn die Bauern im Wald Äcker und Weideplätze anlegen, wenn sich landlose Leute dort ansiedeln und wenn auf dem abgeholzten Waldboden neue Bauerngüter entstehen. Denn je ausgedehnter und einträglicher die Bauernwirtschaften, je größer die Zahl der Siedlungen, desto reichlicher der Zinsenertrag für den Grundherren, der nur „seinen Beutel augmentieren" will. Und da manche dieser Herren selbst dem Eisen- oder einem sonstigen Montanbetrieb obliegen, so werden sie auch in der Waldfrage Konkurrenten des Ärars, nehmen sie die Wälder zum Schaden der Kammergüter für den eigenen Bedarf in Anspruch und setzen sich dabei ohne Scheu über landesfürstliche Rechte und Befehle hinweg. Bitter beschwert sich König Ferdinand „von wegen der Hoch und schwärtz wäldt, welche sich etlich derselben Ihrer Majestät Landleut und ander underthan geistlich und weldtlich Stanndts dieses Fürstenthumbs Steir zum thaile zuwider Ir. Majestät Erzherzogischen Regallen freyhaiten und Hohaiten für Ir Aigenthumb anmassen und zu Ieren Aigen Nutz dieselben Wäldt und Gehulz gleicherwaiss on all vorgeendt und Notdürftig ordnung sy und Iere unterthan mit Unordnung und verschwendung gebrauchen".[1]

Zu den Schädlingen des Waldes und damit der Eisenindustrie gehören aber ganz besonders auch die zahlreichen Flösser und die wohl hinter ihnen stehenden bürgerlichen Holzspekulanten. Das verschwenderische Niederhauen der „Raf-" (Floß-) Hölzer droht den Eisentransport lahmzulegen und ruft das Verlangen nach der Anlage von

[1] Schmidt a. a. O. S. 192. (Provisorische Waldordnung von 1539.)

Schiffwegen wach. Geschmälert wird der Holzbedarf im Eisenbezirk ferner durch eine Reihe von holzverarbeitenden Gewerben, durch die Schiffszimmerleute, Schachtelmacher und Schüsseldreher, die alle bei der Einholung ihres Rohmaterials auch nicht eben sparsam und vernünftig mit dem Wald umgehen, aber wohl am allermeisten durch die zahlreichen, im 16. Jahrhundert gerade in bedenklicher Nähe des Erzberges neuentstehenden Sägewerke. Ihre Inhaber vergeuden noch dazu das Holz und betrügen ihre Kunden, indem sie Laden, Dachschindeln u. dgl. nicht in gehöriger Länge, Dicke und Breite zuschneiden. Die Regierung muß daher die Einstellung dieser neuen Sägen gebieten.

Gefördert aber wird das Zerstörungswerk auch von solchen Leuten, die vor allem anderen an die Erhaltung der Wälder hätten denken müssen, von den Radmeistern, den Bürgern der beiden Bergorte Inner- und Vordernberg, den Lohnführern, Holzknechten und Köhlern. Es ist unglaublich, mit welcher Blindheit sogar die Radmeister, die Inhaber der Schmelzwerke, auf deren Schultern doch das ganze übrige Wesen ruht, auf den Wald, die Grundlage ihrer Existenz, und damit auch auf das Wohl der Gesamtheit loswüten. Aus Bequemlichkeit schlagen sie, wie auch die Hammermeister, zuerst die dem Berg nächstgelegenen Hölzer ab, statt den Schlag vernünftigerweise auf nähere und fernere Bestände gleichmäßig zu verteilen. Auch sie richten neue Almen auf, wo einst Wälder und Hölzer gestanden sind, und verleihen sie zum Teil gegen Zins. Sie schädigen also selbst die Lebensbedingung des Betriebes zugunsten der Weidewirtschaft und sind nun gezwungen, das Brennmaterial aus immer größerer Entfernung und mit vermehrten Kosten herbeizuschaffen. Dadurch wachsen die Betriebsauslagen und werden fortgesetzte Erhöhungen des Eisenpreises notwendig. Die hohe Obrigkeit aber, der landesfürstliche Amtmann, sieht den Übertretern durch die Finger, vielleicht weil seine Nachsicht erkauft wird oder weil er selber unrecht tut, auf die rentable Weidewirtschaft auch nicht verzichten will. So lichten sich mehr und mehr die reichen Waldbestände um den Erzberg und drohend steigt das Gespenst der Holz- und Kohlennot, des völligen Verderbens der Eisenwerke vor ihren Eigentümern und vor der Regierung auf.

Der Landesherr darf daher keine Anstrengung scheuen, das kostbare Kleinod des Waldes vor der allgemeinen Zerstörungswut und Unvernunft zu retten, eine Gefahr abzuwenden, die das Eisenwesen an der Wurzel bedroht, schon jetzt zu ständiger Verteuerung des Eisens führt. Den Grundherren und Städten, die längst einen großen Teil der Wälder inne und viel davon an ihre bäuerlichen Untertanen verliehen haben, deren tatsächliches Besitzrecht der Fürst jedoch nur bedingungsweise anerkennen will, stellt er sein, freilich gleich dem Bergregal so gut wie erloschenes Waldregal entgegen. Die Wälder sind sein, denn sie gehören zum Bergbetrieb, über den er allein Herr ist. Kraft dieses Rechtes erläßt er Mandate zum Schutze der Wälder, bestellt er einen eigenen Waldmeister als Aufseher auch über die privaten Bestände. Jedoch eine durchgreifende Lösung des Problems ist nur von einer „gemeinen Waldordnung" zu erwarten, die aber der Fürst nicht ohne Zustimmung der Stände erlassen kann. Fast zwei Jahrhunderte lang — 1539 bis 1695 — verhandeln die innerösterreichischen Landesherren mit den Landschaften Steiermarks, Kärntens und Krains über ein solches Spezialgesetz für jedes der drei Länder. Von Landtag zu Landtag wird die Frage verschleppt. Und als endlich nach mühseligstem Handeln und Feilschen 1695 eine gegenüber den landesfürstlichen Propositionen stark abgeschwächte Waldordnung für Steiermark mit der Landschaft vereinbart wird — die erste publici iuris —, bleibt sie ohne nachhaltige Wirkung. Das Fürstenrecht vermag sich gegen die hergebrachte freiere, im Volk nun einmal eingelebte Auffassung von Waldeigentum und Waldnutzung nicht durchzusetzen. Der gemeine Mann kann und will es nicht glauben, daß er im Wald nicht mehr nach Belieben schalten und walten dürfe. Das Roden und Wüsten nimmt seinen Fortgang, nötigt Maria Theresia zu neuen umfassenden Reformen. Aber noch in den beiden ersten Dritteln des 19. Jahrhunderts frißt dieser Krebsschaden weiter. Erst der Ersatz der Holzkohle durch mineralischen Brennstoff kann ihm Einhalt gebieten. Hätte nicht die Natur selbst für Nachwuchs gesorgt, hätte nicht ein freundlicher Wind immer wieder den Samen auf gutes Erdreich getragen, unsere Eisenindustrie hätte längst aus Mangel an Brennstoff verdorren müssen.[1]

Auch Holzschlag, Triftung und Kohlung sollen behördlich geregelt werden. Der Fürdinger oder Holzmeister, ein Subunternehmer, der durch seine von ihm bezahlten Knechte die Arbeit verrichten läßt, hat beim Holzschlag nach bestimmten Weisungen zu verfahren, untersteht amtlicher Kontrolle. Das Gebot der Sparsamkeit beim Holzverbrauch wird so weit getrieben, daß sogar die Holzriesen, mittels deren die Stämme zum Wasser befördert werden, nicht ungenützt verfaulen, sondern gleichfalls verwertet werden sollen. Der Schlag soll früh im Jahre geschehen, damit das Holz über den Sommer gründlich austrocknen kann. Verschlammte und verschwemmte Hölzer hat der Triftmeister wieder beizubringen. Auf Holzdiebstahl, durch wen immer, werden schwere Strafen gesetzt. Schäden, die beim Triften an Mühlen und Hämmern angerichtet werden, sind, wenigstens soweit es sich um schon bestehende Betriebe handelt, zu ersetzen. Kein Privater darf triften, solange ärari-

[1] Schmidt wie oben. Zu den obigen Ausführungen vgl. Kurt Kaser, Der Kampf um das Waldregal (Zeitschr. d. histor. Vereins f. Steiermark, 1929, S. 25 ff.).

sches Holz auf dem Wasser liegt. Die Bewässerung der Wiesen bleibt während der Triftzeit auf die Nachtstunden und Feiertage beschränkt, um ein Sinken des Wasserstandes zu vermeiden. Der Staat übt auch eine Pflicht der Menschlichkeit gegen die Holzarbeiter, die sich im Dienst einen Körperschaden zugezogen haben oder ums Leben gekommen sind: ihnen und ihren Hinterbliebenen gewährt er — jedoch nur gnadenweise — Beihilfe und Versorgung. Zur Aufsammlung der Trifthölzer werden zum Beispiel bei Leoben, Hieflau und Kleinreifling im 16. Jahrhundert mächtige Rechenbauten aufgeführt. Die Köhler werden über die richtige Art des Brennens belehrt, Vorkehrungen gegen Feuersgefahr getroffen. Zur Vermeidung von Betrug wird ein einheitliches Kohlenmaß eingeführt. Endlich werden die Beförderungsmittel für die Kohle vorgeschrieben, wird den Gewerken verboten, einander die Kohlen wegzukaufen. Kurz, keine Vorsichtsmaßregel wird außer acht gelassen, um die Versorgung der Werke mit Brennstoff und damit ihre Zukunft zu sichern.

Aber nicht nur an Holz und Kohle, auch an leiblicher Nahrung für Mensch und Tier durfte im Eisenbezirk kein Mangel herrschen. Die höchst beschwerliche Arbeit des Erzgräbers, des Schmelzers und Schmiedes konnte nur bei ausreichender Ernährung vollwertig geleistet werden, und zahlreiche hungrige Mägen waren zu speisen. Daher mußte die Regierung für regelmäßige Zufuhr und für „ziemlichen Kauf“, das heißt möglichst billigen Preis der Lebensmittel Sorge tragen — eine Aufgabe, ebenso wichtig, aber auch nicht minder schwierig als die Erhaltung der Wälder und die Regelung der Holz- und Kohlenzufuhr. Die Approvisionierung des Eisenvolkes wird in ein festes System gebracht durch die Errichtung von Widmungsbezirken, einer Institution, zu der Kaiser Friedrich III. durch seine Verordnung vom 16. Juni 1490 den Grund gelegt hat,[1] und zwar zur Beseitigung des Nahrungsmangels nicht nur am Erzberg, sondern auch in den Salinen Aussee und Hallstatt sowie in den Bergwerken von Schladming und Rottenmann. Die Hauptgebiete der Montanindustrie in Steiermark und Oberösterreich also hofft der Kaiser durch den Grundsatz der Rayonnierung von ihren Nahrungssorgen zu befreien. Das Prinzip liegt in der Verpflichtung für die Bewohner bestimmter steirischer und österreichischer Täler, ihren Überschuß an Getreide, Vieh, Schmalz und anderen Lebensmitteln ausschließlich den ihnen zugewiesenen Montanbezirken um „ein ziemlich Geld“ zur Verfügung zu stellen. Kein Teil soll dem andern in seiner ausgezeigten Gegend Irrung und Eingriff tun und aus den Widmungs-

---

[1] Schmidt a. a. O. S. 66 bis 68, n. 37.

bezirken sollen ja keine Lebensmittel „anderer Enden" zum Absatz gelangen. Vordernberg, die Südhälfte des Erzberges, soll aus dem Kammer- und Ennstal und dem niederen Murboden versorgt werden. Innerberg, der nördliche Teil, hat aus den etwa seit dem Ende des 16. Jahrhunderts auftretenden Widmungsorten Steyr und Windischgarsten mit Umgebung, Waidhofen an der Ybbs und besonders aus dem „Dreimärktebezirk" Scheibbs, Gresten und Purgstall seine Nahrung zu empfangen. Als Gegenleistung haben die Radmeister den Proviantfuhrleuten oder Säumern bestimmte Eisengattungen von minderer Qualität, „Herdt, Graglach und Waschwerk", sowie das daraus gefertigte „Ärtzter- und Puscheisen", die sogenannten „Proviantsorten", zu liefern, die dann in den Hämmern der Widmungsgebiete verarbeitet und von dort in den Handel gebracht werden. In fester Ordnung vollzieht sich aber auch der Verkehr zwischen den Provianthändlern und den Hammermeistern ihrer Bezirke. Diese empfangen von den Kaufleuten die „Proviantsorten" und überlassen ihnen dafür den geschlagenen Zeug im genauen Ausmaß der empfangenen Eisenmenge. Der in den Hämmern von Scheibbs, Gresten und Purgstall aus den Innerberger Sorten gefertigte Zeug ist jedoch ausdrücklich nur zur Ausfuhr nach den Legorten Melk, St. Pölten und Wien bestimmt.[1] Es besteht also zwischen den Proviantorten und dem Berg ein zwangsmäßiger Tauschverkehr von Eisen und Lebensmitteln. Die primitive Form des Handels, der Naturalientausch, ist hier aufrechterhalten. Die Zufuhr des durch Lebensmittelabgabe gewonnenen Innerberger Eisens belebte kräftig die Eisenproduktion und den Handel in den Proviantbezirken, namentlich im Dreimärktebereich.

Aber auch dieser Apparat vermag nur unter heftigen Reibungen zu funktionieren. Weder die Gewerken und ihre Arbeiter noch die Provianthändler, noch die Schmiede der Widmungsorte kommen bei dem System auf ihre Rechnung, sehen sich vielmehr zahlreichen und peinlichen Hemmungen und Bedrückungen ausgesetzt. Die Eisenleute erhalten den Nahrungsbedarf keineswegs immer in der erforderlichen Quantität und vor allem nicht zu annehmbarem Preise. Die Zufuhr erfolgt unzulänglich besonders in Kriegszeiten, wo die Rücksicht auf die Verpflegung des Militärs die Bedürfnisse der Zivilbevölkerung in den Hintergrund drängt. Und wo bleibt der „ziemliche Kauf"? Die Gewerken müssen den Proviant zum wechselnden Marktpreis nehmen, der besonders während der mit einer gewissen Periodizität auftretenden Teuerungen gewaltig in die Höhe schnellt. Sie selbst aber sind verbunden, die Nahrungsmittel ihren Arbeitern zu kapituliertem Satze, also ohne Rücksicht auf ihren eigenen Einkaufspreis abzugeben und

[1] Pantz, Die Innerberger Hauptgewerkschaft 1625 bis 1788 (Forschungen z. Verfassungs- u. Verwaltungsgesch. d. Steiermark. VI. 2. (1906), S. 104.

geraten dadurch, wie sie wenigstens selbst durch ausführliche Berechnungen darzutun suchen, häufig in schwere Verluste.[1] Die Forderung der Radmeister nach einem bestimmten Satz für Lebensmittel wird von der kaiserlichen Regierung abschlägig beschieden. Daher mag es kommen, daß der Radmeister zum üblen, auch sonst im Montanwesen weit verbreiteten Trucksystem greift, den Arbeiter am Geldlohn verkürzt und ihm statt dessen Proviant und Pfennwerte (kleine Kramwaren) aufnötigt.[2] Der Arbeiter muß diese ihm unentbehrlichen Dinge nehmen, weil er sie auf anderem Wege, ohne Vermittlung des Arbeitgebers, beim ortseingesessenen Händler, wie es scheint, noch teurer hätte kaufen müssen. Die Regierung hat auch dieses Unwesen nachdrücklich zu bekämpfen gesucht. Die Proviantteuerung hat schließlich Eisenteuerung im Gefolge, da die Gewerken durch willkürliche Überschreitung der staatlich fixierten Preissätze sich für die beim Einkauf der Lebensmittel erlittenen Verluste schadlos zu halten suchen.

Mangel und Teuerung werden zum Teil künstlich hervorgerufen oder verschärft durch händlerische Profitgier, die zu vielfacher Umgehung der Vorschriften verleitet. In den Proviantbezirken selbst wird die Ordnung durch bürgerliche und agrarische Kreise übertreten, die sich dem Verkaufszwang nicht unterwerfen, sich günstigere Absatzmöglichkeiten nicht entgehen lassen wollen. Weder Bürger noch Bauern kümmern sich um den vorgeschriebenen Marktverkauf, sondern bieten ihr eigenes oder Zehentgetreide statt auf den Wochenmärkten nur auf dem „Gäu", bei ihren Häusern oder an verbotenen Orten feil. Da finden nun Müller und Bäcker in Stadt und Land reichlichste Gelegenheit zur „Fürkäuflerei". Und wieder sind die Grundherren, die zunächst verpflichteten Hüter des Gesetzes, die ersten, die das Gesetz verletzen. Sie hindern ihre Untertanen an der vorgeschriebenen Ablieferung nach dem Berg, pressen ihnen ihre Vorräte ab und verhandeln sie um höheren Preis in und außer Landes, verwenden sie wohl auch zur Verproviantierung ihrer eigenen Montanbetriebe. Sie bedienen sich dabei der Vermittlung von „Fürkäufern und Mercadanten", die damit zum Schaden des Eisenkammergutes „an verbotenen Orten und jenseits der Donau" ihre

---

[1] Vgl. z. B. H. K. 1702 53 (Angaben der Innerberger Hauptgewerkschaft). Diese Angaben bedürfen noch genauerer Prüfung. Vor 1625, dem Gründungsjahr der Hauptgewerkschaft aber hat sich die Unzulänglichkeit des Widmungssystems, der Nahrungsmangel Innerbergs jedenfalls besonders drückend fühlbar gemacht.

[2] Schmidt a. a. O. S. 223, n. 239. (Innerb. Amtsordnung 1539.) — Die Radmeister scheinen sich übrigens zur Erzielung eines Ausgleiches noch anderer bedenklicher Mittel bedient zu haben. Sie werden beim Kaiser verklagt, daß sie die Proviantsäumer in den Preisen für Korn und Schmalz zu drücken suchen, ihnen die Eisenabgabe verweigern, den Arbeitern die Lebensmittel über dem Einkaufspreis verkaufen. (OBA, 1569, n. 177.) Vgl. die S. 20, Anm. 1, zitierte Arbeit Julius Mayers.

Am 1. November 1931 verschied der Verfasser des vorliegenden Heftes **Dr. Kurt Kaser**, o. Professor an der Universität Graz. In Trauer und Dankbarkeit gedenken die Herausgeber seiner als eines ihrer tätigsten Mitarbeiter, der unmittelbar vor Erscheinen dieser Veröffentlichung mitten aus rastloser Forscherarbeit von jähverlaufendem Leiden dahingerafft wurde. Es war ihm nicht beschieden, seine großangelegte Arbeit über die Eisenverarbeitung und den Eisenhandel zu vollenden; die gereiften Früchte seiner mehrjährigen Studien für unser Werk liegen als Abschluß seiner wissenschaftlichen Lebensarbeit in diesem Hefte vor.

Wien und Graz,
im Dezember 1931

Die Herausgeber

Geschäfte treiben. Die landesfürstlichen Kontrollorgane, die gegen den Unfug einschreiten wollen, werden mit Hohn und Schimpf davongejagt. Auch geistliche Herren werden dieses ungesetzlichen Handels mit Lebensmitteln angeklagt.[1] Die Proteste der Gewerken werden allerdings von den Grundherren mit gewichtigen Gegenbeschwerden beantwortet. Sie werden von den Gewerken unverschämt im Preise gedrückt, diese beschaffen sich das Getreide billiger aus anderen Gegenden, legen sich damit Reserven an und verweigern den Abkauf der Widmung, so daß diese dem Verkäufer im Kasten liegen bleibt.

Umsonst erläßt die Regierung Verbot auf Verbot, sucht sie die Ausfuhr von Lebensmitteln aus den Widmungsbezirken ins Ausland, besonders nach Salzburg und Tirol, zu sperren,[2] vergeblich läßt sie 1535 zur „Abstellung der beschwerlichen Teuerung" in Leoben einen Proviantkasten errichten und faßt die gleiche Errichtung auch für andere Orte ins Auge, beauftragt sie den Amtmann, zum Provianteinkauf im Notfalle Geld aufzunehmen und aus dem Erlös wieder zurückzuerstatten, auch den bedürftigen Radmeistern zur Anlegung eines Vorrates mit Vorschüssen aus den Amtsgefällen zu Hilfe zu kommen.[3] Sie hebt sogar zugunsten der Säumer, Radmeister und der Bürger am Berg den althergebrachten strengen Marktzwang auf und gestattet ihnen den freien Einkauf „allenthalben auf dem Gey in Steyr und anderen umliegenden Ländern".[4] Aber die Regierung selbst schwächt ihre Gebote ab und fördert die herrschende Unordnung durch allzu freigiebige Verteilung von Ausfuhrpässen. So wird durch keckste Kontrabandierung und durch gefährliche Nachgiebigkeit der Behörden den Provianthändlern das Geschäft vereitelt, und sie finden auf den Märkten nichts mehr zu kaufen.

Aber auch die Händler selbst oder doch die von ihnen gesandten Säumer bleiben nicht immer auf dem rechten Weg. Sie setzen den Pro-

[1] A. Fr. 1621. 18. IX. Mandat Ferdinand II. Zahlreiche Belege auch in H. K. und OBA. Vgl. Schmidt a. a. O. S. 228. Laut Angabe der unterennsischen Stände (1583 20/III.) finden es Bauern und Landleute unbequem, ihren Eigenbau am Innerberg zu veräußern, weil sie fürchten, beim Eintausch des Eisens zu Schaden zu kommen und ihren Proviant im Lande selbst besser versilbern zu können glauben. Auch der Umtausch von Getreide gegen ausseeerisches Salz erschien den Provianthändlern vorteilhafter als der Verkehr mit Innerberg. Auch die Vordernberger Hammermeister verteidigen sich bei der Hofkammer gegen den Vorwurf, sich bei der Abgabe von Lebensmitteln an ihre Arbeiter bereichert zu haben (H. K. 1703 XII/23. Eingabe von 1704).

[2] OBA. 1565, n. 144, Ausfuhrverbot Erzherzog Karls.

[3] Schmidt a. a. O. S. 173, 175, 232. Die Gemeinden von Innerberg und Vordernberg verlangen Maßregeln zur Abstellung des drückenden Fürkaufs, besonders die Errichtung eigener Proviantkästen in Judenburg, Knittelfeld und St. Michael. OBA. 1553 11/X.

[4] Schmidt a. a. O. S. 230.

viant, den sie zum Berg bringen sollen, schon unterwegs ab — jedenfalls dann, wenn sich ihnen eine bessere Verkaufsgelegenheit bietet — und verlangen doch dafür Eisen. Daher die Verordnung, daß bei Zuteilung der Proviantsorten diejenigen Säumer von den Radmeistern nach Möglichkeit gefördert werden sollen, die den Berg ordnungsgemäß versehen haben.[1] Auch ist der Mißbrauch eingerissen, daß die Säumer „vor den Rossen" in den Bergorten von Haus zu Haus laufen und dort heimlich ihre Ladung verkaufen, statt sie auf offenem Markte feilzubieten. Auch die Radmeister selbst, desgleichen die Bürger und Lohnführer entwickeln einen unerfreulichen, dem Zwecke des Widmungssystems hohnsprechenden Geschäftsgeist, indem sie den Säumern, statt sie auf dem Marktplatz zu erwarten und hübsch der Reihe nach ihre Einkäufe besorgen, vor die Tore entgegeneilen, um ihnen die Lebensmittel abzukaufen. „Einer steht dem andern in den Kauf", das heißt, er beeilt sich, die Viktualien dem Händler abzukaufen und mit entsprechender Verteuerung weiter zu verschachern — eine Manipulation, die insbesondere den Nichtradmeistern vorgeworfen werden muß.[2] Also auch im Provianthandel grassiert allenthalben der so schwer verpönte „Fürkauf".

So wie die Insassen des steirischen Eisengebietes über mannigfache Schikanen im Lebensmittelhandel jammern, so geben besonders die Leute im Scheibbser Bezirk gewissen für den Handel nach den böhmischen Ländern privilegierten Städten in den Ländern ob und unter der Enns heftiges Ärgernis, indem sie Eisen über die Donau nach Böhmen, Mähren, Schlesien und Polen verschwärzen. Bürger und Bauern beteiligen sich gleichermaßen an diesem unerlaubten Vertrieb, durch den allerdings eine reichliche, auch dem Bergbezirk zugute kommende Proviantzufuhr vom Marchfeld her vermittelt wird.

Die Bewohner der Widmungsbezirke aber finden ihrerseits reichlichen Grund zu Beschwerden. Die Gegenlieferungen der Proviantsorten erfolgen unpünktlich und zu ungebührlichen Preisen. Die Radmeister, die sich von den Provianthändlern nicht zur Zufriedenheit bedient sehen oder auf günstigeren Absatz erpicht sind, betrachten die Abgabe dieser Sorten als eine lästige Pflicht, die sie am liebsten auf zwei oder drei unter ihnen abzuwälzen suchen.[3] Graglach und Herdt werden „von Innerberg hindanverkauft", namentlich, wenn es den dortigen Radmeistern selbst an Kohle zum Abschmieden gebricht. Zur Abstellung dieses Mißbrauches verordnet der Kaiser 1558, daß für diese „hindan-

[1] Schmidt a. a. O. S. 221/2. und 274. Vordernberger Amtsordnung 1541. OBA. 1507, n. 2.

[2] Schmidt a. a. O. S. 228, 229, 230.

[3] Schmidt a. a. O. S. 292.

verkauften" Sorten dieselbe hohe Maut zu entrichten sei, wie für das vollwertige Roheisen.[1]

Dennoch erneuern sich 1607 die Klagen über die von den Radmeistern verübten Erschwerungen des Tauschverkehrs. Sie fragen nichts nach der Vorschrift, daß „die Zeugdruchen" (Truhe), darinnen das rauhe Proviantzeug gewogen wird, monatlich zimentiert (geaicht) werden soll. Herdt, Graglach und Waschwerk werden nicht sauber gewaschen und gepocht (zerkleinert). „Da man eine Hertt und anders Zeug 3 Ctr. schwer zum Hammer bracht, darin hat sich Stein und Kot befunden 3 Centen und mueß solches nichts weniger völlig bezahlt werden." Den zum Provianteintausch bestimmten Zeug verkaufen die Radmeister den steirischen und anderen Hammermeistern. So mangelt das daraus aufgebrachte Eisen dem Viertel ober dem Wienerwald, auch der Hauptstadt Wien. Auch die kaiserlichen Mauten zu Stein und Wien kommen dabei zu Schaden. Mißhelligkeiten herrschen aber auch schließlich in den Widmungsbezirken selbst, wo die Herren Hammermeister über widerrechtliche Gebarung der Provianthändler und besonders über den „Kroyssenhandel", das heißt die Hinterziehung des Roheisens durch Lohnführer und Händler unausgesetzt zu klagen haben.

So hat die Einrichtung der Widmungsbezirke sich nach keiner Seite hin voll bewährt, bei allen Beteiligten lebhaften Mißmut geweckt, die Regierung zu mannigfachen Korrekturversuchen genötigt und sich der Ergänzung — besonders durch Errichtung von Vorratskästen — bedürftig gezeigt. Ihr Hauptzweck, Beschaffung der Lebensmittel in ausreichender Menge und zu leidlichem Preise, wird vielfach nicht erreicht, zum Teil durch die eigene Schuld der Leute am Berg vereitelt. Der Arbeiter wird mit dem leidigen Trucksystem belastet. Das Streben nach Handelsfreiheit bleibt unbezwinglich. Die Lieferanten lassen sich nicht hindern, ihre Viktualien dahin zu führen, wo sie am meisten dafür bekommen. Der Verkehr mit den Proviantleuten entfesselt bei den Radmeistern und Bürgern einen abstoßenden Spekulationstrieb. Die Gewerken und sonstigen Bewohner der Widmungsgebiete glauben sich in den schuldigen Gegenleistungen verkürzt und streben selbst nach unbefugter Erweiterung ihres Absatzbereiches. Also Klagen und Versagen auf allen Seiten. Und doch besteht das Widmungssystem fort bis zum Ausgang des 18. Jahrhunderts, wohl, weil man nichts Besseres an seine Stelle zu setzen weiß. Dieses Eingeständnis liegt in der Erklärung Hieronymus Becks von Leopoldstorff: „Und ist in den Handlungen fuerkhumen, wan die Profantfuerderung durch diesen Weg (die Mändling) nit geschähe, daß das ganze Wesen große Not leiden muesset, dann es werden nit allein die im Eisenerz, sondern auch die umbliegen-

[1] OBA. 1558, n. 147 (4. Nov.).

den Hammermeister, Holz- und Kohlenarbeiter im Landl, zu Reifling und gar bis gen Sant Gallen mit allerlei Profant durch diesen Weg gespeiset, und so nun die Profantfurderer nit Gegenfuer und das Eisen in einem rechten Wert hätten, so wurden sie die Profantteuerer geben miessen und also im Eisen ein Steigerung machen oder aber das Profantfieren gar einstellen."[1]

Über diese Nebengebiete der Eisenwirtschaft hinaus dringt nun aber die Fürsorge des Staates in den eigentlichen Kern des ganzen Wesens ein, richtet sie sich auf die verschiedenen Zweige der Produktion und des Handels. Vor allem für die Produktion des rohen und geschmiedeten Eisens, „des geschlagenen Zeugs", stellt die Gesetzgebung feste Normen auf, organisiert sie eine besondere Kontrolle. Beide Eisengattungen müssen in genügender Menge und besonders in tadelloser Güte erzeugt werden. Denn von ihrer Quantität und Qualität hängen die Leistungen der Verarbeiter, die Absatzmöglichkeit des Schmiedeeisens und der Fabrikate ab. Nur gutes Roheisen ergibt guten Hammerzeug, nur aus diesem kann gediegene Kaufmannsware erzeugt werden — an sich gewiß eine Selbstverständlichkeit, an die aber doch der Gewerke vom Kaufmann und von der vorgesetzten Behörde von Zeit zu Zeit erinnert werden muß.

Die erste Sorge hat dem Radwerks- oder Blähhausbetrieb und dem mit ihm eng verbundenen Bergbau zu gelten als der Wurzel und Quelle aller übrigen Eisenarbeiten. Der Radmeister läßt durch seine Knappen das Erz aus der Tiefe des Berges heben und unterwirft es im Blähhaus dem Schmelzprozeß.[2] Feiert der Radmeister, läßt er es an Fleiß, Sachkunde und Sorgsamkeit fehlen, sinkt sein Produktionsquantum allzusehr, so leidet auch der Hammerbetrieb und mit ihm Verarbeitung und Handel. In umfänglichen Bergwerksordnungen, in zahlreich verstreuten Bestimmungen über die Radwerke sucht die Regierung diese beiden

---

[1] Julius Mayer, Beiträge z. Gesch. des Scheibbser Provianthandels (Jahrb. f. Landeskunde v. Niederösterreich. N. F. 9, Jahrg. 1910, S. 167 ff.). Auch in den Vordernbergischen Widmungsbezirken herrschen Fürkauf und Ausfuhr von Vieh und Lebensmitteln, kaufen „Landleute" (d. h. Grundherren) und vermögende Bürger und Bauern Lebensmittel über ihren Hausbedarf, um sie in teuren Zeiten um viel höheres Geld loszuschlagen. (1573 10/X. Instrukt. Erzherzog Karls für den steirischen Überreiter, OBA. 1573, n. 15.) Auch hier sind die Klagen gegenseitig. Eine undatierte Amtsordnung Erzherzog Karls (ungefähr 1567) schreibt den Radmeistern vor, die Fuhrleute und Säumer bei Abgabe der Provianteisensorten „nicht zu dringen noch zu beschweren". Die Fuhrleute aber sollen sich guten Proviant und Kaufmannsware in leidlichem Kauf zu geben befleißigen.

[2] Über die Bergbauordnungen und das Radwerkswesen vgl. die Darstellung Pircheggers in Bd. I.

elementaren Betriebszweige in voller Leistungsfähigkeit zu erhalten. Die Roheisenproduktion darf nicht unter ein bestimmtes Maß heruntergleiten, darf keine Stockung, keine Entwertung erfahren: mindestens 15 Blähhäuser müssen beständig im Gang sein, heißt es in einer Eisenordnung aus der Zeit Erzherzog Karls.[1] Und wenn Erz und Kohle zur Genüge vorhanden sind, sollen die übrigen auch arbeiten. Die beiden unentbehrlichen Nährstoffe, Kohle und Proviant, dürfen also den Radwerken am wenigsten fehlen.

Waldverwüstung und Schwierigkeiten der Kohlenbeschaffung waren ja, wie schon bemerkt, zum Teil durch die Radmeister selbst, ihre „eigennützige pöse Hauswirtschaft", die unrationelle Art der Holzung verschuldet. Die Kohlennot wird aber noch vergrößert durch die benachbarten Hammerwerke, die gleichfalls ein gehöriges Kohlenquantum verbrauchen, sogar sich ungescheut Eingriffe in die den Radwerken gewidmeten Wälder gestatten — dies nicht die einzige Ursache heftiger Mißhelligkeiten zwischen diesen beiden Produzentengruppen, die einstmals eine gewesen waren, aber auch nach ihrer Trennung einander treulich hätten in die Hände arbeiten sollen. Die Regierung entscheidet zugunsten der Radwerke, als „der rechten Wurzen dieses Bergwerkes, ohne die auch das Wesen desselben keineswegs erhalten werden kann". Sie weist den Radmeistern (1539) die für sie zu Wasser und zu Land leicht zugänglichen Hoch- und Schwarzwälder zu, verbietet ihnen aber, darin ohne Wissen und Erlaubnis des Amtmannes zu schlagen und zu kohlen. Noch im gleichen Jahre geht sie einen Schritt weiter, indem sie den Radmeistern einen genau begrenzten, aber reichlich bemessenen Waldbezirk in Obersteiermark zur ausschließlichen Benützung einräumt, diese den übrigen Umwohnern, auch den Hammermeistern verbietet, selbst wenn diese Eigentümer der ausgeschiedenen Wälder seien. Fühlen sich die Hammermeister im Kohlenbezug beeinträchtigt, so mögen sie ihre Werke innerhalb eines bestimmten Termins in Gegenden verlegen, wo sie den Rechen und Radwerken in deren ausgezeigten Wäldern nicht gefährlich werden können.[2] Der Streit um Wald und Kohle hatte ohne Zweifel schon in älterer Zeit den Hauptanstoß zur Loslösung des Hammer- vom Radwerksbetrieb gegeben. Auch in späteren Jahrhunderten wird die Frage einer Verlegung der zu nahe am Berg gelegenen, zu viel Kohlen verzehrenden Hammerwerke öfters erwogen. Es ist ein Kernsatz der Eisenverwaltung, daß den Radmeistern, den Trägern der Urproduktion, der unbedingte Vorrang vor den Hämmern gebühre.

---

[1] H. K. Sachabteilung Vordernberg. Undatierte Amtsordnung.

[2] Schmidt a. a. O. S. 205, 219, 220.

Wie an Nahrung für den Betrieb soll es den Radwerkern auch an der täglichen Speise für sie selbst und ihr Gesinde nicht gebrechen. Vor allem zu ihren Gunsten werden ja am Widmungssystem Verbesserungen vorgenommen, sollen dessen Auswüchse beschnitten, dessen Unzulänglichkeiten ergänzt werden. Wie beim Bezug der menschlichen Nahrung sollen aber den Radmeistern auch bei der Beschaffung des Roßfutters nicht durch „eigennützige Praktiken" Hindernisse bereitet werden. Wer kein eigenes Radwerk oder kein eigenes Lohnfuhrwerk besitzt, soll nicht Grundstücke durch Kauf oder durch Angebot eines hohen Pachtzinses an sich bringen und das darauf erzeugte Heu und Grummet den Radmeistern und Lohnführern um unmäßigen Preis verkaufen. Vielmehr soll der Amtmann den Radgewerken, wenn solche Grundstücke zu Kauf oder Verpachtung stehen, ein Vorzugsrecht verschaffen.[1] Und wenn alle diese Mittel versagen, so muß eben den Radmeistern eine Erhöhung des Roheisenpreises gewährt werden.[2]

Wenn aber auch die Radmeister als die wahren Stützpfeiler des Gesamtbetriebes anerkannt werden und ihnen keine gebührende Unterstützung verweigert wird, so stellt dafür die Regierung an die Gewerken auch die höchsten Forderungen. Nichts darf geduldet werden, was den Betrieb im Blähhaus stören und zerrütten muß, was der Güte und dem hohen Ruf des Eisens Abtrag bereiten kann. Und zu rügen gab es wahrlich genug. Wir hörten schon, daß den Radmeistern die unvernünftige Abholzung der Wälder, die verderbliche Anlage von Almen und Weiden untersagt werden mußte. Die Hauptgefahr aber droht, wenn der Meister sein Werk im Stiche, es in fremde, gänzlich ungeeignete Hände geraten läßt, wenn er es auf längere oder kürzere Zeit anderen Bürgern oder gar Ausländern in Bestand gibt. Das wird wohl hauptsächlich dann geschehen sein, wenn der Betrieb infolge einer allgemeinen Krise sich nicht mehr rentierte oder wenn der Meister dank eigener leichtfertiger Wirtschaft sich vor Schulden nicht mehr aus noch ein wußte. Selbst des Betriebes unkundig, lockt dann der Bestandinhaber durch Lohnsteigerung oder gute Worte Arbeiter an, die nur verwüsten und verschwenden, am Berg, im Wald und im Blähhaus ärgsten Raubbau treiben, so daß „künftiger Schaden und höchster Abfall" zu befürchten steht. Daher wird die Verpachtung an Bürger und erst recht an Ausländer aufs schärfste verboten. Der Radmeister soll sein Werk „mit eigenem Rücken besitzen", das heißt es in Person bearbeiten und versehen. Nur wenn er zum Eisenbetrieb gänzlich unfähig ist, darf er das Radwerk zur Hälfte oder zu einem Drittel, im Falle der höchsten Not auch das ganze verkaufen, entweder an einen Bürger oder an

[1] Schmidt a. a. O. S. 231 (Innerberger Amtsordnung 1539).
[2] Über Preistarife später.

einen „anderen, so des Bürgerrechts fähig“, also wohl an einen Ausländer, der das Bürgerrecht besitzt oder es doch erwerben kann. Voraussetzung ist aber, daß der Käufer mit eigenen Wäldern und sonstigem Werksbedarf gleich einem anderen Radmeister gedeckt sei. Doch darf sich der Verkäufer das Recht der Ablöse oder des Wiederkaufes vorbehalten. Die Käufe dürfen auch nur mit Vorwissen und Willen des Amtmannes abgeschlossen werden.[1] Der Radmeister soll sich eins fühlen mit seinem Werk. Ist ein Besitzwechsel unvermeidlich, soll obrigkeitliche Kontrolle jeden Schaden verhüten.

Wer immer aber auch ein Radwerk betreibt, von dem verlangt die Regierung gute und gerechte Arbeit. Sie fühlt sich zu dieser Forderung gedrängt, weil die Radmeister wegen arger Ungüte ihrer Erzeugnisse von Hammermeistern und Händlern unaufhörlich mit Vorwürfen überhäuft werden. Sie blähen, so wird geklagt, das Roheisen überschwer, zu grob und zu dick aus, halten sich nicht an das vorgeschriebene, übrigens von Zeit zu Zeit gesteigerte Zentnergewicht der Eisenmaß. Das hat zunächst höhere Lohnforderungen der Fuhrleute zur Folge. Mit diesen unförmlichen Klumpen können aber auch die Hammerschmiede nur schwer hantieren, müssen sich daran „krumm, lahm und gar zu Tode arbeiten“. Auch wird das Eisen „wild, rotbrüchig und zerrissen“, es zerfällt beim Schrotten, so daß die Hammermeister unter großen Kosten und starkem Kohlenaufwand zu nochmaliger Ausheizung genötigt sind. Und für dieses schlechte Eisen verlangen die Bläher, das heißt die Vorarbeiter im Blähhaus, noch sehr hohe Trinkgelder. Wie können die Hammermeister daraus gerechten geschlagenen Zeug machen und die Handwerksleute befriedigen? Sie beschweren sich auch über gröbliche Zurückweisung ihrer Beschwerden durch die Radmeister. Diese wollen sich „ihr Gut nicht schänden lassen“, rechtfertigen sich mit „Gottesgewalt“, mit ungleicher Qualität des Erzes. Besonders lebhaft protestieren sie gegen kumulative Anklagen. Die Hammermeister sollen jeden einzelnen Radwerker namhaft machen, der ihnen „pös Eisen“ liefere. Sie drohen den Klägern mit Verweigerung der Eisenabgabe oder enthalten ihnen sogar die pflichtmäßigen Lieferungen vor, um sie anderen zu geben.

Die Regierung geht diesen Beschwerden nach. Sie begrenzt das Gewicht der Eisenmaß, befiehlt den Radmeistern, bei ihren Blähhausleuten darauf zu sehen, daß sie Erz und Kohle „ordentlich mit rechter Maß auftragen“, die Öfen nicht mit rohem, übel gedörrtem Erz überschütten, nicht mit Kohle sparen, aber auch übermäßige Hitze vermeiden, „damit die Schwär des Eisens in rechter Güte wol geplät werden

[1] Schmidt a. a. O. S. 216, Vordernberger Amtsordnung (Konzept), s. d. aus der Zeit Erzherzog Karls (H. K. Sachabteilung Vordernberg).

mag". Die Radmeister müssen Reverse ausstellen, „damit sich künftiglich keiner weder mit dem flüssigen guten, wol geordneten Erz, noch mit seiner Blähausleut Unfleiß entschuldigen könnte". Jede, das erlaubte Gewicht überschreitende Maß soll von Stund an von den amtlichen Aufsichtsorganen gezeichnet und zum Vorteil der Kammer verkauft werden, ein Drittel des Erlöses dem Amtmann zufallen.[1] Jedoch nicht nur über die technischen Mängel der Arbeit, auch über das allgemeine Verhalten mancher Radmeister, Müßiggang, Lässigkeit, Leichtfertigkeit und Neigung zu üppigen Tafelfreuden fällt von oben her manch scharfes Wort.

Aber auch an der Tätigkeit der Hammermeister wird die schärfste Kritik geübt, sowohl von denen, die den geschmiedeten Zeug verarbeiten müssen, wie von denen, die damit Handel treiben wollen. Ihnen schließen sich, wie schon angedeutet, die Radmeister an, die nicht nur die Beschuldigungen der Hammerleute für unbegründet erklären, sondern sie ihnen kräftig zurückgeben. Welcher klägliche Jammer zum Beispiel bei den Steyrer Klingenschmieden, daß sie den „Frumbwerkzeug", das heißt das zur Klingenfabrikation notwendige gezainte Eisen entweder gar nicht oder in ganz unbrauchbarem Zustand erhalten. Ein Sensenschmied muß sein Produkt vom Beschauer „für bös, zerrissen Haderwerk" erklären lassen — nicht der Arbeit, nur des verwendeten Rohstoffes wegen. Die Eisenhändler sehen ihre Ware zurückgewiesen, weil das Eisen zu Steyr nicht mehr in der alten Güte erzeugt werde, unter dem Stahl sich viel minderwertiger befinde.[2] Daher lassen die Händler das Eisen — eine oft wiederholte Klage — unabgewogen bei den Hämmern liegen. Die Radmeister endlich entrüsten sich darüber, daß die Hammermeister ihnen alle Verantwortung für ihre schlechte Arbeit aufbürden wollen. Die Hauptschuld liege an den Klagenden selbst, an ihrer und ihrer Knechte Unkunde und schleuderischen Produktion. Die Erfahrung lehre, daß die Ursache des rotbrüchigen, bösen Eisens nicht allein bei dem „Eisenerz im Stock", sondern auch „bei den geuttigen, eigennützigen, auch ja zu Zeiten unfleissigen, unkundigen Hammermeistern" zu suchen sei. Unreife Jungen dürfen es wagen, Meister zu spielen. Mancher halbwüchsige Knabe, der noch zwei bis drei Jahre lernen sollte, macht sich schon nach einem

[1] Von den zahlreichen Belegen für die Klagen über schlechtes Roheisen und für die Gegenmaßregeln der Regierung seien hier nur wenige Stichproben aufgezählt: OBA. 1541 (s. d. Bergwerksordnung). Ebenda 1562 Proteste der Radmeister. 1562, n. 131. s. d. Schreiben der Steyrer und verschiedener Hammermeister auf die vorgebrachte Entschuldigung der Radmeister. 1564, n. 36: Artikel aus der Kommissionsrelation. Vordernberger Amtsordnung, vgl. vorige Anm., Schmidt a. a. O. S. 236. OBA. 1580 (7/I.), n. 3.

[2] OBA. 1564, n. 10.

halben Jahre selbständig, heiratet und richtet sich eine eigene Werkstatt ein. Hammerschmiede, Heizer und Wassergeber, die wenig vom Handwerk verstehen, verderben gutes Roheisen durch übereilte Arbeit, für die sogar die Nacht zu Hilfe genommen werden muß -- „alles Eigennutz der Hammermeister". Wenige, aber gute Arbeit wäre besser für den Ruf des Eisens und für die Beförderung des Kammergutes.[1]

Fast Wort für Wort macht sich die Regierung diese Beschwerden zu eigen. Der Mangel erscheine nicht allein bei den Radmeistern, sondern auch bei den Hammermeistern selbst und ihren Arbeitern. „Eigennutz, Hoffahrt, Lässigkeit und Untauglichkeit" — diese herben Worte werden auch in den amtlichen Mahnschreiben gebraucht. Die Meister haben selbst zu wenig gelernt und verwenden unkundige Knechte, lassen es noch obendrein an der nötigen Aufsicht fehlen. Eine günstige Konjunktur verleitet sie zu überhasteter Produktion und zu unzulässiger Scheidung der Ware. „Der Zeug wird wider altem Gebrauch zu ihrem Nutz und Gewinn von ihnen ausgeschossen und geteilt", das weiche Eisen durch übermäßige Stahlerzeugung „ausgesaigert".[2] Am meisten aber schade es der Qualität, daß die Hammermeister zu mannigfaltige Sorten und darum keine gut machen. Eine nehme der anderen Kraft und Güte. Oder aber ein Meister bevorzuge eine gewisse Gattung und verwende dazu das beste Eisen, so daß für die anderen nur minderwertiges Material übrigbleibe.[3] „Der kleine Schmied, so es unter der Hand verarbeitet, nichts Guts, Gerechts oder Ganz daraus machen kann." Daher sollen die Hammermeister sich um gute, taugliche Schmiedknechte bewerben und selbst in ihrer Werkstätte fleißiger als bisher Nachschau halten. Sie sollen nicht glauben, daß sie in Zeit der „Würde" die doppelte Arbeit hinausschleudern müssen. Namentlich aber soll sich jeder Meister, außer auf besondere Bestellung, auf die Erzeugung der in den Eisenordnungen ausdrücklich zugelassenen Sorten beschränken.

In diesem Zusammenhang begegnet uns auch ein sozialpolitischer Gedanke: kein Meister darf eine größere Zahl von Knechten — sechs — einstellen, weil das den armen Hammermeistern zum Ab-

[1] OBA. 1562, n. 52, Juni 18. aus Altenmarkt an den Innerberger Amtmann (?).

[2] OBA. 1541/45. (1041 9/VII.) Schiedsspruch zwischen den Leobener Eisenhändlern und Hammermeistern und den Vordernberger Radmeistern.

[3] Schmidt a. a. O. S. 237. Diese schädliche Vervielfältigung ist auch eine Hauptanklage der Radmeister. „Lassen die (nämlich die Hammermeister) . . . keine Gattung bei ihrer rechten Würden bleiben, daß nicht Wunder, warum das Eisen bede von ihnen und sonst in der Gemain Inen selbst getanen Anzeigen nach allenthalben für schlecht, znichtig, und hadrig ausgeschrien, wie denn daher die zuviel abgerumbte Milch oder Fleischsuppen exempli gratia genug wol verglichen werden mag." OBA. 1541 9/VII. 1570 26/X., n. 11.

bruch gereiche. Der Vermögende soll also nicht seine Überlegenheit zur Unterdrückung des Ärmeren mißbrauchen. Damit verknüpft sich das weitere Verbot, daß kein Hammermeister des Aufkaufes wegen am Berg einen eigenen Faktor unterhalte und so einem anderen sein erkauftes oder bestelltes Eisen „aus den Händen und hinderrücks bei den Radmeistern abrede".[1] Also Schutz der wirtschaftlich Schwachen, Abschnürung des Großbetriebes, Sicherung des Rohmaterialbezuges auch für den weniger bemittelten Meister.[2]

Der Appell der Regierunng an das Berufsgewissen der Gewerken ist jedoch von keinem sichtbaren Erfolg gekrönt. Die Klagen über Ungüte des Eisens, über Schädigung der Verarbeiter und Händler, die gegenseitigen Anwürfe der Rad-, Hammermeister und Kaufleute laufen gewohnheitsmäßig und fast formelhaft durch Dezennien weiter. Der Radmeister zahlt dem Hammermeister seine Vorwürfe in gleicher Münze heim und erklärt die Forderungen des Händlers als unvernünftig und widerspruchsvoll. War nun das Eisen wirklich so schlecht? Sein lange Zeit unverwüstlicher Ruf im Ausland reimt sich damit nicht recht zusammen. Entsprangen jene Beschwerden nicht vielleicht nur den übertriebenen Ansprüchen der Abnehmer und der Regierung, die auf dem Weltruhm des steirischen Eisens auch nicht den leisesten Makel dulden wollten? Freilich, ein wirkliches Sinken der Qualität mußte gefährlich werden, sobald eine ernsthafte fremde Konkurrenz das Weltmonopol des steirischen Eisens bedrohte.[3]

Für tadellose Qualität und pünktliche Einhaltung der dafür gegebenen Normen sollen zwei besondere, einander nahe berührende Einrichtungen bürgen: das Zeichenwesen und die Eisenbeschau. Beide sind für Rad- und Hammerwerksbetrieb im ganzen Bereich des steirischen Erzberges schon für das 16. Jahrhundert hinlänglich bezeugt.

---

[1] Schmidt a. a. O. S. 237, 238.

[2] Schmidt a. a. O. S. 237. — Zum Schutz der armen Hammermeister sollte, teilweise wenigstens, auch die Einschränkung der Klobeisenerzeugung dienen, mit der sich die Schrottschmiede befaßten. Auch diese arbeiteten gelegentlich „auf der Eil", taten durch starken Roheisenverbrauch den armen Hammermeistern Eintrag und förderten zugleich das „Ambergisch Eisen". Daher sollten in einer Schrottschmiede mit einem Feuer wöchentlich nach altem Brauch nicht über 8½ Maß abgeschmiedet, auch die neuen, in jüngster Zeit ohne Erlaubnis aufgerichteten Schrottschmieden wieder abgestellt werden. Die Eisenhändler in Stadt Steyr sollten nicht mehr Kloben haben noch führen, als zur Beförderung der oberländischen (wohl der bayrischen und schwäbischen) Werkstätten vonnöten sei, „damit nicht das Ambergische Eisen mit den Überfluß der Kloben zu Nachteil des Leobnischen Eisenbergwerks verarbeitet oder befördert werde". Also zugleich eine Maßregel gegen den Abfluß des heimischen Rohmaterials in ausländische Werkstätten. (Schmidt a. a. O. S. 241.)

[3] Wie für die Qualität des rohen und geschmiedeten Eisens bestehen obrigkeitliche Vorschriften auch für die Eisenfabrikate, wovon später die Rede sein wird.

Jeder Meister hat jedes von ihm gefertigte Stück mit einem Zeichen, einer „Marke", zu versehen, durch die er den Kunden, der Korporation, der Obrigkeit gegenüber für die Güte seiner Arbeit haftet. Das Zeichen verrät den Erzeuger schlechter Ware, macht es möglich, ihn der gerechten Bestrafung zuzuführen, einen bestimmten Artikel vor Mißkredit in weiteren Kreisen zu bewahren.

Das Zeichenwesen entstammt dem Gedankenkreis der mittelalterlichen Wirtschaftsethik, die von jedem Gewerksmann eine vollwertige Leistung verlangt, den Begriff der Handwerksehre hoch gehalten wissen will. Von der städtischen Wirtschaftspolitik hat der Staat diese Einrichtung übernommen und sie auch im Eisenwesen energisch durchgeführt, zum Gegenstand sehr eingehender und strenger Vorschriften gemacht. In dieser Branche ist der Zeichenzwang geradezu unentbehrlich, weil Verarbeiter und Eisenhändler vielleicht mehr noch als andere Käufer auf bestimmte Erzeugerkreise beschränkt sind, ihnen keine anderen Bezugsquellen offen stehen. Der Händler in Steyr wie der in Leoben hat, wie wir sehen werden, jeder sein streng gesondertes Einkaufsgebiet, über das er, grundsätzlich wenigstens, nicht hinausgreifen darf. Um so sicherer muß er sich auf die Qualität der Ware verlassen können.

Art und Form des Zeichens standen dem Meister frei. Er konnte dazu die Anfangsbuchstaben seines Vor- und Zunamens verwenden oder sich irgendein Zeichenbild ersinnen. Die amtlichen Zeichenregister sowie die von modernen Forschern angelegten Zeichensammlungen zeigen einen außerordentlichen Formenreichtum, eine lebhafte Phantasie. Mitunter verraten sie sogar einen gewissen künstlerischen Geschmack. Die Zeichenpflicht erstreckt sich auf das rohe wie auf das geschmiedete Eisen. Bei diesem muß das Zeichen entweder auf jeder einzelnen Stange oder auf dem Ring, der die einzelnen Stangen zentnerweise zu einem „Büschel", einer „Bürde" zusammenschließt, oder auf beide Arten angebracht sein, und zwar auf der Stange an einer genau bezeichneten Stelle — laut Verordnung der Wiener Zentralstelle vom 3. März 1716 — „je einen Zwerchschuh vom Ende der Stange". Die Art der Anbringung des Zeichens soll den Käufer den Unterschied zwischen hartem und weichem Eisen auf den ersten Blick erkennen lassen. Die Vorschrift ist streng. Nicht gemärkte schlechte Stangen soll der Schmied zurückschicken oder sie verfallen der Konfiskation.[1]

Aber diese peinlich genauen Regulative versagen oftmals den Dienst. Die Meister betrachten ihre Anwendung als überflüssig, ja als schädlich. Die Erzeugnisse werden nach ihrer Behauptung dadurch ent-

[1] Vgl. über das Zeichenwesen im Zusammenhang: Eduard Stepan, Heimatkunde der Gemeinde Göstling a. d. Ybbs, S. 316 ff.

wertet, dazu werde den Erzeugern ein nicht geringes finanzielles Opfer auferlegt. Sogar diejenigen, zu deren Schutz die ganze Einrichtung getroffen ist, sträuben sich gegen ihre Befolgung. Die Hammergewerken sind verhalten, beim Empfang schlechten Roheisens die Zeichen der Blähhäuser, von denen sie es bekommen haben, dem Amtmann einzusenden, damit dieser den Schuldigen zur Rechenschaft ziehen könne. Aber mancher Hammermeister wagt es nicht, dieser Vorschrift zu gehorchen, weil er die Rache des erzürnten Radmeisters fürchtet, sich nicht in die Gefahr begeben will, daß ihm dieser künftig die Eisenlieferung verweigere.[1]

Aber auch unter den Hammergewerken selbst finden sich viele, die den Wert des Zeichenzwanges nicht einsehen wollen, daran nur Schattenseiten erblicken und eigensinnig den Gehorsam verweigern. Nicht überall freilich zeigt sich diese Widerspenstigkeit. Weniger, wie es scheint, im Bereiche des Innerberges (des Nordabschnittes des steirischen Erzberges), wo an Leuten und Zeug kein Mangel herrscht, wo die Meister sogar ihren Knechten für die geleistete Mehrarbeit eine Zubuße zum Lohn gewähren. Um so lebhafter regt sich der Widerstand gegen den Markenzwang bei den Meistern und Knechten des Ybbser Bezirkes.[2] Sie suchen ihn teils mit der Gefahr einer Verschlechterung der Qualität, teils durch den Hinweis auf unersetzte Mehrkosten zu rechtfertigen. Sie haben aber auch keine Lust, auf Grund der Zeichen für Mängel haftbar gemacht zu werden, die nicht ihnen zur Last gelegt werden dürfen, nur vom schlechten Rohmaterial herrühren. Viele hundert Jahre lang, sagen diese Meister, sei man ohne den Markenzwang ausgekommen. Wozu also jetzt diese unnütze, mit vielen Nachteilen verknüpfte Neuerung? Das Aufprägen des Stempels ruiniere Hammer und Amboß. Kleine dünne Stangen werden durchgeschlagen oder „ausstellig". Die Knechte fordern für die vermehrte Arbeit höheren Lohn. Die Meister tragen also nur Schaden. Weder sie noch die Eisenhändler haben von der Märkung den geringsten Nutzen, da keiner deshalb — der festen staatlichen Tarife wegen — mit dem Preise in die Höhe gehen darf. Für das schlechte Hammereisen seien im letzten Grunde doch nur die Radgewerken verantwortlich zu machen, von denen man — die alte Klage! — kein brauchbares Material bekommen könne. Auch wüßten die Eisenverarbeiter in Wien den Zeug nicht richtig zu behandeln. Sie sparen mit der Kohle, hitzen

---

[1] Schmidt a. a. O. S. 237. OBA. 1523 10/III. Schiedsspruch zwischen Steyr und den Innerberger Hammermeistern. Vgl. OBA. 1560, n. 16.

[2] Vgl. Stepan a. a. O. S. 8. Doch lassen die Innerberger Radmeister, die selbst noch Hämmer betreiben, den Befehl der Kammer, ihre Stangen zu zeichnen, unausgeführt. OBA. 1560, n. 60. 11/VII. Weisungen des Amtmanns.

das Eisen nicht aus, legen es zu bald auf die „Räder“. Besonders lästig fällt es den Hammermeistern, neben den Stangen auch noch die Ringe märken zu müssen, da ja die Stangen ohnehin so gewendet würden, daß die Bezeichnung nach außen gerichtet sei. Auch werde mit den Ringen viel Mißbrauch getrieben. Zu den Vorstellungen der Meister fügen die Knechte ihre Sonderbeschwerden. Sie warnen gleichfalls vor Verschlechterung der Qualität, da die schönste Stange durch die Bemärkung verdorben werde. Sie müßten aber auch sich selbst feind sein, wenn sie sich diesem Zwange unterwerfen wollten. Sie schwebten in der größten Gefahr, „die Marke auf den Kopf zu bekommen“. Sei der Wasserstand klein, so müßten sie die ganzen Nächte zum Märken verwenden und würden doch höchstens nur den dritten Teil ihrer heutigen Arbeit zustande bringen. Sie drohen, die Hämmer zu verlassen und sich nach anderen Orten zu wenden, wo diese Mehrleistung nicht von ihnen verlangt werde. Sie machen Anspruch auf eine Extrabelohnung, wenn schon nicht von den Meistern, denen man sie ja nicht abfordern könne, so doch von der Zentralbehörde in Wien. Die Knechte müssen sich aber vom Eisenobmann sagen lassen, die Bemärkung geschehe um des öffentlichen Interesses willen. Niemand habe ein Anrecht auf (direkten) Nutzen. Eine Entschädigung gebühre den Knechten nur aus den Taschen der Meister. Also auch beim Zeichenzwang ist an den guten Ruf des steirischen Eisens, an den Vorteil des Kammergutes gedacht.

Dieser hartnäckige Widerstand der Ybbstaler Gewerkengruppe zwingt die Regierung, im 17. und noch mehr im 18. Jahrhundert eigene Hofkommissionen einzusetzen, ihre Anordnungen beständig zu erneuern, zuwiderhandelnde Meister mit Konfiskation der Erzeugnisse und mit Geldstrafen, vertragsbrüchige Knechte mit Verhaftung zu bedrohen. Schließlich sollen auf Befehl der Zentralstelle (1753) Verzeichnisse der Meistermarken, angefertigt nach vorgeschriebenem Formular, eingesendet werden, damit man auf jede Klage hin sofort feststellen könne, aus welchem Hammer der ungütige Zeug stamme. Und dennoch nehmen die Klagen der Händler kein Ende, daß die Zeichen schlecht oder gar nicht aufgeschlagen würden. Auch auf diesem Gebiete bricht sich der gute Wille der öffentlichen Gewalt an der vis inertiae, an dem Widerstreben der Gewerken gegen zu scharfe Staatsaufsicht.

Die Zeichenfrage wird uns in der Geschichte der Eisenverarbeitung wieder beschäftigen und hier in anderer Beleuchtung erscheinen. Während der Erzeuger des Rohstoffes häufig gegen den Zeichenzwang ankämpft oder aus Feigheit auf den dargebotenen Schutz verzichtet, gilt namentlich dem Messer- und Sensenschmied sein Zeichen als geheiligtes Recht, als kostbarer Besitz, den ihm niemand entreißen darf.

Denn ein gut eingeführtes Zeichen ist ein unfehlbares Werbemittel, sichert seinem Inhaber einen festen Platz auf dem Markte, lockt die Abnehmer an, während ein einmal diskreditiertes Zeichen die Käufer abschreckt. Aus dieser Werbekraft gewisser Zeichen werden wir weiter den nicht auszurottenden Mißbrauch des „Nachschlagens", der Zeichenfälschung zum Zwecke des schnöden Kundenfanges, entspringen sehen.

Mit der Einführung des Zeichenzwanges jedoch glaubte die Staatsverwaltung die möglichst hohe Qualität und die gerechte Befriedigung der Konsumenten noch nicht genügend gesichert zu haben. Ihr Vertrauen zum Fleiß und zur Einsicht der Eisenleute war — und vielleicht mit Recht — so gering, daß sie eine weitere Verschärfung der Kontrolle für notwendig hielt. Noch ehe das Roh- und das Hammereisen aus der Erzeugungsstätte in die Hände des Käufers übergehen, sollen sie der amtlichen Beschau unterzogen werden, die von einem halbstaatlichen Organ, dem „Beschauer" geübt wird. Dieser soll ein „unverdächtiger" Mann sein und in der Regel nicht aus dem Kreise der Hammermeister oder Händler genommen werden. Fügt es sich aber dennoch, daß ein Hammermeister zu diesem Amt berufen wird, so soll er die Beschau über sein eigenes Eisen durch zwei andere verständige, redliche, angesessene Hammermeister vornehmen lassen. Im Innerberger Bezirk sollen die einzelnen Gruppen der Hammermeister in Steyr und Weyer, in St. Gallen, Weißenbach und Laussa, im Landl, Reifling und Lainbach, jede ihren Beschauer wählen und gebührlich entlohnen, ihn aber am nächsten Palmsonntag zum Amtmann schicken, der ihn in Eidespflicht nimmt, überhaupt seine vorgesetzte Behörde bildet. Der Beschauer ist also hier halb Vertrauensmann der Hammerleute, halb öffentlicher Funktionär. Im Vordernberger Revier dagegen, das heißt im Umkreis der Südhälfte des steirischen Erzberges, erhält er seine Besoldung vom Staat.[1]

Der Beschauer hat alles Eisen und Stahl in den Hämmern zu besichtigen, er soll fleißiges Aufsehen haben, „damit solches nit verhanzt (?), der Hammer zu schwer geführt, in das Wasser gestoßen, verbrennt oder sonst gefährlich oder unfleißig von den Hammerschmieden gearbeitet würde". Gutes und gerechtes Eisen soll er mit einem „sondern March märken und zeichnen", bei einer schlechten Gattung aber zum besseren Unterschied des Guten und Schlechten die Märkung unterlassen, Stahl von besonders hoher Qualität dagegen durch eine zweifache Marke kennzeichnen. Zum Meisterzeichen tritt somit der amtliche Stempel. Aber auch auf Radmeister und Bläher soll der Beschauer sein Auge haben, damit sie das Eisen nicht „rotbrüchig" machen oder sonst durch Unfleiß verderben. Das schlechte soll er dem Amtmann

---

[1] H. K. 1699. I. 8. (2/I.).

zu weiterer Verhandlung mit dem Radmeister übergeben. Die Ausdehnung der Beschauungspflicht auf beide Stufen der Eisenproduktion ist ein neuer Beweis, daß die Arbeit der Hammergewerken für ebenso unzuverlässig gilt als die der Radmeister. Keine Partei, die Grund zur Beschwerde zu haben glaubt, darf die Beschau eigenmächtig abschaffen, sondern soll ihre Beschwerde dem Amtmann anzeigen, der eine Versammlung aller Parteien einzuberufen und nach ihrem Rat zum Nutzen des Kammergutes die Entscheidung zu treffen hat. Die Vordernberger Amtsordnung weist dem dortigen Beschauer, der seinen Sitz in Leoben hat, noch besondere Pflichten zu. Er hat als Kontrollorgan für alle Seiten des Betriebes speziell die Namen der Radmeister, dann diejenigen der ihnen das Eisen abnehmenden Händler sowie der von diesen versorgten Hammermeister genau aufzuschreiben, außerdem die Aufsicht über die Waage zu führen.[1]

Mit der Betrachtung der Waageeinrichtungen treten wir aus dem Bereiche der Produktions- hinüber auf das Gebiet der eigentlichen Handelspolitik.[2] Wie bei der Erzeugung sollen auch beim Verkauf des Eisens nach dem Willen der Regierung die Grundsätze strengster Gerechtigkeit, unbedingter Solidität zur Geltung kommen. Der Käufer hat ein Recht nicht nur auf die höchstmögliche Qualität, sondern auch auf die verlangte Quantität und auf einen gerechten Preis. Gelangt das Eisen zur Abgabe an den Händler oder an den Konsumenten, so ist gewissenhaftes Wägen die erste Pflicht. Das Waagwesen wird daher von der Regierung in ihr Überwachungssystem miteinbezogen. Korrekte Behandlung der Waage liegt im Interesse des Käufers, aber auch des Fiskus, denn nach der angegebenen Gewichtsmenge richtet sich der Mautbetrag. Es gibt in Innerberg besondere Waagen für das rohe und für das geschlagene Eisen.[3] Jede steht unter der Obhut eines staatlich bestellten Eisenwägers, der sich übrigens im Notfall auch zu anderen Geschäften brauchen lassen muß. Daneben hat jeder Hammermeister seine eigene Waage. Die Grundlage gerechten Wägens ist die „Zimentierung", das heißt die Angleichung der Gewichte sämtlicher öffentlicher und privater Waagen an das amtlich festgesetzte Normalgewicht, „das recht ordentliche Ziment Wiener Gewichts, etwa zwei Zentner

[1] Ausführliche Charakteristik des Beschauamtes bei Schmidt a. a. O. n. 47 (1517), OBA. 1523 16/III. Vgl. in dem früher erwähnten Vordernberger Amtsordnungsentwurf die ausführliche „Ordnung der Eisenbeschauer im Murboden".

[2] Dieser Abschnitt ist in seiner Schlußpartie noch nicht erschöpfend. Das Fehlende bleibt dem zweiten Teil dieser Einleitung vorbehalten.

[3] Das Vordernberger Roheisen wird zuerst beim Blähaus gewogen bei der Übernahme durch die Händler, dann noch einmal in Leoben bei der Abgabe an die Hammermeister.

schwer". Die Übereinstimmung wird durch gelegentliche Visitationen festgestellt. Reparaturen und Nachprüfungen der amtlichen Waage dürfen nur mit Vorwissen des Amtmannes und im Beisein etlicher Radmeister oder Eisenkaufleute vorgenommen werden.

Die Vorgänge beim Wägen verlaufen in bestimmter Reihenfolge. In Innerberg haben die Hammermeister um die Waage zu bitten, damit man wissen möge, wem Eisen gegeben oder gewogen werde. Erst nach Anfrage beim Amtmann darf der Wäger in Aktion treten und für gewöhnlich — außer bei den Proviantsorten — nur ein bestimmtes Quantum Roheisen auf einmal abwägen, „7 Mäss oder ungeverlichen 5 Meiler und nicht darunter". In beiden Bergbezirken soll der Roheisenwäger die Waage im Beisein der Kaufleute und Radmeister „ausschreien". In Vordernberg hat die Wägung nur an zwei festgesetzten Wochentagen und nicht für jeden einzelnen zu erfolgen. Nur die Proviantsorten sollen sogleich beim Eintreffen der Lebensmittelfuhren abgewogen werden. Die Angaben über das Gewicht des täglich abgewogenen Eisens soll der Wäger in sein „Waagbuch" eintragen und dem Amtmann wöchentlich einen Auszug übergeben, auf Grund dessen dieser Mauten und Aufschläge einzuheben hat. Ungehorsam, Unredlichkeit irgendwelcher Art können mit Sperrung der Waage bestraft werden.

Das Waaggeschäft soll getrieben werden „ohne Mißbrauch und Verdacht". Der Wäger darf keinen Käufer vor dem anderen begünstigen, keiner soll beim Wägen benachteiligt werden. Der „Gegenschreiber und Roheisenwäger (in Vordernberg) soll in allerweg keinem Leobener oder anderen Eisenhändlern weder heimlich noch öffentlich von Gunst, Verehrung oder Gab willen einem für den anderen Puechl halten oder befürdern, auch kein Geld für das Eisen von ihnen annehmen, noch aus ihren Händen den Radmeistern leihen oder geben, sondern ihren Aemtern fleißig warten, damit der Mißbrauch und Verdacht, so vorhin darin befunden, verhuet werde".[1] Auch in Innerberg müssen Mißbrauch und Betrug bekämpft werden. Weil die Stadt Steyr eine Niederlage und geschworene Fronwaage besitzt, soll dort aller Eisenzeug an dieser Fronwaage gewogen und dem Wäger nicht gestattet werden, in die Häuser zu gehen oder in den Kellern zu wägen, damit aller Argwohn und Verdacht vermieden bleibe. Zeigt sich bei der Fronwaage in Steyr ein Abgang an einer gewissen Eisensorte, so soll ihn der Verkäufer dem Käufer aus einer anderen Sorte erstatten. Bei übergroßem Abgang erfolgt Konfiskation und Anzeige an den Amtmann.[2] Ge-

[1] Dem Eisenbeschauer im Murboden wird strenge Aufsicht über Waagen und Gewichte sowie über betrügerisches Vorgehen beim Wägen anbefohlen. Vgl. S. 31, Anm. 1.

[2] Schmidt a. a. O. S. 211, 212, 238, 239 und 240. OBA. 1558, n. 144 (4/X). Vordernberger Amtsordnung an verschiedenen Stellen.

schlagenes Eisen und Stahl gelten als „Puerth und Zentnerguet", sollen daher grundsätzlich nicht nach der „Pfundauswag", das heißt nicht im Kleinen verkauft werden. Doch wird den armen Schmieden, die nicht massenweise einkaufen können, ein gewisses Quantum — von jedem Zentner ein abgewogener Bruchteil — reserviert — ein neuer Beweis sozialer Fürsorge.[1]

Aber gleich anderen Geboten der Regierung sind auch die Waagevorschriften vielfach umgangen, die Strafbestimmungen mit bedenklicher Milde gehandhabt worden. Waagbeschwerden kommen so ziemlich in allen Jahrhunderten vor. Händler, Hammermeister und Verarbeiter beklagen gleichmäßig in den stärksten Ausdrücken den Schaden, den sie durch unrechtes Wägen erleiden. Einmal veranschlagen die Hammermeister den Abgang am Gewicht sogar auf 23, 30, ja 40 Pfund. Da am Eisen viel Erde, Sand und Lehm kleben bleibe, sei ihnen per Zentner eine Zuwaage von 5 Pfund zugesprochen worden. Aber niemand kehre sich an diese Zusage. Daher müssen, um den Klagenden zu ihrem Rechte zu verhelfen, von Zeit zu Zeit neue Zimentproben durchgeführt, in den einzelnen Hämmern Nachprüfungen der Gewichte und der Eisenmengen vorgenommen werden. Ja einmal wird sogar der Vordernberger Amtmann beauftragt, in den Kaufläden der steirischen Städte Büschel für Büschel auf ihr Gewicht hin zu kontrollieren.[2] Dabei müssen die Visitatoren bisweilen sehr unliebsame Entdeckungen machen. Gerade die Hammermeister, die nicht laut genug über Beeinträchtigung bei der Waage schreien können, üben selbst manche Unredlichkeit oder dulden sie bei ihren Knechten. Im Jahre 1561 zum Beispiel kommen die mit der Unter-

[1] Eisensatzordnung für Innerberg 1621 (A. Fr.): „Von der Pfundauswag: Demnach nit ein jeder ein ganze Puerth oder Zentner Stahl und Eisen bedarf oder zu kaufen vermag, sondern die armen Schmied und Hammerwerksleut, wie auch andere ein Anzal Pfund zu kaufen begehren, damit er nun diesfalls auch sein gewisse Satzung von Sort zu Sort habe, so lassen wir gnädigst zu, daß auf ein Zentner Auswag 6 Pfund für solche Auswag abzureithen und die Gebüer und Gelt auf jedes Pfund zu schlagen, und haben deshalb zu guter Richtigkeit von Legstatt zu Legstatt, von Sorten zu Sorten, wie jedes Pfund Eisen oder Stahl kommt, hinzuraithen und setzen zu lassen (verordnet), nach welcher Satzung auch jedes Pfund, wenn also einer nur ein Anzal Pfund und nicht einen ganzen Zentner zu kaufen begehrt, die Eisler den Abkäufern solch Pfund Zeug und nit höher geben und raitten sollen."

[2] OBA. 1551 16/X., 1553 14/X. Dann 1553, n. 49, 58, 60, 62, 120 und Vordernberger Eisensatzordnung 1626. (A. Fr.) Ihrerseits begehren die Hammermeister im Vordernberg-Leobener Bezirk des unvermeidlichen Verlustes wegen, den sie bei Verarbeitung des Roheisens erleiden, die Erlaubnis, den Zentner Schmiedezeug nur zu 95 Pfd. auszuschlagen, ein Vorgang, der ihnen bisher zu Unrecht verübelt worden sei. (H. K. 1703 XII/23, Eingabe der Hammermeister im Brucker Viertel von 1704. Hier eine Fülle von Klagen über Abgänge am Gewicht.)

suchung beauftragten Amtsorgane in den großen und kleinen Hämmern Vorder- und Innerbergs einer langen Reihe von Gewichtsfälschungen auf die Spur, die sie auf den Unfleiß der Hammermeister und auf nachlässige und betrügerische Manipulationen der Hammerschmiede (das heißt der Schmiedknechte) zurückführen. Aus zehn Pfund rohen Zeugs, die der Meister seinem Schmied übergibt, soll dieser acht Zentner „gezainten oder geschlichteten Zeug" herstellen. Davon werden zwei Zentner als „Hindangang im Feuer", das heißt als normaler Verlust beim Abschmieden abgerechnet. „Geht ihm (dem Schmied) — so berichten die Visitatoren — aber mehreres als zwei Zentner hindan, so wiegt er, wie gehört, zu gering, damit er seinem Herrn besteen mag", das heißt der Knecht täuscht den Meister durch falsches Gewicht. „Gleichwohl etlich Hammermeister Ir falschen und zunichten Wag wol gewißt haben."[1] Die Visitatoren senden nun den Amtleuten ein Verzeichnis der Straffälligen ein. Die Amtleute aber empfehlen der Hofkammer, den Schuldigen die Strafe nachzusehen, weil vielleicht seit Jahren keine Zimentierung der Waagen vorgenommen worden sei, daher mancher Hammermeister auf seine Waage nicht genügend achtgegeben, im guten Glauben gelebt habe, sie sei in bester Ordnung. Würde man nun den Meistern die Strafe auferlegen, so hätte die Hofkammer nur eine Menge von Behelligungen und Beschwerden zu erwarten. Die Kammer möge es daher bei einer Vermahnung der Meister zu gerechter Abwaage bewenden lassen. Beharre sie aber bei der Bestrafung, so möge sie diese doch dermaßen anordnen, „als hätten Euer Gnaden sich derselben gefallen nach der Strafen selbst entschlossen, auf daß, wo wir den Befehl vorbringen müßten, damit nit aller Ungunst auf uns verbleibe. Denn sich beider Berg Gesandte, die wir in dieser Handlung gebraucht, bei allen Hammermeistern fast ungünstig gemacht, daß sie sich anders nichts zu versehen, dann aller Gefahr und Widerwillen von ihnen besorgen müssen".[2] Ein köstlicher Zusatz! Schon das Erscheinen der Visitatoren hat die Hammerleute aufs höchste erbittert. Wie erst, wenn ihnen gar ein Strafmandat präsentiert wird. Der Amtmann will daher beim Strafvollzug durch höhere Weisung gedeckt sein, damit nicht er oder seine Beauftragten vielleicht mit den derben Fäusten der Schmiedknechte Bekanntschaft machen müssen. Wir konnten auch schon dem Wortlaut der Vorschriften entnehmen, daß die Funktionäre bei der Waage selbst ihre Hände nicht immer rein erhielten, mancherlei Protektionswirtschaft übten, daß ihre Amtierung dem Publikum höchst verdächtig vorkam. „Mautschreiber und Wäger", so lautet eine ähnliche Klage der Hammermeister von

[1] OBA. 1560, n. 98.
[2] OBA. 1561, n. 103 u. 105.

1551, „unterstehen sich seit einiger Zeit, etliche zu factorieren", das heißt sie fertigen ihre Verwandten zuerst ab, lassen die früher Gekommenen warten und verursachen ihnen dadurch unnötige Kosten und Zehrung[1] — ein vorläufiges Pröbchen laxer Beamtenmoral!

Wie der Staat Qualität und Gewicht kontrolliert, so bestimmt er auch so weit als möglich die Preise des rohen und des geschlagenen Eisens. Wie die Freiheit des Produzenten, so beschränkt er auch die Freiheit des Händlers. Er will Preise setzen, durch die der Erzeuger und der Kaufmann für die Lasten und Gefahren des Betriebes entsprechend entschädigt werden, die ihnen ein hinlängliches Auskommen, einen „bürgerlichen Gewinn" sichern, durch die aber auch der Eisenverbraucher nicht übermäßig beschwert wird. Die „Eisensätze", die staatlichen Preistarife gehören daher zu den wichtigsten Grundzügen der Organisation des Eisenwesens.

Die Zeiten ändern sich und mit ihnen notwendig auch die Preissätze, die stetig aufwärts streben. Da der Bergmann das kostbare Erz mehr und mehr aus der Tiefe des Berges holen muß, da die Waldgrenze infolge unaufhaltsamer Schwendung und unbesonnener Abholzung der nahen Bestände immer ferner rückt, Holz und Kohle also nur mit vermehrten Kosten herbeigeschafft werden können, da immer wieder Teuerung einreißt, also die Betriebsauslagen und Verpflegskosten beständig steigen, so sind auch immer neue Preiserhöhungen unvermeidlich. Auch ist die Konjunktur auf dem Eisenmarkt keineswegs stabil. Der Wechsel von Würde und Unwürde schließt die Gefahr eines jähen Preissturzes in sich. Damit nun die Gewerken auch bei wachsenden Produktionskosten bestehen können, bei geänderter Situation des Marktes nicht Schaden leiden, hält es der Staat für seine Pflicht, selbst die Preise zu diktieren. Von Zeit zu Zeit erscheint daher eine neue landesfürstliche Preissatzung, und so ziemlich eine jede steigert die Preise der verschiedenen Eisensorten. Gelten soll jeder Preissatz nur für eine gewisse Reihe von Jahren oder bis zu einer weiteren landesfürstlichen Entschließung. Der Landesfürst selbst verrät beim Erlaß eines solchen Patents, das für weite Kreise zu alten Lasten noch eine neue fügt, hie und da ein unbehagliches Gefühl. Gerne, so versichert er, hätte er Mittel und Wege gefunden, um seinen lieben Untertanen die Steigerung zu ersparen. Aber die Sorge um die „löbliche Gottesgabe", der sonst unabwendbare Zusammenbruch des Eisenbergwerkes, „von dem so viele Leute bisher ihre Nahrung gehabt haben", lasse ihm keinen anderen Ausweg, als ein Erhöhung des Eisenpreises. Und wenn nach einer längeren Absatzstockung wieder eine lebhaftere

[1] OBA. 1551 11/X. Steyr und Weyer an die königlichen Kommissäre.

Nachfrage nach Eisen zu erwarten ist, dann begehren die Gewerken selbst eine behördliche Preisregulierung, damit die begreifliche Hast, die aufgestapelten Vorräte loszuschlagen, nicht den einzelnen zu Preisunterbietungen verführe. Jeder von ihnen soll zu gleichem Preise zu liefern gezwungen sein, „damit nicht Schleuderei einreiße".[1]

Bedürfnis nach erhöhten Preisen tritt gewiß meist zuerst bei den Radmeistern auf. Von ihnen vor allem geht der Anstoß zu einem neuen Eisensatz aus. Sie begründen ihre Forderung mit den gesteigerten Kosten für Abbau, Holz und Kohle, Lebensmittel und Pferdehaltung. Und bei der grundlegenden Bedeutung dieses Produktionszweiges kann ihren Wünschen nicht leicht das Gehör versagt werden.[2] Den Forderungen der Radmeister schließen sich regelmäßig diejenigen der Hammermeister an. Und was für jene recht ist, muß für diese billig sein. Denn jede Verteuerung des Roheisens trifft sie mit, trifft sie um so schwerer, als sie ja nicht nur gleich den Radmeistern die hohen Kosten für Kohle und Proviant zu tragen haben, sondern ihnen auch das Erträgnis vom Eisen durch den normalen „Hindangang im Feuer", auch wohl durch den Verlust beim Flußtransport geschmälert wird.[3] Dazu sehen sie sich von den Radmeistern mit ungebührlichen Forderungen des „Ehr-, Haber- und Hilfsgeldes" — gemeint sind damit wohl Trinkgelder und Ersatz des Roßfutters — beschwert[4] und überdies noch von ihren Knechten und Fuhrleuten mit steigenden Lohnansprüchen bedrängt, namentlich wenn die schon erwähnte Schwere und Unförmlichkeit der Eisenmasse deren Transport und die Verarbeitung unter dem Hammer erschwert. Dabei kommt die Zufuhr des Roheisens den Vordernberger Hammermeistern noch teurer zu stehen als den Innerbergern, weil dort das Eisen erst nach Leoben auf den Platz gebracht und hier wieder umgeladen werden muß, während die Innerberger es direkt vom „Stock", vom Radwerk aus beziehen können.[5] Die Betriebslasten stellen sich also für die Hammergewerken noch beträchtlich höher als für die Radmeister, und sie sind daher sehr böse, wenn diesen eine Preissteigerung gewährt, ihnen aber versagt wird oder wenn der Zuschlag nicht in der gewünschten Höhe ausfällt. Müssen doch die Regierungsvertreter selbst anerkennen, daß die Hammermeister gar viel „Gefahr, Wagnis, Mühe und Arbeit, Uncosten und Abgang nicht allein durch die weit Fuhr und mit dem oft Auf- und

---

[1] L. A. Halamt Aussee, Rubrik I. 27. S. 50 ff.

[2] Schmidt a. a. O. S. 150, 266.

[3] Über Preisstreitigkeiten zwischen den Hammermeistern an der Enns und ihren Kohlenbauern vgl. H. Pirchegger, Beiträge z. Gesch. des steir. Eisens I (Blätter f. Heimatkunde, herausg. vom Hist. Verein f. Steiermark 1930, S. 94 bis 97).

[4] Ebenda S. 269.

[5] OBA. 1565, n. 36.

Abladen, sondern auch in dem Feuer, bis solches Roheisen zu geschlagenen Zeug und Kaufmannswar gebracht wird, tragen und leiden".[1] Und warum — so fragen selbstbewußt die Hammermeister — sollen gerade wir schlechter behandelt werden als die Radmeister? Unsere Arbeit ist es doch, durch die das Eisen erst wirklich zu Eisen wird, die dem Rohstoff erst den Wert einer Handelsware verleiht, ihn erst für den Schmied und Schlosser gebrauchsfähig macht — so wie ein Silberbarren erst durch die Ausmünzung seinen vollen Wert erhält.

Wird aber „an der Wurzen" und im Hammer eine Preissteigerung bewilligt, so will der Eisenhändler erst recht nicht von dieser Begünstigung ausgeschlossen sein. Auch er hat ja einen schweren Pack von Lasten und Verbindlichkeiten zu schleppen. Nicht nur, daß der Hammermeister den höheren Roheisenpreis auf ihn abwälzt — er ist auch der „Verleger", der Geldgeber des Radmeisters und teilweise auch des Hammermeisters, hat bei ihnen große, oft schwer wiedereinbringliche Kapitalien stecken, während er selbst gleichfalls mit geborgten, hochverzinslichen Geldern arbeiten muß. Stirbt ein dem Kaufmann verschuldeter Gewerke oder erklärt er sich bankerott, so kann der Gläubiger zur Übernahme des schwer belasteten Werkes gezwungen sein. Der Kaufmann hat aber auch mit drückenden Mauten und Frachtkosten, mit Verlusten bei den Geld- und Eisensendungen zu rechnen. So stellt auch er seine Forderungen und, wie es scheint, in nicht zu bescheidenem Ausmaß.

An leitender Stelle darf man also auch über die Ansprüche der Hammermeister und Händler nicht leichtfertig hinweggehen. Ihre Berechtigung liegt ja namentlich bei den Kaufleuten klar zu Tage, da ohne die von ihnen gewährte Hilfe auch die Produktion zum Stillstand verurteilt wäre. „Rad- und Hammermeister und Verleger sind drei zusammengefügte Glieder, und dem Wesen nit geraten wäre, da... allein der Wurzen, aber den Verlegern nit geholfen."[2] Auch muß man die traurige Erfahrung machen, daß die Hammermeister unersättlich sind, sich nehmen, was man ihnen nicht freiwillig gibt. Als 1626 der Kaiser den Vordernberger Radmeistern eine Erhöhung bewilligt, muß er nolens volens dieses Zugeständnis auf die Hammermeister ausdehnen, obgleich sie seiner Meinung nach an den früheren Steigerungen genug haben könnten. Aber sonst würden sie ja nicht aufhören, den Eisensatz grundlos und eigenmächtig zu überschreiten und die armen Arbeiter und Handwerker aufs schwerste zu bedrücken.[3] So zieht wohl

---

[1] OBA. 1564, n. 36. Kommissionsbericht aus Leoben an den Kaiser. Vgl. die S. 33, Anm. 2, erwähnte Eingabe der Hammermeister im Brucker Viertel.

[2] Eisensatzordnung 1574 1/III. (A. Fr.)

[3] Vordernberger Eisensatzordnung 1626 21/IV. (A. Fr.)

fast jede den Radmeistern zuerkannte Preiserhöhung eine solche auch bei den zwei übrigen Kategorien der Eisenverwandten zwangsmäßig nach sich.[1]

Erst im Laufe des 16. Jahrhunderts gewinnen die Eisensatzordnungen eine selbständige, immer umfangreichere und schließlich schablonenhafte Form. Die Keime dieser Einrichtung stecken schon in den ältesten, allgemeinen Eisenordnungen von 1448 und 1449. Diese enthalten unter anderem auch bereits gesonderte Preisbestimmungen für das Innerberger und das Vordernberger Eisen — eine der Produktionsteilung am Berg angemessene Scheidung, die auch später beibehalten wird. Unter Ferdinand I. treten die Preisordnungen zum erstenmal in Gestalt selbständiger, zunächst noch für beide Berge gemeinsamer Patente auf, seit 1544 jedoch mit getrennten Tabellen für Inner- und Vordernberg.[2] Die Anlage wird seit der Mitte des 16. Jahrhunderts schematisch. Im Vordernberger Bezirk: Verzeichnis der Preise, zu denen das Roheisen auf dem Platze zu Leoben an die Händler abgegeben und von diesen an die Hammermeister weiterverkauft werden muß, dann die Preise der verschiedenen Gattungen des Schmiedeeisens in den einzelnen, mit Namen aufgeführten Orten der Steiermark und des an den Vordernberger Bezirk angeschlossenen Teiles des Landes unter der Enns. Für den Innerberger Bezirk werden verzeichnet die Ein- und Verkaufspreise des geschlagenen Zeuges am Hauptstapelplatz Steyr und ferner an denjenigen ober- und unterösterreichischen Orten, wohin das Eisen von Steyr aus geführt, „niedergelegt" werden muß. Der Forscher weiß diese Preisverzeichnisse zu schätzen, weil sie ihn nicht nur über die jeweiligen Preisverhältnisse unterrichten, sondern auch, weil sie ihm das Bild der verschiedenen Handelsprivilegien und Handelsrichtungen, das er sich

---

[1] Doch wird in einem Aktenstück 1564 28/V. (OBA.) eine frühere kaiserliche Instruktion erwähnt, daß nur der Preis für das Roheisen, nicht auch der des geschlagenen Zeugs zu erhöhen sei, „zur Verhuettung eines gemeinen Geschreis". Auch die Eisenhändler hätten beim jetzigen Preis Gewinst genug. Der Preiszuschlag für die Radmeister soll aber unter dem harmloseren Titel eines „Hilf-, Haber- und Proviantgeldes" erfolgen, ein bureaukratischer Trick, um Klagen der übrigen Eisenleute zu beschwichtigen. Dagegen gestattet der Eisensatz für Vordernberg (1603. A. Fr.) den Eisenhändlern, sich ihren bürgerlichen Gewinn (ohne genauere Angabe) hinzuzurechnen, damit sie ihre ehrliche Nahrung haben mögen. Merkwürdigerweise werden bei den Preiserhöhungen die Eisenverarbeiter nicht bedacht. 1544 wird ihnen sogar eine Steigerung verboten, weil sich nach den Eisensätzen seit 1526 der Preis für ein Pfund geschlagenen Zeugs nur um einen Heller vermehrt habe. Schmidt a. a. O. S. 270. Dem Preiswucher der Verarbeiter sollen die städtischen Obrigkeiten „mit Machung eines ordentlichen Satz" entgegentreten (OBA. E. J. 1603). Die Regulierung der Preise für fertige Eisenwaren soll also Sache der Stadtverwaltung sein.

[2] Schmidt a. a. O. n. 59 (1534), n. 60 u. 70 (1544). OBA. 1560, n. 1 (gemeinsamer Eisensatz 1560 1/I.).

sonst aus vielen einzeln überlieferten Zügen mühselig zusammensetzen muß, summarisch vor Augen führen. Wie das inner- und vordernbergische ist auch das hüttenbergische und sonstige kärntnerische Eisen solchen Preissatzungen unterworfen. Wo die Regulierung bis 1564 fehlt, wird sie gleichfalls verlangt. Gleichheit der Eisenpreise in allen fünf niederösterreichischen Landen, Österreich ob und unter der Enns, Steiermark, Kärnten und Krain, gilt als wünschenswert.[1]

Einen sehr wesentlichen Einfluß auf die Gestaltung der gesamten Tarifpolitik mußte die Landesteilung von 1564 üben, durch die Innerösterreich von den übrigen Erblanden getrennt und einer habsburgischen Nebenlinie mit der Residenz in Graz übertragen wurde. Damit aber war das ganze Eisengebiet in zwei staatlich getrennte Teile zerschnitten, war vor allem durch den Innerberger Bezirk ein scharfer Trennungsstrich gezogen. Unter der Hoheit des innerösterreichischen Landesherrn verblieben der steirische Erzberg selbst, der Vordernberger Hammerbezirk und die an Innerberg hängenden Radwerke mit den landsteirischen Hämmern. Auf österreichischem Boden, und zwar hüben und drüben von der Enns, lagen aber nun die übrigen das Innerberger Eisen verarbeitenden Hämmer und vor allem die zahlreichen Industriewerkstätten. Dort aber saßen auch im Stapelort Steyr die Eisenhändler, die den Innerbergischen Rad- und Hammergewerken die notwendigen Betriebskapitalien vorstreckten und ihre Erzeugnisse inner- und außerhalb der beiden österreichischen Länder zum Verschleiß brachten. Alle diese jenseits der steirischen Grenze gelegenen Betriebe unterstanden also seit 1564 einer eigenen, das heißt der Wiener Regierung, auf deren Schutz sie nachteiligen Verfügungen des innerösterreichischen Erzherzogs gegenüber angewiesen waren.

Aus dieser Trennung ergab sich nun von selbst die Notwendigkeit selbständiger Preisordnungen für die Landgebiete beider Linien, dann aber auch ein starker Druck der die Roheisenproduktion beherrschenden Grazer Regierung auf die Preispolitik des österreichischen Nachbars. Verfügte der innerösterreichische Erzherzog eine Steigerung der Preise für das Roh- und Hammereisen in seinem Gebiete und ließ er sich auch durch freundlichstes Zureden des Herrn Bruders in Wien nicht zu einer Milderung bewegen, so blieb diesem nichts anderes übrig, als den Hammermeistern und Eisenhändlern in Österreich ob und unter der Enns gleichfalls einen erhöhten Preistarif zu gewähren und sie auf diese Weise für die Verteuerung des Rohstoffes zu ent-

[1] OBA. 1564, n. 36. 28/V.

schädigen.[1] Erst mit der Wiedervereinigung der österreichischen Länder 1618 hört dieser lästige Zwang auf. Die Scheidung der Sätze nach Inner= und Vordernberg bleibt jedoch bestehen. Sie werden für das Gebiet des einen oder anderen Berges, je nach Bedarf auch zu verschiedenen Zeit erlassen.[2]

Die Frage der Preisregulierung stellte die habsburgische Eisenpolitik vor eines der heikelsten, stets eine möglichst rasche und zugleich sorgsamst vorbereitete Lösung erfordernden Probleme. Jeder Fehler in der Berechnung konnte den ganzen Organismus des Eisenwesens aufs schlimmste zerrütten. Blieben die geltenden Preise zu weit hinter den vermehrten Produktionslasten der Rad= und Hammergewerken zurück und entschloß man sich an leitender Stelle nicht rasch genug zu einer entsprechenden Steigerung, dann ließen die Radmeister die Produktion sinken und drohten gar mit gänzlicher Stillegung ihrer Betriebe. Dann bekam der Gewerbetreibende keinen Rohstoff, der Händler keine Ware mehr. Wurden umgekehrt die Preise im neuen Satz oder durch eine andere fiskalische Maßregel über Gebühr erhöht, dann drohte wieder eine Lähmung der Gewerbstätigkeit, dann wurde namentlich für den kleinen Handwerker in den Landorten der Rohstoff unerschwinglich, weil er seine eigenen Preise auch nicht ins Uferlose steigern durfte. Dann war aber auch der einheimische Kaufmann genötigt, sich statt an das ärarische Eisen an die Erzeugnisse privater Betriebe zu halten, war der fremde verlockt, sich an ausländische Bezugsquellen zu wenden. In beiden Fällen spürte der Fiskus den Rückgang im Absatz des Kameralproduktes, an der Verminderung der Eisengefälle.

Wird also die Forderung eines neuen Eisensatzes erhoben, so sind umfassende, manchmal jahrelange Vorarbeiten nötig, muß die sorg=

[1] 1564 10/XII. Max II. an alle Hammermeister in Österreich ob und unter der Enns. Erzherzog Karl habe den Radmeistern in Innerberg und Vordernberg einen erhöhten Preis bewilligt. „Und weil dann die meisten Hammermeister, so dies innerbergische Roheisen zu geschlagenem Zeug verarbeiten, desgleichen die Eisenhändler, so damit Handtierung treiben, in . . . Österreich ob und unter der Enns gesessen und wohnhaft sind“, so habe er (Maximilian) zu ihrem Besten die Eisensatzungen von 1560 abgeändert und eine neue aufgerichtet (Abschrift in A. Fr.). 1574 1/III muß der Kaiser einen neuen Tarif für seine Länder herausgeben, weil Erzherzog Karl abermals „bei der Wurzel und Stock dieses innerbergischen Eisens . . . Steigerung fürgenommen . . . Wir auch sein Lieb über all unser beschehen, gnädig und brüderlich Ersuchen zu einer eingezogenen oder ringern Steigerung nit vermögen können“. (A. Fr.) Im Jahre 1618 vergleichen sich Kaiser Matthias und Erzherzog Ferdinand von Innerösterreich nach fünfjährigen Vorberatungen über eine neue Steigerung der Eisensätze, die aber vor dem Tode des Kaisers nicht mehr publiziert wird und jedenfalls auch für beide Ländergruppen hätte gesondert ausgefertigt werden sollen. (Ebenda.)

[2] Z. B. für Innerberg 1621, für Vordernberg 1626. (A. Fr.) Wird den Innerberger Radmeistern ein Preiszuschlag gewährt, so verlangen die Vordernberger das gleiche (Eisensatz 1603 20/VII).

fältigste Prüfung der eingebrachten Beschwerden, Wünsche und Vorschläge dem Regierungsbeschluß vorangehen. Zu diesem Zwecke werden besondere Kommissionen ins Eisengebiet entsendet, die mit heißem Bemühen sich von der Berechtigung der Tarifreform zu überzeugen, den richtigen Maßstab für die neue Preissatzung zu finden trachten. Sie arbeiten im Schweiße ihres Angesichts das bei früheren Preisverhandlungen aufgesammelte Aktenmaterial durch, holen bei den Amtleuten und Rechenschreibern, den Rad-, Hammermeistern und Eisenhändlern Berichte und Erkundigungen ein. Insbesondere müssen ihnen die Radmeister Partikular- und Gesamtrechnungen über den Durchschnitt der jährlichen Betriebskosten ihrer Werke vorlegen. Darin wird Posten für Posten aufgezeigt, was der Meister jährlich am Berg und im Blähhaus für Kohle, Transport und Ernährung von Menschen und Rossen ausgeben muß und was er am Schlusse des Jahres verdient hat. Regelmäßig schließen diese Rechnungen mit einem erheblichen Verlustsaldo ab. Den Meistern bleibe nicht genug, um sich selbst in normalen Jahren mit Weib, Kind und Gesinde erhalten zu können. Um wieviel weniger würden sie Zeiten der Teuerung oder Infektion überstehen können! Nun stellen die Kommissäre nach Umfrage bei Amtleuten und Arbeitern eine Gegenrechnung auf, deren Resultat, wie zu erwarten, mit dem der Radmeister nicht zusammenstimmt, vielmehr einen Überschuß nachzuweisen sucht. Die Radmeister aber halten ihre Angaben aufrecht, behaupten, die Aufstellungen der Kommissäre seien aus trüben Quellen geschöpft. Schließlich wissen sich die Kommissäre keinen anderen Rat mehr, als durch die Vornahme einer Produktionsprobe die tatsächliche Höhe der Betriebskosten zu ermitteln. In der Form eines Prozeßverfahrens, möchte man fast sagen, mit Zeugenverhör, Ablegung von Beweisen und Gegenbeweisen spielen sich solche Verhandlungen ab. Am liebsten möchten die Kommissäre einer Steigerung ganz aus dem Wege gehen und beraten daher mit den Parteien über andere Arten der Abhilfe.[1]

Nicht immer führen diese minutiösen Vorarbeiten zu dem von den Gewerken erstrebten Resultat. Mitunter werden Gesuche der Radmeister von der Regierung abschlägig beschieden. Sie sollen sich mit früher gewährten Steigerungen, die ihnen ein namhaftes Erträgnis abwürfen, zufriedengeben. Auch ziehen sie ja, so wird ihnen vorgehalten, von der Abgabe der Lebensmittel an die Arbeiter „einen sondern Zuestand und Gewinn“. Aus der Steigerung werde ihnen und dem gesamten Wesen weit mehr Schaden als Nutzen erwachsen. Die ge-

[1] Für die typischen Vorgänge bei einer solchen Verhandlung am lehrreichsten der Kommissionsbericht aus Leoben, 1564 25/V. (OBA. 1564, n. 36). Radmeisterrechnungen H. K. Sachabteilung Vordernberg zu 1574.

drückten Arbeiter werden sofort höhere Löhne verlangen, die Preise für Pfennwerte und Proviant in die Höhe gehen. Aber auch der ohnehin überlastete Handwerksmann in den Städten werde die erhöhten Preise für den geschlagenen Zeug nicht mehr bezahlen können, weil seine eigenen Abkäufer sich eine Verteuerung nicht gefallen lassen würden. Der Kaufmann werde seinen Bedarf bei neu aufgetanen Bergwerken decken, damit aber der Berg mit allen seinen Betrieben in Verödung geraten. Die Regierung verweist auf schon geschehene oder doch bevorstehende Reformen im Wald- und Proviantwesen. Das Beste aber — erklärt sie — müssen die Radmeister selber tun. Sie sollen „in die Fußstapfen ihrer Voreltern treten", sich vor leichtfertiger Schuldenwirtschaft hüten, nicht einer gegen den anderen arbeiten, sich eifriger als bisher ihrer Betriebe annehmen. Das werde ihnen mehr frommen als eine Preiserhöhung, für die keine genügende Ursache zu finden sei. Man sieht vom neuen, die Steigerung ist in den Augen der Regierung nur die ultima ratio. Sie ist sich über die Zweischneidigkeit dieser Waffe, über die Möglichkeit schlimmer moralischer und ökonomischer Konsequenzen durchaus im klaren. Auch darüber gibt man sich in Regierungskreisen keiner Täuschung hin, daß die gleichmäßige Ansetzung der Preise für gutes und schlechtes Eisen die Gewerken nicht eben zur Erzeugung makelloser Ware anspornen könne.[1]

Wenn sich daher die Regierung nach endlosem Erwägen und Verhandeln doch zu einer Tariferhöhung herbeiläßt, dann nur bedingungsweise. Sie will versichert sein, daß Rad- und Hammermeister die gewährte Hilfe auch wirklich zur Hebung und Entlastung ihrer herabgekommenen, verschuldeten Betriebe benützen und ihre Kunden ausreichend mit guter Ware versorgen. Nach den Steigerungen von 1538 und 1544 geben die Radmeister die Zusage, als Gegenleistung für diese Hilfen „stracks und von Stund an nur die ferner gelegenen Wälder mit Wissen der Amtleute zur Kohlung zu benützen, die nötige Anzahl Rosse zum Rechen und zur Erzfuhr halten, sich mit Stollenhäuern versehen, überhaupt den publizierten Ordnungen in allem nachtun zu wollen". Als 1564 wieder eine Satzerhöhung zur Diskussion steht, empfehlen die Kommissäre dem Kaiser, den Vordernberger Radmeistern die Zahlung ihrer Schulden an die Eisenhändler aufzuerlegen. Die Preissatzung Erzherzog Karls für die Vordernberger Radmeister (20. Dezember 1574) verbindet diese, den größeren Teil des Preiszuschlages zur Tilgung ihrer Verlagsschulden und zur Schaffung eines Fonds zum Provianteinkauf zu verwenden. Und nur gegen die gleiche Verpflich-

---

[1] OBA. 1560, n. 137 bis 139 (niederösterr. Regierung und Kammer an die Vordernberger und Innerberger Radmeister). Staatsratsakten 1772, n. 1765 (Haus-, Hof- und Staatsarchiv Wien).

tung gesteht Ferdinand II. 1621 den Innerberger Hammermeistern, wenn auch mit starkem innerem Widerstreben, einen gesteigerten Preis zu. Aber schon die fortschreitende Abödung der Wälder, die andauernde Kohlennot dürften zum Beweis dienen, wie wenig sich die Gewerken an diese Mahnungen und Versprechungen gebunden fühlen.[1]

So wenig aber wie die an einen neuen Eisensatz geknüpften Bedingungen werden die darin vorgeschriebenen Preisgrenzen eingehalten. Kaum ist eine Ordnung erlassen, so wird sie auch schon übertreten, gibt sie manchmal sogar den Antrieb zu schamlosem Preiswucher. Hat die Regierung einmal für je zehn Pfund Eisen einen Aufschlag von einem Pfennig bewilligt, so machen sich manche Verarbeiter und Händler kein Gewissen daraus, ein einziges Pfund Eisen gleich um mehrere Pfennig höher zu rechnen.[2] Nach keiner Richtung hin finden die Eisensätze Gehorsam, weder bei den Hammermeistern noch bei den Eisenhändlern. Dem Verbot zum Trotz fertigen die Hammermeister Sorten an, die in die Ordnungen nicht einbegriffen sind und verkaufen sie ohne Beachtung des gesetzlichen Kaufpreises. Und ebenso verfahren die Händler mit den erlaubten Sorten. Die Übertretung geschieht beim Verkauf an Inländer, insbesondere aber an Ausländer, die das Eisen haufenweise einhandeln und es dafür vielleicht manchmal unter, meist aber wohl über dem Satz erhalten haben mögen.[3] Während aber der Fremde mitunter einen Vorzugspreis genießt, muß der Einheimische das Eisen überzahlen. Beständig gehen die Hammermeister mit den Preisen in die Höhe — zur Verzweiflung namentlich der armen Schmiede in den kleinen Orten der Steiermark, die den Klageruf ausstoßen, daß während das Rohmaterial immer teurer werde, sie selbst für ihre Arbeit keine höheren Preise verlangen könnten.[4] Was hilft es, wenn die Regierung dem Amtmann strengen Auftrag erteilt, jede über den Satz hinausgehende Steigerung der kaiserlichen Majestät anzuzeigen?[5] Den behörd-

---

[1] OBA. 1560, n. 139, 1564, n. 36 (1574, n. 74), Innerberger Eisensatzordnung 1621 1/VII. (A. Fr.) Für die bewilligte Steigerung wird den Hammermeistern geboten, erst ihre „Uebermaß-Schulden" an die Stadt Steyr von Jahr zu Jahr abzutragen und nach deren Tilgung „solches jährliche Hilfsmittel auf keine andere Art als dem Handwerkswesen zum Besten" anzuwenden. Ein beliebtes Mittel, die Meister zur Einhaltung der gestellten Bedingungen zu zwingen, ist in der zweiten Hälfte des 16. Jahrhunderts die Auflage eines Zentnergroschens: beim Verkauf jedes Zentners wird vom gesteigerten Preis ein bestimmter Bruchteil abgezogen, in eine eigene Lade gelegt, um zur Schuldentilgung und zum Lebensmitteleinkauf verwendet zu werden. Belege später.

[2] Schmidt a. a. O. S. 152, 268.

[3] OBA. 1560, n. 1. Eisensatzordnung für Inner- und Vordernberg 1560 1/I. und 1564, n. 36. Eisensatzordnung für Vordernberg 1626. (A. Fr.)

[4] H. K. Vordernberg, Sachabteilung, 1574 24/VIII. 17/IX. (Bericht aus Rottenmann und Zeiring.)

[5] Schmidt a. a. O. S. 239.

lichen Organen, die ihnen mit dem Gesetz drohen, geben die steiermärkischen Hammermeister die freche Antwort: „Was kümmert uns das Gesetz!“ Mitunter wird diese Abwehr obrigkeitlicher Reformversuche durch einen verwaltungsrechtlichen Kompetenzstreit noch erheblich verschärft. Die Aufforderung des Innerberger Amtmannes an die Eisenhändler in Stadt Steyr, ihm anzugeben, welche Eisensorten sie verkaufen, an wen, wohin und zu welchem Preise — diese Aufforderung wird von den Händlern mit einem derben Protest beantwortet. Der Amtmann habe ihnen nichts zu befehlen. Sie unterstünden nur ihrer Stadtobrigkeit. An diese allein habe sich der Amtmann um Auskunft zu wenden. Bürgermeister und Rat unterstützen diesen Einspruch, weisen den Befehl des Amtmannes als unerhörten Eingriff in ihre Jurisdiktion zurück.[1]

Vermag demnach die Regierung mit ihrer Tarifpolitik ebenso wenig wie mit anderen Verordnungen unbedingt durchzudringen, so hat das Prinzip der gebundenen Preise doch Jahrhunderte überdauert, und ein gewisser Wert ist ihm unter den gegebenen Verhältnissen nicht abzusprechen. Jedenfalls gab es dem Eisenkäufer doch einen Anhalt für seine Kalkulation und war auch als Schutzvorrichtung sicher nicht ganz zu verachten. Denn wie weit würden — so darf man wohl fragen — Preistreiberei und Preisschleuderei ohne diese gesetzliche Schranke getrieben worden sein? Diese Erwägung gibt ja schließlich auch bei der Regierung den Ausschlag. Die Vorteile des Tarifsystems werden aber auch von den Eisenkäufern wohl erkannt, und wer sie entbehren muß, wünscht sie zu erlangen. Im Innerberger Bezirk wenigstens genießen nur die in den Satzordnungen ausdrücklich genannten Orte den Vorzug des festen Preises. Die anderen müssen geben, was der Verkäufer verlangt. Daher wollen sie in die Ordnung mit aufgenommen werden. Die Einverleibung ist aber auch das Zeichen dafür, daß eine Stadt das Privileg des Eisenhandels besitzt, zu den ordentlichen „Legstädten“ gehört. Auch aus diesem Grunde bewerben sich ausgeschlossene Städte um die Einreihung in den Preistarif.[2]

Die so häufig gerügten Überschreitungen der Eisensätze hängen, wenn nicht alles täuscht, mit der starken Nachfrage der Ausländer nach dem steirisch-kärntnerischen Eisen zusammen. Diese bildet für

[1] OBA. 1558, n. 172.

[2] Waidhofen a. d. Ybbs erstrebt die Aufnahme in die jüngst erlassene Eisensatzordnung, damit es das von den Hammermeistern im Ennstal bezogene Eisen nicht teurer bezahlen müsse, als die Steyrer und seine Handwerksleute und sonstigen Konsumenten drei Meilen um die Stadt billiger versorgen können. König Ferdinand ordnet eine Prüfung des Gesuchs an. OBA. 1560, n. 86. — Über die Legstädte vgl. den 2. Teil dieser Einleitung.

den Eisenerzeuger und Händler, weil sie beim Verkauf an die Fremden mehr gewinnen können, eine gefährliche Versuchung, das Gesetz zu übertreten. Und so muß die Normierung der Preise zu einer bedenklichen Verödung des Inlandsmarktes führen. Die Eisensätze haben ein starkes Abströmen des Eisens ins Ausland zuerst nicht zu hindern vermocht, dieser Bewegung später geradezu Vorschub geleistet. Es läßt sich nachweisen, daß die älteren Preisverordnungen von 1535, 1544, 1560 noch das In- und Auslandsgeschäft umfassen. Der gesetzte Preis gilt auch für den ausländischen Händler. „Ist ... ain ainiger gleicher Kauf gegen In- und Ausländer zu halten gesetzt und gemacht worden".[1] Aber die Fremden selbst sind es, die diese Fessel sprengen. So lang ihnen in der eigenen Heimat oder sonst im Ausland noch keine nennenswerte Produktion zu Gebote steht, ist ihnen das vorzügliche alpenländische Eisen unentbehrlich und sie suchen davon an sich zu reißen, so viel als nur immer möglich und zu jedem Preis. Was kümmern sie dabei die Gesetze des Landes? Sie spielen — wir werden dabei wohl in erster Reihe an die großen oberländischen Kaufherren denken müssen — ihre überlegene Kapitalskraft aus und ködern die steirischen Eisenlieferanten durch das Angebot vorschriftswidrig hoher Preise. Sie verpflichten durch ausgiebige Vorschüsse die Radmeister zu ihrem Dienst und lassen das von diesen bezogene Eisen auf den Hämmern abschmieden, so daß sowohl der Handel mit Roheisen wie mit dem geschlagenen Zeug in ihre Hände kommt. Sie machen mit den Hammermeistern und Eisenhändlern ängstlich geheimgehaltene „Contracte und Praktiken", überhäufen sie gleichfalls mit Darlehen und können so große Eisenmengen aus dem Lande schleppen. So herrscht schon im 16. Jahrhundert, selbst als die Tarife auch noch für die Ausländer verbindlich sind, in der Steiermark zeitweilig ein empfindlicher Eisenmangel.[2] Und nicht nur nach der Masse, auch nach der Qualität wird der Ausländer begünstigt. Die Kaufleute in Steyr gestatten sich eine unreelle Teilung des Zeuges. Der gute wird „wegen der Steigerung" den Ausländern aufbehalten, der schlechte den einheimischen Betrieben angehängt.

Wie muß sich nun dieses Übel noch gesteigert haben, als etwa im 17. Jahrhundert der letzte Schutzdamm hinweggerissen, der Preiszwang

---

[1] Schmidt a. a. O. S. 153, 269. Eisensatzordnung von 1560.

[2] OBA. 1537, n. 14. Eisensatzordnung 1560. OBA. 1564, n. 36: „Dem Kaiser mermals fürkommen, durch was für Contract und Praktiken, so Eisenhändler und Hammermeister allenthalben mit den ausländischen Kauf- und Handelsleuten haben, (diese) das geschlagenen Eisen volgend in freiem ungesetztem Kauf mit hohem Nutz und Gewinn aus den Erblanden, dadurch dann solcher Mangel an Eisen in denselben erscheint, auf dem Wasser und Land in das Reich, Baiern, Stift Salzburg, auch allweg auf das Hungarische, als von Pettau, Radkersburg und anderen Orten verführen."

für den Verkauf ins Ausland aufgehoben wird, für die Preisbildung auch da nur noch das Verhältnis von Angebot und Nachfrage maßgebend bleibt.[1] Kurz, die Lockungen der Fremden bringen die Rücksicht auf die Bedürfnisse des Inlandmarktes zum Schweigen und erbittert sieht der einheimische Verarbeiter den heißbegehrten Rohstoff nach allen Richtungen in die Ferne ziehen. Die Materialnot drückt schon die führenden, für einen weiten, in- und ausländischen Abnehmerkreis produzierenden Industrien der Klingen- und Sensenschmiede, noch mehr aber die armen kleinen Landschmiede, die von den Hammermeistern selbst gegen Bargeld das notwendige Eisen nicht bekommen können, wenn sie nicht deren Tisch mit Leckerbissen versorgen. Dabei wollen die hochmögenden Herren, die ja auswärts auf Massenabsatz rechnen können, dem kleinen Meister auch nicht viertel- oder pfundweise verkaufen, geben ihm nur „Ausklaubach", den schlechtesten Zeug, während der beste den Ausländern reserviert bleibt.[2] Bei allen, die mit dem Eisen zu tun haben, den Werkstattinhabern, den Verwaltungen der übrigen Bergwerke, den Vorstehern der Zeughäuser, den Grundherren — überall erhebt sich das Klagelied über die schwere Eisennot in den verschiedenen Gewerksbetrieben wie in den einzelnen Haushaltungen in Stadt und Land. Sie, die Söhne des Landes, wo der gesegnete Erzberg liegt, sie, die sozusagen an der Quelle sitzen, müssen darben, während die Fremden im Eisen schwimmen. So entspinnt sich schon im 16. und 17. Jahrhundert der bis in die Neuzeit währende Kampf um den Rohstoff. Der Händler will die verführerischen Angebote der Fremden nicht ausschlagen, sich die größeren Gewinnmöglichkeiten, die ihm der Export in fremde Länder eröffnet, nicht verscherzen. Der Verarbeiter aber fordert von ihm Entsagung, will den Rohstoff zu möglichst uneingeschränkter Verfügung haben und bekämpft daher dessen ungemessene Ausfuhr.

Vor allem dreht sich der Streit um das weiche Eisen, das im Gegensatz zu „Stahl und Zeug" zur Anfertigung von Gegenständen des täglichen Gebrauches verwendet werden muß, daher auch noch viel dringender als jene Sorten begehrt wird. Nach weichem Eisen verlangen die Inländer, während sie den harten Zeug verschmähen. Aber auch die Ausländer wollen diesen nur „vergattet" mit weichem Eisen abnehmen.[3] Daher wird dessen Export von der einen Seite ebenso lebhaft angestrebt, wie von der anderen zu hindern gesucht.

---

[1] Eisensatzordnung für Vordernberg 1626. „Eisen, das über zuvor genugsame Versehung des Landes vorig altem Zulaß und Satzung gemäß den anrainenden Landen ohne gewissen Satz verkauft worden ist, bleibt auch vom neuen Satz frei."

[2] H. K. Vordernberg, Sachabt., 1574 24/VIII. und 17/IX.

[3] Belege folgen später.

Wie soll sich die Regierung entscheiden? Sie darf die Eisenausfuhr nicht gänzlich unterbinden und damit einen beträchtlichen Geldzufluß verstopfen. Aus dem gleichen Grunde aber und erst recht nicht darf sie die heimische Industrie hungern lassen, weil der Export von Fabrikaten noch mehr Geld ins Land zieht als der Außenhandel mit Rohstoffen. Sie darf es ebenso wenig dahin kommen lassen, daß in den Agrarländern Steiermark, Kärnten, Ober= und Unterösterreich dem Bauern Ackergeräte, Pflüge und besonders Sensen mangeln, daß es in den kriegerischen Zeiten des 16. bis 18. Jahrhunderts an Material zur Waffenfabrikation gebricht, daß die anderen Bergwerke, besonders die Salzsiedereien, aus denen der Staat ja ebenfalls bedeutende Einnahmen zieht, vergeblich auf die zu ihrem Betrieb notwendigen Eisenlieferungen warten müssen.

Die Regierung gibt ihrer Überzeugung, daß die Lebensnotwendigkeiten der privaten und staatlichen Betriebe des Inlandes um jeden Preis sicherzustellen seien, Ausdruck in der dogmatischen Formel: erst müsse das Inland versehen sein, nur der Überschuß dürfe exportiert werden. Sie sucht nach allerlei Mitteln und Wegen, um diese schöne Theorie in die Wirklichkeit zu übertragen, um zur Rettung der inländischen Gewerbetätigkeit den Eisenabfluß ins Ausland einzudämmen. Die den einheimischen Kunden zum Nachteil gereichenden Manipulationen der eigenen wie der fremden Händler will sie unterdrücken. Sie verbietet den Steyrer Handelsleuten das Ausklauben des Zeuges, „damit die Werkstätt versehen und im guten Ruhm und Lob bleiben mögen“.[1] Sie bemüht sich, wie wir noch sehen werden, Rad= und Hammergewerke dem Einfluß des fremden Handelskapitals zu entziehen. Auch Verbote oder Erschwerungen der Ausfuhr — eine der bekanntesten Hauptwaffen merkantilistischer Politik — werden gelegentlich schon in der zweiten Hälfte des 16. Jahrhunderts angewendet.

Aber als das zweckmäßigste Mittel „zur Versehung der gemainen Werchgäden und Schmitten“, der Bergwerke in Tirol und in der Steiermark, der landesherrlichen „Artholereyen, Zeughäuser und anderen... Gepäuen“ erscheint doch die Errichtung städtischer Eisenkammern, in denen ein „eiserner Bestand“ für die Gewerksleute aufgesammelt werden soll. Diese Eisenkammern werden im Rat= oder Waaghaus untergebracht. Mit ihrer Verwaltung wird ein Eisenkämmerer betraut, der dem Magistrat regelmäßig Rechnung zu legen hat, im übrigen der Oberaufsicht der landesfürstlichen Amtleute in Inner= und Vordernberg unterstellt ist. In jede dieser Kammern haben Hammermeister und Eisenhändler der Umgegend ein vorgeschriebenes, im Bedarfsfall zu erhöhendes Quantum genau bezeichneter Eisengattungen — etwa von

[1] Schmidt a. a. O. S. 239.

einem Wagen Eisen zwei „Saumb“ (gleich 2½ Zentner) — zu gebührendem Preis gegen Barzahlung abzuliefern. Aus der Kammer holen sich Schlosser, Schmiede und andere Gewerbsleute in der Stadt und auf dem Gäu ihren Bedarf. Zur Erhaltung der Kammer muß jede Stadt aus ihren Säckel einen eigenen Fond errichten, damit den Lieferanten die versprochene Barzahlung pünktlich geleistet werden kann, sie nicht etwa erst auf das Eintreffen der Handwerker oder deren Zahlungen zu warten brauchen. Zur Deckung der auflaufenden Unkosten werden gewisse Zuschläge zum satzmäßigen Verkaufspreis gestattet. Jede sonstige Steigerung aber, namentlich bei dem außerhalb der Kammer verkauften Eisen ist streng untersagt. Will der in der Kammer aufgespeicherte Vorrat gar nicht „erklecken“, dann — aber auch nur bei zwingenden Umständen — soll der Vordernberger Amtmann auch in die freigebliebenen Bestände der Hammermeister greifen dürfen. Ebenso soll im Notfall eine Kammer der anderen mit ihren etwaigen Überschüssen zu Hilfe kommen. Kein Erzeuger oder Händler darf seine Lieferungspflicht verabsäumen. Keiner aber auch darf sich beifallen lassen, etwa einem inländischen Verarbeiter zugunsten eines Ausländers den Eisenverkauf außerhalb der Kammer zu verweigern, wenn der dortige Vorrat sich als unzulänglich erweist. Die Errichtung der Eisenkammern soll also nicht zum Vorwand dienen, den Inländer vom Bezug des zu freiem Verkauf stehenden Eisens auszuschließen, soll nicht wieder zu ungerechter Begünstigung der Fremden mißbraucht werden. Aber auch den Verarbeitern selbst müssen eigennützige Handelsgelüste ausgetrieben werden. Nach dem Entwurf der Steyrer Eisenkammerordnung sollen die Kleinschmiede aus der Kammer nicht mehr als zehn Zentner auf einmal erhalten und den empfangenen Zeug nur zum eigenen Betrieb verwenden, nicht etwa damit im In- oder Ausland Handel treiben. Zur Anfertigung von Hufeisen und Nägeln, die zum En-gros-Verkauf ins Ausland bestimmt sind, darf kein Eisen aus der Kammer abgegeben werden. Dieses Material hat sich der Schmied oder der Kaufmann auf anderem Wege zu beschaffen.

Dies die Grundzüge der Organisation ohne Rücksicht auf unvermeidliche lokale Abweichungen. Solche Eisenkammern treten zuerst in Leoben (1539), später auch in Steyr, also in zwei Hauptzentren des Eisenhandels, ins Leben, endlich in Freistadt, wo die Stadtgemeinde selbst die Verwaltung führt. Auch in anderen steirischen und österreichischen Orten, namentlich in Scheibbs, dem Mittelpunkt eines wichtigen Proviant- und Eisenbezirkes, werden sie errichtet oder wenigstens in Aussicht genommen. Durch dieses System soll zwischen den Bedürfnissen der heimischen Verarbeitung und denen des Außenhandels ein Ausgleich getroffen, durch die Festhaltung einer vorgeschriebenen Eisenmenge im Lande der Erzeuger vor Rohstoffmangel geschützt werden. Die Regierung ist erfüllt von dem Gedanken, daß die Inländer nicht länger mehr gegenüber den Ausländern als Stiefkinder behandelt werden dürfen, daß „das Land, in welchem diese Gottesgab des Bergwerks liegt, billig desselben für ander Ausländer genießt, der Notdurft nach ain jedes mit Eisen versehen und gefördert ... und zu weiter füglicher Klag und Beschwerung nicht verursacht werde“. Von einem ausschließlichen Bezugsrecht der alpenländischen Industrie ist keine Spur. Nur ein Teil der Produktion wird für die Deckung des inländischen Bedarfes gebunden. Der Rest bleibt frei für den Absatz daheim oder im Ausland. Ausdrücklich wird gefordert, daß das nicht in die Kammern fließende Eisen auf den — später zu schildernden — ausgezeigten Straßen seinen ungestörten Ausgang behalte. Und trotz der pflichtgemäßen Versorgung des eigenen Landes kommt, wie die spätere Betrachtung des Außenhandels lehren wird, der Weltmarkt keineswegs zu kurz.[1]

Auch die Eisenkammern haben indes nicht immer ihren Zweck erfüllt. Nicht überall konnte ihre Errichtung durchgesetzt werden, nicht überall vermochten sie dauernd Wurzel zu schlagen. Gleich anderen Zwangsmaßregeln gelten sie als peinliche Schranke. Über die Interpretation der Statuten herrscht zwischen Stadtverwaltung und der staatlichen Behörde gelegentlich Unstimmigkeit. Die Hammermeister wehren sich gegen die Errichtung neuer Kammern, gewiß weil sie darin eine Beschränkung ihrer Handelsfreiheit erblicken. Stand die Produktion niedrig, werden auch die Lieferungen nicht immer pünktlich eingetroffen sein. Den Ordnungen zuwider wird ein großer Teil des Eisens ins Ausland verhandelt. Das aus der Kammer abgegebene Material steht manchmal hoch über dem Preissatz. Am Anfang des 17. Jahrhunderts wird den Eisenhändlern sogar ein Gewinn von 40 bis 50% vorgerechnet. Damals meinen pessimistische Beurteiler, der Kaiser habe von der (Wiener) Eisenkammer mehr Schaden als Nutzen gehabt und reden einer gänzlichen Verstaatlichung des Eisenhandels das Wort. Damit wäre dann das Eisenwesen, gleich dem Salinenbetrieb, im voll-

---

[1] L. Bittner, Das Eisenwesen in Innerberg-Eisenerz bis zur Gründung der Innerberger Hauptgewerkschaft im Jahre 1625. (Arch. f. österr. Gesch. 89 [1901], S. 451 ff., eine grundlegende Arbeit. Über Eisenkammern vgl. dort S. 562.) — OBA. 1507, n. 2 E. K.-Ordnung für Leoben (1563, n. 77). Konzept (?) einer Eisenkammerordnung für Steyr aus der Feder des Innerberger Amtmanns (1537, n. 14). Ausführliche Vorschläge für die Errichtung von Eisenkammern in Leoben und anderen steirischen Orten in dem schon öfter angezogenen Kommissionsbericht aus Leoben 1564 28/V. OBA. n. 36. Zur Leobener Eisenkammer vgl. noch Schmidt a. a. O. S. 168 u. 169. Eine Spezialuntersuchung über die Begründung der einzelnen Eisenkammern und ihre Schicksale würde sich lohnen.

sten Sinne des Wortes zum „Kammergut" geworden, hätte der Staat — freilich eine rationelle Geschäftsführung vorausgesetzt — davon noch reicheren Gewinn einheimsen können.[1]

Daß das Eisenwesen eine Säule des Staatshaushaltes sei, daß je nach seinem Hoch- oder Tiefstand seine unmittelbaren Erträgnisse für die Kammer sowie die allgemeine Steuerfähigkeit der Bevölkerung sinken oder fallen, das hören wir oft genug aus dem Munde der Regierenden wie der Eisenleute selbst. Wenn nun aber der Staat den Gewerken und Händlern ihren bürgerlichen Gewinn gönnt, ihn durch stetige Anpassung der Eisensätze an die steigenden Lasten zu sichern und zu mehren trachtet, so nimmt er sich dafür von diesem Gewinn auch seinen wohlgemessenen Anteil in Gestalt von mancherlei Abgaben. Die Eisenverwandten haben nicht nur, wie selbstverständlich, die allgemeinen ordentlichen und außerordentlichen Steuern zu entrichten, insbesondere die speziell dem Handel und Verkehr auferlegten Tribute mitzuleisten. Vielmehr haben sie daneben noch besondere Lasten zu tragen, die nicht nur dem Fürsten als dem obersten Bergherrn, sondern auch den lokalen Grundobrigkeiten zugute kommen. Der Eigentümer einer Grube am Erzberg oder eines anderen Eisenbergwerkes schuldet, wie jeder Montanunternehmer, dem Landesherrn Fron und Wechsel. Gestattet ein Grundherr einem Hammergewerken das Betriebsrecht auf seinem Grund und Boden, so hat ihm der Beliehene dafür einen Geld- oder Naturalzins zu leisten. Die Haupteinnahmen der Kammer aus dem Eisenwesen bestehen jedoch in den verschiedenen Verkehrsabgaben, Waaggeldern, Aufschlägen, Mauten und Zöllen. Die „Aufschläge", staatliche Zuschläge zum Eisenpreis, finden wir schon in den Eisenordnungen Kaiser Friedrichs III. (1448 und 1449) erwähnt. Mauten und Zölle — zwei Begriffe, zwischen denen die ältere Zeit keinen so scharfen Unterschied macht wie die Gegenwart — sind in den habsburgischen Erblanden zu allen Zeiten eine beim Fiskus sehr, bei den Betroffenen allerwegs weniger beliebte Art der Besteuerung von Handel und Verkehr gewesen. Land- und Wasserstraßen sind mit Mautstätten reichlich bepflastert. Diese Abgaben werden innerhalb eines Landes wie an den Grenzen, bei Ein-, Aus- und Durchfuhr eingehoben. Das Mautrecht steht dem Landesherrn zu, kann aber kraft besonderer Verleihung oder durch Verpfändung auch an die Stände eines Landes oder an einzelne Grundherren oder Städte und Märkte übergehen. Und

---

[1] Julius Mayer a. a. O. S. 153. OBA. 1546 28/IX und 28/X. 1558, n. 66. 1537/40 unter 1540. H. K. 1701 I/6. Protest der Hammermeister des Brucker Viertels gegen die Errichtung einer Eisenkammer in Graz.

diese halten eifrig darauf, daß ihnen der Staat diese ergiebigen Einnahmsquellen nicht entziehe.[1]

Eisenmauten und -zölle fügen sich dieser allgemeinen Organisation des Mautwesens ein. Befreiungen auf Grund landesfürstlicher Paßbriefe sind möglich. Sie werden namentlich von den Eigentümern neuerfundener Bergwerke gleich auf eine Reihe von Jahren begehrt, weil die Betriebseröffnung viel gekostet habe und für eine Reihe von Jahren noch kein Gewinn zu erhoffen sei. Auch Meistern, die verfallene oder in Abgang gekommene Hämmer wieder zu erheben suchen, wird diese Erleichterung nicht versagt.[2] Mautunterschlagungen oder Mautrückstände sind in schlechten Zeiten fast als etwas Selbstverständliches zu betrachten.[3] Auch über krasse Willkür bei Eintreibung der Mauten, über rechtswidriges, brutales Vorgehen besonders der Mautpächter werden Klagen laut.

Maut- und zollpolitische Maßregeln können unter wirtschaftlichen oder fiskalischen Gesichtspunkten erfolgen. Ein neuer Grenzzoll oder die Erhöhung eines älteren kann zum Schutze der Industrie gegen die Einfuhr fremder Fabrikate oder auch als Staudamm gegen den Abfluß des Roheisens ins Ausland gedacht sein.[4] In Zeiten andauernder Geldnot aber, wie im 16. und 17. Jahrhundert, werden solche Auflagen auch bloß zur Stärkung der angriffenen Staatseinnahmen geplant oder durchgeführt. Nicht nur Steigerungsmöglichkeiten werden dann erwogen,

---

[1] OBA. 1565, n. 137 (20/X.). Die Eisenerzer bitten den Erzherzog Karl, ihnen nicht die zur Besserung des Weges über den Prebichl innegehabte Wegmaut zu nehmen und dem Amtmann zu übertragen, ferner mit Rücksicht auf die hohen Steuerlasten und die Abödung vieler Häuser die von „Herdt, Graglach und Waschwerk" zu entrichtende Maut auf drei Pfennige zu erhöhen. — Mautprivileg für Freistadt, angeführt 1767 18/XI. in einem Schreiben an das k. k. Zbirower Oberamt. (A. Fr.)

[2] H. K. 1699. VIII. 108 (1699 13/IV.).

[3] Es gibt Hauptmautämter und Filialen, z. B. Freistadt-Pregarten. Als Kontrollorgane fungieren landesfürstliche „Überreiter". Die Maut ist wöchentlich in guter landläufiger, goldener oder silberner Münze gemäß den publizierten Münzordnungen zu entrichten (Vordernberger Amtsordnung). Die Bezahlung der Maut wird quittiert durch „Mautzettl" oder durch „Eintrag ins Mautbüchl". Wer eine solche Bestätigung nicht vorweisen kann oder bei Umgehung der Mautstätte betreten wird, dessen Ware verfällt der Konfiskation. — Roheisenmaut wird per Zentner berechnet. Im Vordernberg-Leobener Bezirk beträgt im Anfang des 16. Jahrhunderts die normale Beladung eines Wagens 2½ Zentner Roheisen, „die gemeine Wagenschwere". Doch ließen die Leobener Eisenhändler auf einem Wagen 3, 4 und 5 Zentner führen und schmuggelten den Überschuß maut- und aufschlagsfrei durch — ein Schwindel, dem die Eisenkammergutsordnung Maximilians I. vorzubeugen sucht. (OBA. 1507 II. 2. 1/X.)

[4] Aus diesem Grunde rät die Preissatz-Kommission 1564 28/V. zur Auflage eines neuen Grenzzolles. (OBA. 1564, n. 36.)

sondern es soll auch nichts geschehen, was die Mauterträgnisse herabdrücken könnte.[1]

Aufschläge, Mauten und Zölle bedeuten für Erzeugung und Vertrieb keine geringe und eine durch gelegentliche Schikanen der Mautbeamten noch vermehrte Last. Sie werden weiter dadurch erhöht, daß bei der Ausfuhr in ein benachbartes Territorium, zum Beispiel des Vordernberger Eisens ins Erzstift Salzburg, auch an den fremden Landesherrn hohe Mautbeträge entrichtet werden müssen.[2] Neben den Erzeugungs-, Proviant- und Frachtkosten tragen auch die Verkehrsabgaben nicht wenig zur fortwährenden Steigerung der Preise bei. Stille und laute Proteste gegen die landesfürstliche Maut- und Zollpolitik sind nicht ausgeblieben, haben sich schon gegen die Art der Verwendung dieser Abgaben gerichtet. Tarif- und Mautpolitik gehen Hand in Hand. Jedes Zugeständnis eines erhöhten Preises ist von einer Mautsteigerung begleitet. Was also die Regierung mit der einen Hand gibt, das nimmt sie mit der anderen zum Teil wieder zurück. Freilich sind die Mautgefälle zur Förderung des Verkehrs bestimmt. Aus ihnen sollen die Kosten für Holzrechen, Kohlbarren, Proviantkästen, für Anlage und Erhaltung von Straßen und Brücken bestritten werden.[3] Um dieser gemeinnützigen Zwecke willen mochten sich die Gewerken leichter mit einer Mauterhöhung abfinden, die einen Teil der gewährten Preisbegünstigung wieder verschlang. Aber wie manchesmal hat der Herrscher die Mautbeträge oder sonstige Amtsgefälle ihrer rechtmäßigen Bestimmung entzogen, wenn er das Geld zur Schuldentilgung oder zu anderen Zwecken brauchte. Nur mit schwerem Herzen vollzieht dann der Amtmann die von allerhöchster Stelle erteilten Weisungen, weil er die berechtigte Verstimmung der Gewerken über den dadurch herbeigeführten Stillstand notwendiger Bauarbeiten fürchten muß. So klagt einmal der Innerberger Amtmann der niederösterreichischen Kammer, der Postmeister in Wien habe ihm durch einen eigenen Boten einen königlichen Zahlungsbefehl übersendet. Er könne diesem Befehl nicht widerstreben, sondern müsse ihm gehorsam nachleben. „Und weil dann königliche Majestät die Steigerung (der Maut) abermals anders wohin dann zu dem neuen Rechen zu Reifling und Wagenweg durch die

[1] OBA. 1547 24/XII. Ferdinand I. gibt den Amtleuten von Inner- und Vordernberg zu bedenken, ob nicht durch die Errichtung zweier neuer Öfen zu viel Kohle verbraucht, dadurch das Roheisen verteuert, das Mautgefälle vermindert werden möchte. — A. a. O. 1537, n. 20. Ferdinand I. fordert vom Obersten Bergmeister der innerösterreichischen Lande ein Gutachten ein, ob die Mauterträge aus dem inner- und vordernbergischen Eisen nicht jährlich um 7000 bis 8000 fl. gesteigert werden könnten. (1563 30/VII.)

[2] H. K. 1697 IV. 49. (1697, Juni und September.)

[3] Schmidt a. a. O. S. 150, OBA. 1545, 29/VII. und sonst.

Mändling, dazu dann Ihre Majestät das Geld vermeint hat, folgen zu lassen verschafft und wendet, so werden gedachte Gebäue noch wol den Herbst (was hallt hienach beschieht), in Feier gestellt. Was es aber bei den Radmeistern hie und anderen, so solch Gebäu zu Nutz und dem Kammergut zur Förderung möcht kommen, für ein Beschwerung und Gerücht geperen wird, lass ich beschehen. Nun, im Namen Gottes Ihrer Majestät weiss derselben Gelegenheit und Gefallen nach den Sachen wohl zu tun. Ich kann Ir auch nit Maß noch Weg hierinnen geben. Ich muß tun als der Gehorsamb." [1]

Findet schon eine unrechtmäßige, den Lebensbedürfnissen des Eisenwesens zuwiderlaufende Verwendung der Mauten lebhaften Tadel, so fordert jede nach Anschauung der „Eisenverwandten" schädliche Maut- oder Zollerhöhung eine noch viel heftigere Kritik heraus. Wie das Preis-, erheischt auch das Mautproblem eine überaus vorsichtige und schonende Behandlung. Ein Komplex schwerer Fragen war dabei zu bedenken, wenn nicht durch allzu starken Zolldruck das ganze Eisenwesen und zugleich ein gut Teil innerösterreichischer Volks- und Staatswirtschaft in schlimmste Zerrüttung geraten sollte. Aber an dieser Vorsicht und der notwendigen Sachkenntnis hat es nur zu oft gefehlt, und selbst durch übelste Erfahrungen ließen sich die verantwortlichen Kreise nicht von wiederholten Mißgriffen abhalten. In schwerer Kriegsnot, wenn in der Staatskasse Ebbe herrscht, die Staatsschuld immer drückender angewachsen ist, läßt sich die Regierung leicht vom Wege einer maßvollen Mautpolitik abdrängen, erliegt sie immer wieder der Versuchung, das Heil und die Zukunft eines der wichtigsten Wirtschaftszweige zur Rettung aus augenblicklicher Bedrängnis aufs Spiel zu setzen. Im Vertrauen auf den altbegründeten Ruf, die unübertreffliche Qualität, die angebliche Wohlfeilheit des innerösterreichischen Eisens glaubt sie dem Handel getrost neue Lasten aufbürden zu können. Sie lebt in dem Wahn, daß die eigenen Untertanen dadurch in keiner Weise „graviert" würden, daß dieses „onus" leicht auf die Schultern der fremden Eisenabnehmer würde abgewälzt werden können, daß diese das ihnen unentbehrliche österreichische Eisen auch um einen erhöhten Preis nicht würden missen wollen. Aber man bedenkt an der Zentrale nicht genug die schon vorher nicht geringe Belastung des Handels mit Frachtkosten und Mauten und überblickt vor allem nicht mit genügender Klarheit die Veränderungen auf dem internationalen Eisenmarkt, man übersieht die Gefahr der ausländischen Konkurrenz, die namentlich im Ausgang des 17. Jahrhunderts von allen Seiten näherrückt und das Landesprodukt verdrängen kann. Mit einem Wort: oben mangelt der Blick dafür, daß allzu hohe Mauten, besonders an den Grenzen gegen das Ausland, nicht

[1] OBA. 1545 30/VII.

den Fremden aufgelastet werden können, sondern den eigenen Händler, mit ihm aber den Erzeuger und damit auch die Gesamtbevölkerung treffen, letzten Endes auch dem Ärar selbst nur Enttäuschung und Schaden bringen müssen.

Da bieten nun die an ihrem Lebensnerv bedrohten Eisenleute alles auf, um der Regierung die Binde von den Augen zu reißen, ihren Optimismus gründlich zu zerstören. Läßt sich der Landesfürst — besonnenen Warnungen zum Trotz — doch zu einer neuen Mautauflage bestimmen, dann stürmen auf ihn und seine Behörden von allen Seiten Proteste und Klagen ein, aus Steiermark, Kärnten und Krain, aus den Adriahäfen, ja selbst aus dem Lande unter der Enns. Gewerken und Kaufleute, Landstände und Zolleinnehmer stimmen diese Klage- und Mahnrufe an, überbieten sich förmlich in jammervollen Schilderungen der dem Eisenkommerz wie der Gesamtheit der Landesuntertanen Innerösterreichs unvermeidlich drohenden Katastrophe. Und vor allem verfehlen sie nicht, die Berechnungen der Finanzbehörde, die schon von goldenen Bergen träumt, als verderblichen Trugschluß hinzustellen. Der Eisenexport werde unterbunden. Die fremden Kaufleute weisen das schon früher teuere, durch den neuen Zoll im Preise aber noch gesteigerte Eisen zurück, erklären, sich künftig aus anderen Ländern versorgen zu wollen, aus denen sie das Eisen zwar nicht in gleich hoher Qualität, aber billiger bekommen können. Und das seien keine leeren Worte, da jetzt schon fast in aller Welt Eisen produziert werde und bald noch neue Werke entstehen können, so daß die Fremden nicht mehr ausschließlich auf das erbländische Produkt angewiesen seien. Nehmen uns aber — das ist ein weiteres Gegenargument — die Ausländer unser Eisen nicht mehr ab, so werden sie auch die Gegenwerte, aus deren Erlös sie bisher das Eisen bezahlt haben, auf andere Straßen führen, und somit werde der ganze Handel von Innerösterreich abgelenkt werden. Mit der „Verschlagung" des Eisenhandels sei aber auch die Produktion dem sicheren Untergang geweiht. Können die verarmten Kaufleute keine Vorschüsse mehr geben, so seien Rad- und Hammergewerken aus Mangel an Betriebskapital zum Stillstand genötigt, die Werksinhaber und ihre Familien müssen zu Bettlern werden, die Arbeiter werden genötigt sein, sich in fremde Provinzen zu verlaufen, und bei so gänzlichem Ruin wäre auch ein Wiederaufbau kaum mehr möglich. Mit dem Verfall der Eisenwirtschaft aber werden die übrigen Landesbewohner, die doch mit von ihrem Gedeihen zehren, gleichfalls ins Verderben gerissen werden, die bäuerlichen Untertanen ihren Herrschaften „Gaben, Zinse und Steuern" nicht mehr reichen können. In summa: die neue Auflage sei der Todesstoß für den allgemeinen Landeswohlstand. Und wo bleibe schließlich der Nutzen für den Fiskus?

Die Steuerrückstände werden sich häufen, die Mauterträgnisse, deren Vermehrung man erhoffe, im Gegenteil versiegen — eine Behauptung, die durch die eingeschickten Quartalsausweise der Zollbehörden illustriert wird.

Diese „erbärmlichen Lamentationes" wecken bei der Hofkammer, der obersten Finanzbehörde selbst, ein starkes Echo. Die Warner sehen ihre düsteren Prophezeiungen bestätigt. Warum sei man an höchster Stelle vernünftigen und maßvollen Vorschlägen nicht gefolgt, statt das ohnehin schon hoch im Preise stehende Eisen noch mehr zu verteuern? Warum habe sich der Kaiser durch „die Suggerenten" zu dem Aufschlag beschwatzen lassen? Hinc autem lacrimae! Nur „leere Köpfe" hätten zu einer so unheilschwangeren Maßregel raten können, durch die das kostbare Kleinod der innerösterreichischen Länder, das Eisenkommerz, zerstört werden müsse. Welche Torheit, auf die Opferwilligkeit der Fremden zu bauen, die unser Eisen, je länger, desto weniger brauchen werden. Nicht sie, die eigenen Bürger werden die Geschlagenen sein. Des Kaisers allergnädigste Intention, durch die neue Abgabe nicht seine getreuen Untertanen, sondern die ausländischen Kaufleute zu beschweren, werde sich nimmermehr erfüllen. Beharre man bei der Auflage, so werde man die ausländischen Eisenkäufer nur der unfehlbar sich stetig ausbreitenden Konkurrenz in die Arme treiben. Also hinweg mit einer Maßregel, die unser ganzes Eisengewerbe über den Haufen wirft und dabei ihren eigentlichen Zweck nicht erreichen kann, die Staatskasse nicht füllt, sondern leert! Hinweg mit diesem Tribut, der nur Staat und Land ruiniert! Lieber eine niedrige Maut mit sicherem Erträgnis, als eine hohe mit unersetzlichem Verlust! „Extrema seynd zu vermeiden."

Solchen eindringlichen Vorstellungen von seiten der Betroffenen und seiner eigenen Räte vermag der Kaiser nicht zu widerstehen. Das eine und andere Mal zieht er die heiß bekämpfte Verfügung zurück, um aber schließlich doch wieder den verkehrten Weg einzuschlagen. Früher oder später läßt sich der von ewig wiederkehrender Finanzkalamität bedrängte Staat abermals zu ähnlichen gefährlichen Experimenten verleiten und beschwört damit neuerdings die Klage herauf, die österreichische Eisenindustrie werde schließlich die Konkurrenz des Auslandes nicht mehr bestehen können, weil dieses nicht nur an sich billiger produziere, sondern auch weniger als die österreichische mit Frachtspesen, Maut- und Zollasten beschwert sei. Und so müssen die Vertreter des Eisenwesens beständig auf der Hut sein, damit ihr Gedeihen nicht einem blind waltenden Fiskalismus zum Opfer falle.[1]

[1] Für diesen Kampf gegen die Mautpraxis der Regierung besonders lehrreich das umfangreiche Aktenbündel H. K. 1698 VI. 25 und 1700 III. 26.

Unsere Betrachtung hat uns schon tief in die Eisenhandelspolitik hineingeführt, und was in diesen einleitenden Abschnitten hier noch über sie zu sagen bleibt, mag vorläufig nur mit einigen kurzen Strichen angedeutet werden, um sich in späterem Zusammenhang zum vollen Bild zu ergänzen.[1] So wie die Regierung unaufhörlich darauf Bedacht nimmt, daß die Ware ohne Fehl und Makel sei, daß beim Wägen kein Betrug verübt werde, die Preise sich in richtigen Grenzen halten, der Händler nicht, gelockt durch den höheren Gewinn, den ihm der Außenhandel verheißt, den Bedarf des heimischen Gewerbes vernachlässige, so wie der Fiskus sich bemüht, einen möglichst großen Anteil vom Erträgnis des Eisens auf seine Mühlen zu leiten, so weist die Staatsgewalt auch im vollsten Sinne des Wortes dem Handel Weg und Steg, indem sie ihm hier Hindernisse und Gefahren aus dem Wege zu räumen, ihn dort zu beschränken oder ihm — zum Schutze des Kammergutes — jede Konkurrenz vom Leibe zu halten sucht. Sie läßt es nicht am guten Willen fehlen, dem Verkehr nach jeder Seite hin freie Bahn zu schaffen, durch mächtige Rechenbauten in Hieflau, Kleinreifling, Gaming und Leoben, durch Anlage von Wagenstraßen zu Land und durch Verbesserung des Wasserverkehrs die Zufuhr von Kohle und Proviant, den Abtransport des Eisens zu erleichtern. Aber nicht nur für Bau und Erhaltung der Straßen, auch für die durch „Rauberey und Mörderey" schlimm gefährdete Sicherheit des Verkehrs und nicht minder für die Bekämpfung des stark grassierenden Schmuggels hatte die Staatsgewalt Sorge zu tragen. Namentlich die in der zweiten Hälfte des 16. Jahrhunderts erbaute Mändlingstraße war ein verrufenes Revier der Wegelagerer und Schwärzer. Die Wachorgane, Mautner und Überreiter vermochten gegen die Schmuggler nicht „zu resistieren", wurden wohl gar von den „Mautverschwärzern übel tractiert". Daher mußte der Kaiser am 18. Mai 1559 die Abräumung des den Übeltätern als Schlupfwinkel dienenden Gehölzes bis auf zwölf Klafter beiderseits die Straße anordnen.[2] Die Verkehrspolitik steht also vor großen, eine energische und rasche Lösung erfordernden Aufgaben. Freilich die Mittel sind karg, die für die Verkehrsförderung bestimmten Beträge fließen oft anderen Zwecken zu, die Untertanen in der Umgebung, die zur Robot verhalten sind, die Bauten durch Herbeischaffung von Holz und Steinen fördern sollen, sperren sich gegen die Erfüllung dieser Pflicht,[3] und so können diese notwendigen und nützlichen Bau-

---

[1] Das Nähere wieder im nächsten Abschnitt, wo speziell die Organisation des Handels und der Verarbeitung dargestellt werden soll.

[2] Julius Mayer a. a. O. S. 116, 117.

[3] Schmidt a. a. O. S. 232.

werke nur mit starken Hemmungen, manchmal erst in Jahrzehnten, zu Ende geführt werden.

Wegweisung aber auch im übertragenen Sinne, ein sichtliches Streben nach Ordnung und Regel, Gleichmaß und Gerechtigkeit in allen Lebensfragen des Handels. Einer solchen Regelung bedarf vor allem das Verhältnis des Produzenten zum kaufmännischen Unternehmen. Im „Verlagswesen" gewinnt es seine juristische Ausdrucksform. Auf vertragsmäßiger Basis sollen dem Erzeuger Betriebsmittel und Absatz, dem Händler der Zufluß der Ware gewährleistet werden. Der Verlagsvertrag soll den Gewerken und dem Kaufmann für die Zeit seiner Dauer mit unlösbaren Banden aneinanderknüpfen. Aber wie oft muß die Staatsgewalt auch da eingreifen, durch Ausgleichsaktionen in einzelnen Fällen Reibungen zu verhindern suchen, durch Aufstellung allgemeiner Normen an den wahren Sinn des Verlagssystems erinnern, einem Vordrängen der finanziell Stärkeren wehren, das Verhältnis von Verlegern und Verlegten in feste Normen bringen.[1] Mit dem Verlagswesen geht Hand in Hand die Eisenwidmung, die vorgeschriebene Zuteilung des Roheisens an jeden einzelnen Hammermeister.

Nicht die geringste Sorge der Regierung aber ist die Erhaltung des inneren Handelsfriedens, die Verhütung des gegenseitigen Konkurrenzkampfes zwischen den drei großen Händler- und Gewerkengruppen, die gestützt auf den zwischen Inner- und Vordernberg geteilten steirischen Erzberg und auf den Hüttenberg das Kammergut betreuen. Daher werden den Inner-, dem Vordernberger und dem Kärntner Eisen bestimmt umschriebene Handelsgebiete abgesteckt. Keines soll die Kreise des anderen stören, jedes sich in seinem Markt genügen lassen[2] — auch das freilich ein nicht immer erfolgreiches Bemühen. Innerhalb der einzelnen Rayons aber gilt wieder eine feste Ordnung, ist der Verkehr regional gegliedert. Der Zusammenhang mit der Staatswirtschaft erheischt aber auch eine Monopolstellung für das Produkt des steirischen Erzberges, und diese sucht man in der habsburgischen Zeit nach allen Seiten hin durch Eindämmung privater Eisenproduktion im Lande selbst und durch Ausschließung fremden Eisens zu sichern.[3] Auch über die Verarbeitung werden wir die Regierung helfend und schützend ihre

---

[1] Eingehende Charakteristik des Verlagswesens im 2. Abschnitt.

[2] „Daß auch ein Eisenwesen neben dem andern mög vollständig bleiben, die Confusion ernstlich abzuschaffen und jedes Bergwerk bei seinem Verschleiß ungeschmälert zu erhalten ein sonder hohe Notdurft ist." (Generalmandat Maximilians II. 1574 23/VIII. OBA. n. 74.)

[3] Hier sei einstweilen nur das bezeichnende Verbot erwähnt, daß die Radmeister „sondere" Bergwerke bauen, d. h. sie dürfen sich nicht in Betriebe außerhalb des Kammergutes einlassen. (OBA. 1580, n. 3, 4/I.)

Arme breiten sehen. Ihre Fürsorge umspannt den ganzen weiten Bereich des Eisenkammergutes und erheischt die Ausbildung besonderer administrativer Organe.

Die Leitung und Beaufsichtigung der „Eisenwurzen" und der aus ihr hervorgegangenen Betriebe, die Ordnung der nie ruhenden Lebensfragen der Verarbeitung und des Eisenhandels schufen eine Fülle von Aufgaben, eine Arbeitslast, die nur tragfähigen Schultern auferlegt werden konnte. Allgemeine Satzungen und besondere, sie ergänzende und stützende Mandate waren zu erlassen und — was noch viel schwieriger war — beständig in Kraft zu erhalten. Not und Mißstände schrien nach Abhilfe, Streitfälle nach Schlichtung. Für das Eisenwesen mußte daher, ähnlich wie für den Salinenbetrieb, eine eigene Verwaltung eingerichtet und in die Hände arbeitstüchtiger, ehrlicher und verständiger Beamter gelegt werden. Das entsprach der hohen fiskalischen Bedeutung beider Kammergüter. Allzu zahlreich und allzu schwierig waren hier die Geschäfte, als daß sie in ihrer ganzen Fülle und Schwere den übrigen Behörden noch neben ihren sonstigen Pflichten hätten aufgeladen werden können. Nicht leicht freilich mögen die rechten Männer zu finden gewesen sein. Der Beamte, der den mannigfachen Erfordernissen des vielgestaltigen Betriebes gerecht werden sollte, hätte eigentlich die Technik des Bergbaues, der Rad- und Hammerwerksarbeit, der bedeutendsten Industriezweige selbst von Grund aus kennen, sich von den Verhältnissen des weithin sich erstreckenden Eisenhandels eine eigene Anschauung erwerben, über die Absatzmöglichkeiten in den einzelnen Ländern, die Ursachen der Konjunkturschwankungen genau unterrichtet sein müssen. Das wäre wenigstens die ideale Forderung gewesen. In Wirklichkeit allerdings werden die Herren Bureaukraten eben in der Hauptsache sich auf die Aussagen der Parteien verlassen und danach ihre Entscheidungen haben treffen müssen. Oder — um einen Vergleich mit modernen Verhältnissen anzuwenden — es fehlte dem Betrieb der technisch und kommerziell geschulte Fachmann. Aber auch gewisse menschliche Qualitäten durften dem staatlichen Funktionär im Verkehr mit den nicht immer leicht zu behandelnden Eisenleuten nicht mangeln. Er mußte diplomatisches Geschick mit energischem Auftreten, unter Umständen auch mit persönlichem Mut vereinigen, wenn er den richtigen Ton treffen, schwierige Parteienstreitigkeiten schlichten sollte oder wenn er gar ein Strafmandat zu vollziehen hatte.

Jedenfalls drängte die Eigenart der Eisenwirtschaft dazu, ihr, wenn auch im Rahmen der Gesamtverwaltung, eine administrative Sonderstellung einzuräumen. Die Einrichtung wirtschaftlicher Spezialbehörden, die sonst im Habsburgerreich erst unter Maria Theresia zu höchster Vollendung gelangt, ist dort schon ein paar Jahrhunderte früher zur

Tatsache geworden. Wie für das übrige Montanwesen wird namentlich für die Betriebe im Bereiche des steirischen Erzberges eine eigene Behördenorganisation geschaffen, die sich im Laufe der Zeit mehrfach erweitert und umformt. Den Grundstein hat Maximilian I. gesetzt, der Begründer des altösterreichischen Beamtenstaates, der Initiator einer langlebigen Zentralverwaltung, aber auch der Herrscher, der gleich seinem Nachfolger das entschlummerte landesfürstliche Montanregal wieder zu kräftigem Leben zu erwecken sucht.[1] Als Exekutivorgan für die von ihm 1507 erlassene Eisenordnung setzt der König einen Amtmann ein, wie es scheint, zunächst nur in Innerberg.[2] Unter Ferdinand I. begegnet uns das gleiche Amt in Vordernberg. Ferdinand ernennt auch einen besonderen Bergrichter für beide Bezirke (1536). Doch soll er den Amtleuten untergeordnet, nur zur Anzeige straffälliger Personen befugt sein, aber keine Strafgewalt besitzen. Nicht vollständig wird somit im Eisenbezirk die Justiz von der Verwaltung getrennt.[3]

Auf den Schultern der beiden Amtleute ruht also — in Innerberg allerdings nur bis zum Ausgang des 16. Jahrhunderts — die Hauptlast der Verwaltung des steirischen Eisenwesens in seiner ganzen weiten, sachlichen und räumlichen Ausdehnung. Da die Kompetenz des Amtmannes neben Berg-, Radwerks- und Hammerbetrieb sich auch auf Fragen des Handels und der Approvisionierung sowie auf die Kontrolle der landsteirischen und der österreichischen Hämmer erstreckt, so hat der Innerberger Amtsbezirk bis zur eben erwähnten Einschränkung weit über die steirische Landesgrenze hinausgereicht. Der Amtmann ist der Vertreter der Majestät. Ihm haben daher alle dem Eisenwesen Unterworfenen oder Verwandten denselben Gehorsam zu leisten wie dem Herrscher selbst. Unterstützt durch einen stattlichen Stab von Unterbeamten — Gegenschreiber, Waldmeister, Rechenschreiber, Rechenmeister, Roh- und Hammereisenwäger, Bergrichter und andere — führt er die Aufsicht über Wald und Berg, Blähhäuser und Hämmer, Maut und Waage. Er verwaltet die Amtsgefälle, überwacht und regelt die Beziehungen zwischen Rad- und Hammermeistern und ihren Arbeitern und Lohnführern. Er hält die Disziplin unter dem oft recht ungebärdigen Arbeitervolk aufrecht, handhabt unter Assistenz des Bergrichters und der Lokalbehörden in den Bergorten Inner- und Vordernberg in Kammergutsachen Justiz und Polizei. Ferner liegen ihm ob die Straßen-

---

[1] In Kärnten erscheint ein Oberster Bergmeister auch in der Verwaltung des Eisenwesens tätig. Auf eine Schilderung der dortigen Administration kann an dieser Stelle verzichtet werden, weil hier in der Hauptsache nur die Grundlinien des Eisenbehördensystems gezogen werden sollen.

[2] Bittner a. a. O. S. 477. OBA. 1507, n. 2.

[3] Schmidt a. a. O. S. 66.

pflege, die Kontrolle der Verlags- und Schuldverträge, der Verkäufe von Radwerken, die Abstellung von Mißbräuchen und Beschwerungen im Hammerbetrieb. Ebenso hat er die Einhaltung der Grenzen zwischen den einzelnen Verschleißbezirken und der Preissätze zu überwachen, insbesondere aber auch dafür zu sorgen, daß die Lebensmittelzufuhr aus den Widmungstälern von keiner Seite her gestört, der Bevölkerung des Bergbezirkes nicht die Nahrung für Mensch und Tier vorenthalten oder zu Wucherpreisen aufgedrängt werde.

Der Innerberger und der Vordernberger Amtmann sollen einander in schweren Sachen zu Hilfe kommen, in allen Amtsangelegenheiten „gute und ungeweigerte Korrespondenz halten", die höheren Stellen nicht mit Kleinigkeiten überlaufen, sondern sich in schwierigen Fällen an sie wenden. Finden sie in der Amtsordnung Lücken oder macht der Zeitenlauf Änderungen notwendig, so sollen die Amtleute nach freiem Ermessen entscheiden, das Gesetz nicht nach dem Buchstaben auslegen. Auch sollen die Inner- und Vordernberger Amtsordnung möglichst einander angepaßt, Bestimmungen der einen Ordnung, die sich auch für den anderen Bezirk als fruchtbar und fördersam erweisen, wechselseitig übernommen werden. Schon in der ersten Hälfte des 16. Jahrhunderts tritt also der Gedanke, wenn nicht der völligen Verschmelzung, doch der größtmöglichen reziproken Angleichung der beiden Bergverwaltungen auf. Einen Kernpunkt der Amtsordnung aber bildet die ernste Mahnung zu straffer Exekution. „Was mit dieser und dergleichen Ordnungen zu verhueten gemeint, mag nicht abgestellt werden, in Erwägung, wo gleich viel Ordnungen und Beratschlagungen angenommen, daß die meist und vorderist Notdurft an dem ruet, daß (dasjenige) so also im Besten beratschlagt, fürgenommen und in Ordnung verfaßt, daß solches durch die fleißigen Amtsleut wurchlichen vollzogen und in das Werch gericht und gebracht werden soll, denn an ohne das all Ordnung on Frucht und mit vergebner Arbeit und Verschwendung unnützer Kosten zu achten und zum Teil on all Frucht bisher befunden sein." So wird in ausführlichen Instruktionen der Kreis der Rechte und Pflichten des Amtmannes umschrieben. Darüber hinaus aber hat er, wenn irgendeine schwierige Frage zur Beratung kommt, wenn zum Beispiel ein neuer Eisensatz oder eine Mautveränderung eingeführt werden soll, den Vertretern der Regierung die notwendigen Auskünfte zu erteilen.[1]

---

[1] Innerbergische Amtsordnung 1539 31/VIII. Schmidt a. a. O. S. 63. Vordernbergische Amtsordnung, wie es scheint, erst 1541 veröffentlicht. (OBA. 1507, n. 2.) Vgl. die spätere Vordernberger Ordnung unter Erzherzog Karl. H. K. Sachabteilung Vordernberg.

So türmt sich vor dem Amtmann ein Berg von verschiedensten und verantwortungsreichsten Obliegenheiten auf. Das schwerste Stück Arbeit aber gab ihm ohne Zweifel die Verwaltung der Amtsgefälle. Nicht immer scheint man in diesem Punkt an der Zentrale mit der Geschäftsführung des Amtmannes zufrieden gewesen zu sein. Gelegentlich muß er sogar von höchster Stelle zu glatter Erledigung von Rechnungssachen gemahnt werden.[1] Zu tun freilich gab es in finanziellen Angelegenheiten für den Amtmann und seinen Adlatus, den Gegenschreiber, genug. Sie hatten alle Amtsgefälle, Waag-, Maut-, Buß- und Strafgelder einzuziehen und in einer „eisernen Truhen", dazu jeder einen Schlüssel haben soll, zu verwahren und alle Quatember der Kammer Rechnungsauszüge einzusenden. Unter den Ausgabeposten figurieren die Besoldungen des Amtmannes und seiner Unterbeamten, Darlehen für bedürftige Radmeister, sei es zur Beschaffung eines Proviantvorrates oder zur Fortführung ihrer Betriebe, Provisionen und Militärlieferungen. Ganz besonders aber haben die Amtleute die Mittel zur Durchführung dringender Verkehrsanlagen bereit zu halten. Was dann von den Amtseinkünften übrigbleibt — tatsächlich freilich noch vielmehr — soll zur Tilgung der landesherrlichen Schulden verwendet werden. Damit aber streifen wir nicht nur die peinlichste unter den Aufgaben des Amtmannes, sondern zugleich eine der dunkelsten Partien in der Geschichte der habsburgischen Finanzpolitik überhaupt. Zum vollen Verständnis wird ein kurzer Exkurs über das Verhältnis des Eisenwesens zu der seit dem Ausgang des 15. Jahrhunderts auftretenden, „frühkapitalistischen" Bewegung notwendig sein, die so stark in das Schicksal fast des ganzen Montanwesens in den habsburgischen Ländern eingegriffen hat. Das Verhältnis des steirischen Eisenbergbaues und Hüttenbetriebes zum Frühkapitalismus ist nun freilich ein anderes und milderes gewesen als das der meisten übrigen Bergwerke.

Wie bekannt, mußte die Montanindustrie im ganzen habsburgischen Machtbereich in der Zeit ihrer höchsten Blüte als Grundlage für gewaltige öffentliche Kreditoperationen dienen. Die moderne Forschung hat über die großen Darlehensgeschäfte, die Maximilian I., Karl V. und

---

[1] 1544 23/I. Klage König Ferdinands, daß „etliche unsere nambhaften Amtsleut von Iren Amtshandlungen mit großen ansehnlichen Resten hinnderstellig worden, und zwar Summario allein aus dem, daß vor demselben in Fil oder etlich Jaren khain besliessliche Raitung aufgenommen worden". Diese Verzögerung aber schreibe sich daher, daß die Amtsleute, wenn ihnen bei Vorlage der Rechnungen gewisse Posten als unrichtig ausgestellt werden, sich in langen Gegenschriften und Repliken ergehen, zu ihrem Nutz und Vorteil die Rechnungen liegen lassen, sogar dem Hof nachreisen, also dem König Zeit und Geld kosten, während der Rechnungsabschluß verabsäumt werde. Das frühere abgekürzte Verfahren sollte daher wieder aufgenommen werden. Schmidt a. a. O. S. 255 und 256.

Ferdinand I. mit den Fuggern, Welsern und anderen süddeutschen und italienischen Großhandelshäusern zur Durchführung ihrer weltpolitischen Pläne abgeschlossen haben, schon reichstes Licht verbreitet und bereichert noch fortwährend unsere Kenntnis der Zusammenhänge von Geldmacht und Weltpolitik im „Zeitalter der Fugger".[1] Wir wissen heute zur Genüge, daß die landesfürstlichen Einnahmen aus dem Kupfer und Silber Tirols, Steiermarks, Ungarns, aus den Quecksilberminen Idrias im 16. und 17. Jahrhundert zur Sicherstellung der Gläubiger Habsburgs dienten, diese aber auch darüber hinaus vielfach in den unmittelbaren Besitz der Bergwerke gelangt sind. Der ausländische Handelsherr und Kreditor des Kaisers tritt also neben die heimischen Gewerken oder an ihre Stelle. So sind die Fugger Herren von Schwaz, Schladming, und Neusohl geworden, haben sie ihre ungeheuren Mittel zur Verwertung technischer Errungenschaften im Bergwesen ausgenutzt, vorübergehend Großbetriebe ganz moderner Art ins Leben gerufen. Dieser Einbruch des süddeutschen Kapitals gibt der Montanproduktion in den habsburgischen Ländern ein neues Gesicht, dem Handel mit ihren Produkten einen mächtigen Schwung.

Auch die aus dem Eisenwesen fließenden Kammergutseinnahmen werden im 16. Jahrhundert in den Dienst der habsburgischen Kreditpolitik gestellt, zur Fundierung der fürstlichen Anleihen herangezogen. Hier aber sind der Invasion des fremden Großkapitals wesentlich engere Grenzen gesteckt. Die alpenländischen „Eisenwurzen" sind, von vorübergehenden und durch die Regierung scharf bekämpfen Einbruchsversuchen abgesehen, nie, wenn man so sagen darf, den fremden Staatsgläubigern mit Haut und Haar zum Opfer gefallen, haben nie mit den Silber- und Kupferbergwerken das Schicksal langer Überfremdung geteilt, vor dem übrigens auch die steirischen und oberösterreichischen Salinen bewahrt geblieben sind. Dafür allerdings mußten diese Zweige der Montanindustrie auch länger als andere die befruchtende Einwirkung des kapitalistischen Unternehmungsgeistes entbehren, der sonst vielleicht das Eisenwesen schon im 16. Jahrhundert zum Großbetrieb emporgehoben hätte. Seine Funktion im Dienste der öffentlichen Kreditwirtschaft beschränkt sich in der Fuggerzeit auf die Beihilfe zur Schuldentilgung, eine Leistung, die von den damit Betrauten nur unter Ächzen und Stöhnen vollbracht wird.

Die Akten über das Eisenwesen während Ferdinands Regierung fügen dem Bilde der damaligen habsburgischen Schuldenwirtschaft einige nicht unwichtige Züge ein. Deutlich läßt sich aus ihnen die Ver-

---

[1] Die neueste Darstellung bietet Ludwig Scheuermann, Die Fugger als Montanindustrielle in Tirol und Kärnten, ein Beitrag zur Wirtschaftsgeschichte des 16. und 17. Jahrhunderts. 1929.

knüpfung der Kreditgeschäfte des Herrschers mit der Finanzgebarung des Eisenwesens herauslesen. König Ferdinand borgt, wie sein Großvater und sein Bruder, wo und wie er kann, bei in- und ausländischen Geldgebern. Heimischen Adeligen, wie den Ortenburgern, weiß er ebenso gut Darlehen zu entlocken wie seinen eigenen Räten und vor allem den führenden Augsburger und Nürnberger Firmen, den Haug, Lengnauer, Link und anderen. Seine Hauptgläubiger aber dürften die Fugger gewesen sein, deren Geldmacht und fast nie versagende Kreditbereitschaft ja auch für seinen kaiserlichen Bruder so manchesmal der letzte Rettungsanker gewesen ist. In ihrem großen Schwazer Betrieb unterhalten die Fugger einen ständigen Verwalter und neben ihm einen „Eisenfactor", der für das Werk die regelmäßigen Eisenbestellungen in der Steiermark zu machen hat. Das sind die Männer, die im Auftrag ihrer Herren die fälligen Schuldbeträge bei der Bergverwaltung einkassieren sollen, aber — sie nicht immer erhalten können.

Der König muß für die aufgenommenen Kapitalien überhohe Zinsen verschreiben, die zugleich zur Amortisierung des „Hauptgutes" (des dargeliehenen Betrages) dienen sollen. Die Zahlung hat viertel- oder halbjährlich zu erfolgen. Zur Abtragung dieser Verbindlichkeiten soll nun das steirische Eisen mithelfen. Die Gläubiger werden entweder auf die Einkünfte einzelner Eisenmauten — zum Beispiel in Ybbs —, zumeist aber ganz allgemein auf die Eisenerzer Amtsgefälle verwiesen. Kann der Amtmann die Termine nicht einhalten, so bekommt er energische Mahnbriefe vom Fuggerischen Verwalter in Schwaz. Könne man sich so auf Königsworte verlassen! Es liege doch in des Königs eigenstem Interesse, von der Hauptsumme gleich möglichst viel auf einmal abzutragen, weil sich ja dadurch auch die Interessen für den noch verbleibenden Rest vermindern. Manchmal scheinen die Gläubiger sogar persönliche Opfer gebracht zu haben, um das Pflichtgefühl des säumigen Zahlers zu beleben, sich die Verwendung des Amtmannes bei seiner zu störenden Eingriffen geneigten vorgesetzten Behörde zu sichern. So schickt einmal der Schwazer Verwalter dem Innerberger Amtmann im Auftrag seiner Herren, der Fugger, ein vergoldetes Silbergeschirr als „Verehrung für ihn und seine liebe Hausfrau". Die Fugger lassen ihn bitten, „darob zu sein, damit ihnen von der Vertröstung Eurer Amtsverwaltung durch die niederösterreichische Kammer oder in ander Weg nichts entzogen werde". Sollten sie statt der ihnen aus der Eisensteigerung versprochenen jährlichen 6000 Gulden nur 2000 oder 3000 erhalten, so würde dies nur für das „Interesse" reichen und die 14.000 Gulden (Hauptgut) könnten kaum in zehn Jahren bezahlt sein. Ein Bruch der seinen Herren vor drei Jahren vom König in Prag gegebenen Zusage würde ihnen sehr beschwerlich fallen. Der Verwalter hofft aber, der

Amtmann werde darauf bedacht sein, „daß die 14.000 Gulden Hauptgut samt Interessen meinen Herrn sobald als immer möglich von Eurer Amtsverwaltung und zu Quatember, jährlich oder doch halben Jahr, was gefellig ist, durch meinen Herrn (den Amtmann) (ihnen) oder ihrem Diener gerait und bezalt werden". Das kommt dem König selbst zugute, „denn (er) bedarf auch von demselben Geld, so meinen Herrn durch Euch erlegt würde, keine Interessen mehr raiten oder bezahlen".[1]

Diese Anweisungen für die Staatsgläubiger treten zu den übrigen auf den Amtseinnahmen lautenden Verpflichtungen hinzu. Die Abstoßung aller dieser Lasten bereitet dem Amtmann oft schwere Stunden. Er ist verzweifelt über die ungeordnete, willkürliche Finanzwirtschaft. Jeden Augenblick kann ihm ein Zahlungsbefehl des Königs ins Haus flattern, der alle seine Berechnungen über den Haufen wirft. Einmal soll er Beträge für Eisenwerkzeuge, die von der Hofkammer bei den Schmieden seines Amtsbezirkes für das königliche Zeughaus bestellt worden sind, aus den Amtsgefällen vorstrecken — wie er fürchtet, auf Nimmerwiedersehen. Dann wieder soll er einem Gläubiger einen Betrag auszahlen, mit dem er wenige Tage zuvor schon einen anderen befriedigt hat. Oder er soll die Kosten für einen Rechen- oder Straßenbau zusammenklauben, während doch das Geld für andere unvermeidliche Ausgaben gespart werden muß, wenn nicht das ganze Wesen in Feier gestellt werden soll. Der lamentable Brief des Innerberger Amtmannes von 1546 faßt diese klägliche Situation zusammen. „Bin willig, so viel mir möglich, hierinnen (wegen des Darlehens für die von der Hofkammer für das Zeughaus gewünschten Geräte) Gehorsam zu leisten. Euer Gnaden geben mir nur Bericht, von welchem Gefäll ich's darleihen soll. Denn E. G. wissen, daß schier alle Gefälle verwiesen und unangesehen derselben schafft der König auch schier täglich dort und dahin Geld zu schicken."[2] So hat der arme Eisenamtmann an der allgemeinen Finanzmisère sein redlich Teil mitzutragen, bilden ewige Geldsorgen das traurigste Kapitel seiner an Mühen und Verantwortung reichen Amtsverwaltung.

Im Laufe des 17. Jahrhunderts vollzieht sich im Verhältnis des Eisenwesens zur Staatsschuldenwirtschaft eine starke Veränderung. Während der Kaiser Kupfer und Quecksilber nur zur Verpfändung an seine ausländischen Gläubiger benützt,[3] müssen ihm nun die Innerberger Eisengewerken selbst regelmäßig mit hohen Darlehen aushelfen. Er tritt an

---

[1] OBA. 1540 4/IX. und 9/IX.

[2] OBA. 1541/46 (1546 25/VIII). Ebenda 4/X. Aufzählung der einzelnen Belastungen. (Amtmann in Eisenerz an Bernhard Khevenhiller, Freiherrn von Aichelburg.)

[3] H. v. Srbik, Der staatliche Exporthandel unter Leopold I. bis Maria Theresia (1907), S. 237 ff.

sie mit dieser Forderung heran, weil durch den Übergang von der Einzel= zur genossenschaftlichen Wirtschaft, durch die Zusammenfassung der zahlreichen Kleinbetriebe in den Händen der Innerberger Hauptgewerkschaft (1625) die Einnahmen konzentriert sind, scheinbar also ein weit größerer oder doch mindestens leichter greifbarer Fonds zur Verfügung steht als in der Zeit der kleinen Einzelgewerken. Ungern genug freilich hat, wie wir sehen werden, die selbst mit drückender Finanznot kämpfende Hauptgewerkschaft diese Anzapfungen über sich ergehen lassen.[1]

Wir haben den vielgestaltigen Aufgabenkreis des Amtmannes überblickt. Nun hat er ja freilich nicht für sich allein diese Bürden zu tragen. Die vorgesetzte Behörde für Inner= und Vordernberg ist unter Maximilian I. und Ferdinand I. die niederösterreichische[2] Regierung und Kammer in Wien oder, wie wir heute sagen würden, das Ministerium des Inneren und die Ministerien für Handel und für Finanzen. Wenn nun auch die Amtleute den Zentralstellen nicht mit Bagatellsachen lästig fallen, sondern möglichst ihren eignen Verstand brauchen sollen, so ist ihnen doch vorgeschrieben, in „beschwerlichen Handlungen" oder, falls „weiterer Bericht von nöten", die Entscheidung der höheren Stellen anzurufen, ihnen auch verhängte Strafen zu fernerem Bescheid schriftlich mitzuteilen.[3]

Diese Unterordnung der steirischen Eisenamtleute unter die Wiener Regierung wird aber in der zweiten Hälfte des 16. Jahrhunderts für lange Zeit aufgehoben. Die Landesteilung von 1564 zerreißt die administrative Einheit der fünf niederösterreichischen Länder. Dadurch aber wird in weiterer Folge auch der Sprengel des Innerberger Amtmannes erheblich eingeengt. Mit der Einsetzung einer habsburgischen Nebenlinie werden Steiermark, Kärnten und Krain zu einem selbständigen Territorium „Innerösterreich" zusammengefaßt und mit einer eigenen Verwaltung ausgestattet, die in der „innerösterreichischen Regierung und Hofkammer" zu Graz ihre Spitze erhält, während Wien als Zentralstelle der Regierung der beiden Länder ob und unter der Enns verbleibt. Die dynastische Trennung führt von selbst zu einem Dualismus der Verwaltung, der über die Zeit der Wiedervereinigung von 1618 hinaus bis 1748 fortbesteht.

---

[1] Pantz a. a. O. S. 105, 106.

[2] Unter „Niederösterreich" waren seit Maximilian I. begriffen die Länder ob und unter der Enns, Steiermark, Kärnten und Krain, im Gegensatz zu „Oberösterreich", d. h. Tirol, Vorarlberg und den sogenannten „Vorlanden" am Rhein.

[3] Schmidt a. a. O. S. 249.

Damit aber war, wie wir bereits hörten,[1] auch der Eisenkörper in zwei gesonderte Verwaltungseinheiten zerspalten. Die innerösterreichischen Betriebe, also vor allem der steirische Erzberg selbst, ferner die mit ihm verknüpften Rad- und ein Teil der Hammerwerke, unterstehen der Grazer, die unter- und obderennsischen Erzeuger und Händler aber nunmehr der Wiener Regierung — eine Teilung, die unvermeidlich zu scharfen Jurisdiktionsstreitigkeiten Anlaß gibt, häufige und langwierige Verhandlungen zwischen beiden Regierungen nötig macht.[2] Am stärksten betroffen wird jedoch durch diese Neugruppierung der Innerberger Amtmann, der etwa 20 Jahre nach erfolgter Landesteilung einen großen Teil seines Verwaltungsdistriktes abgeben muß. Der ganze Hammer-, Industrie- und Handelsbezirk in den beiden österreichischen Ländern wird nun seiner Amtsgewalt entrückt. Die dortigen komplizierten Verhältnisse machen die Errichtung einer neuen Zwischeninstanz notwendig. Sie wird 1584 geschaffen in der Person des Eisenobmannes mit dem Amtssitz in Steyr,[3] dem Hauptkraftzentrum für den gesamten Innerberger Betrieb. Der Eisenobmann ist in seinem Kreis die unmittelbar vorgesetzte Stelle für die Eisenleute, heißt ihre „Vogt- und Schutzobrigkeit". Mit der großen Neugestaltung von 1625, der Gründung der Innerberger Hauptgewerkschaft verschwindet der dortige Amtmann gänzlich, um dem Leiter der Gewerkschaft, dem Kammergrafen Platz zu machen, während der Vordernberger Amtmann auf seinem Posten verbleibt.

Neben den Zentralstellen und den speziellen Eisenämtern haben sich aber auch die zahlreichen Landes- und Lokalbehörden — Landeshauptmann und Vizedom, Statthalter und Regenten, die Organe der kommunalen und grundherrlichen Verwaltungen und schließlich auch die spät entstandenen Kreisämter mit den Angelegenheiten des Eisenwesens zu befassen, sei es, daß sie höheren Orts ergangene Weisungen an die untergeordneten Obrigkeiten weiterleiten oder vor allem bei ihrer Exequierung mithelfen sollen,[4] eine Verpflichtung, die sie allerdings manchmal schlecht genug erfüllen. Auch bei der Durchführung von Reformen erscheint ein Zusammenwirken der Zentrale mit den Landes-

[1] Vgl. S. 39.

[2] Z. B. H. K. 1698 IV. 32 (1698 12/III. Innerberger Kammergraf an die innerösterreichische Hofkammer).

[3] Bittner a. a. O. S. 611.

[4] Vgl. z. B. K. M. VI. 21 ff., 1647 17/III. Landeshauptmann in Linz an den dortigen Verweser des Stadtrichteramtes Dietrich Vogt. Besonders deutlich in der Eisensatzung Erzherzog Karls für Vordernberg 1574 27/XII. (OBA. n. 74.) Die Stadtbehörden sollen gegen Händler und Handwerker, die den Preissatz übertreten, einschreiten und, falls sie dies unterlassen, vom Landeshauptmann und Vizedom zur Rechenschaft gezogen werden.

stellen als unbedingt geboten, um spätere von dieser Seite aus zu machende Einwendungen von vornherein abzuschneiden und die Assistenz der Mittelbehörden zu sichern.[1]

Neben den grundlegenden Ordnungen im 16. und zu Beginn des 17. Jahrhunderts hat dann auch die an Verwaltungsreformen so reiche theresianisch=josefinische Epoche den administrativen Rahmen des Eisen=wesens mehrfach verschoben, auch hier ihre ausgesprochen zentralistische Tendenz nicht verleugnet. Jetzt schwindet die nach 1618 noch fest=gehaltene administrative Teilung zwischen Wien und Graz und damit wird auch die Leitung des gesamten „niederösterreichischen" Eisen=gebietes wieder in Wien zentralisiert, am Erzberg selbst eine einheit=liche Verwaltung geschaffen. Endlich werden wir auch die neuerrichteten theresianischen Zentralbehörden, namentlich den Staatsrat, mit Eisen=sachen reichlich beschäftigt sehen. Somit ist die Sonderverwaltung des Eisenwesens alle Zeit auf das festeste dem gesamten übrigen Behörden=organismus ein= und untergeordnet. Dieser hat in allen Teilen, von den Zentralbehörden bis zum letzten Land= und Stadtrichter herab auch den Bedürfnissen dieses für Staats= und Volkswohlfahrt gleich wichtigen Wirtschaftsgebietes zu dienen. Jahrhunderte haben an der staatlichen Organisation des Eisenwesens gebaut, ihre Struktur mannigfach ver=ändert. Jede der für die altösterreichische Verwaltungsgeschichte ent=scheidenden Perioden, die maximilianisch=ferdinandeische Zeit, die Landesteilung nach Ferdinands Tod, die theresianisch=josephinische Epoche haben darin ihre Abdrücke hinterlassen.[2]

Die geschilderte Beamtenschaft, Amtmann, Waldmeister, Berg=richter, Eisenobmann mit ihrem untergebenen Personal sind die Träger der Exekutivgewalt. Sie genügen zur Besorgung der täglichen, laufenden Geschäfte. Besondere Vorkehrungen aber müssen getroffen werden zur Erledigung großer, außerordentlicher Aufgaben, wie sie aus Ver=änderungen im Betrieb, in Zeiten schwerer Unwürde, aus neuen Be=dürfnissen des Staates oder der Gewerken, aus anhaltenden oder vor=übergehenden Notständen, aus den häufigen Reibungen zwischen den einzelnen Gliedern des Eisenkörpers sich jeweils ergeben. An solch große schwere Dinge mag wohl gedacht sein, wenn die Amtleute in ihren Ordnungen angewiesen werden, sich in Fragen, zu deren Ent=

[1] Staatsratsakten 2731 ex 1772. Vortrag über das Krainer Eisenwesen. Votum Stupan. Auch Angelegenheiten, wie Straßenverbesserung, Lebensmittelpreise, Anrechnung gewisser Geldsorten u. ä., konnten nur im Einvernehmen mit den Landesbehörden geregelt werden.

[2] Auch dieser letzte Abschnitt ist nur als eine Skizze zu betrachten, die ihre nähere Ausführung in späterem Zusammenhang erhalten soll.

scheidung ihre eigene Weisheit nicht ausreiche, bei den höheren Instanzen Rat und Hilfe zu holen. In solchen Fällen werden dann vom Landesherrn besondere Kommissionen eingesetzt, ein Prinzip, nach dem schon die städtischen Obrigkeiten im Mittelalter zu handeln pflegten, und das auch auf dem Nachbargebiet der Salinenverwaltung sich als zweckmäßig erwiesen hat.[1] Kommissionen treten in Tätigkeit, wenn irgendwelche brandige Stellen am Korpus des Eisenwesens geheilt werden müssen, wenn früher gefaßte Beschlüsse und Ordnungen liegengeblieben sind und nun endlich zum Vollzug gebracht werden sollen oder wenn Gesuche und Beschwerden zu prüfen, Streitsachen beizulegen sind. Ein solches Eingreifen ist zum Beispiel erforderlich, wenn das Wald-, Rad- und Hammerwerkswesen oder das Verlagssystem sich reformbedürftig zeigen, wenn es sich um die Errichtung von Eisenkammern handelt oder ganz besonders, wenn die schwierigen Fragen einer Steigerung des Eisenkaufes oder eines neuen Mautsatzes auf die Tagesordnung treten. Eine Kommission kann zur Lösung einer Spezialfrage entsendet oder aber mit einer allgemeinen „Reformation" beauftragt werden. Schon unter Ferdinand I., wo im Eisenwesen eine starke Bewegung herrscht, in der Gewerkenschaft viele Klagen und Forderungen laut werden, viele Versäumnisse nachzuholen, große Reformfragen zu lösen sind — schon in der ersten Hälfte des 16. Jahrhunderts entfaltet sich eine höchst rege kommissionelle Tätigkeit. Sie setzt sich in den bösen Jahren nach der Landesteilung von 1564 und ebenso im 17. Jahrhundert fort, wo das ganze Innerberger Wesen zwar 1625 eine fundamentale Neuordnung erfährt, diese aber der beständig nachprüfenden und nachbessernden Hand bedarf. Diese ad hoc eingesetzten Kommissionen schaffen also die unentbehrlichen Ergänzungen, ja die notwendigen Voraussetzungen für die Funktionen des stabilen Behördenapparats. Von ihnen empfangen die Amtleute ihre Direktiven. Nur durch Kommissionen können durchgreifende Reformen vorbereitet, nur durch ihre Berichte den höchsten Stellen die Wege zu angemessener Entscheidung gezeigt werden.

Zusammengesetzt werden die Kommissionen aus landesfürstlichen Räten und anderen hohen Würdenträgern, unter denen namentlich die Verweser der Halämter Aussee und Gmunden mit Rücksicht auf deren nahe Beziehungen zum Eisenbetrieb nicht fehlen dürfen. Der Fürst greift auch über die Grenzen der Steiermark hinaus, beruft Funktionäre aus Österreich und Tirol.

Namentlich in Waldfragen werden auch Verordnete der Landstände beigezogen, in Bau- und Verkehrsangelegenheiten wird der Rat von Sachverständigen eingeholt.[2] Die Kommissionshandlungen sind

[1] Heinr. v. Srbik, Aussee, a. a. O.

[2] Schmidt a. a. O. S. 151, 157. Vgl. K. Kaser, Waldregal, a. a. O.

mühevoll und kostspielig. Namentlich die Waldbereitungen, auf Grund deren eine allgemeine Waldordnung erlassen werden soll, werden in sommerlicher Hitze oder bei Einbruch der Kälte kein Vergnügen gewesen sein. Die Kommissionsmitglieder haben Anspruch auf „Liefergelder", Diäten. Die Zehrungskosten müssen ihnen aus der Staatskasse ersetzt werden. Auch die Parteien, namentlich die Städte, die zu derartigen Tagfahrten ihre Vertreter entsenden müssen, murren über die hohen Auslagen.[1] Manchmal werden die Eisenleute sogar zur Deckung dieser Auslagen besonders besteuert.[2]

Schwer genug allerdings werden solche Entschädigungen verdient. Die Kommissionsmitglieder müssen, ehe eine neue Ordnung für den Berg erlassen werden kann, erst frühere Ratschläge und Beschlüsse Artikel für Artikel durchsehen, die gewonnene Kenntnis durch Berichte der Amtleute vervollständigen, sich mit Gewerken und Händlern herumstreiten und deren Behauptungen aufs genaueste nachprüfen, sich die Köpfe über die bestmögliche und namentlich die billigste Lösung einer schwebenden Frage zerbrechen, bevor sie endlich ihre Relation an den Hof oder an die Zentralbehörden senden können, wo dann das Prüfen und Erwägen von vorne beginnt. Die Hofkammer läßt die eingelaufenen Berichte mit allen ihren Beilagen durch eine besondere, aus ihrer Mitte gewählte Kommission begutachten, dazu vom Hofbuchhalter eine Art Gesamtreferat erstatten, das sie dann in der Regel ihrem Referat an den Herrscher zugrunde legt. So hat jede Angelegenheit des Eisenwesens einen langen Weg zu gehen, bis sie in Form eines alleruntertänigsten Vortrages endlich an den Kaiser gelangt, der durch eine allerhöchste Resolution seinen Willen kundtut.[3]

Der Fürst ist es also, der die letzte Entscheidung trifft, und zwar aus eigener Machtvollkommenheit, außer in Waldordnungsfragen, wo er auf die stark beteiligten Stände hören muß. Sonst aber handelt er in Eisensachen durchaus selbständig, in Ausübung seines Montanregales und als unbeschränkter Herr und Gebieter über das Kammergut. Darum wird in den landesfürstlichen Erlässen auch nie die Formel vergessen,

---

[1] Belege da und dort im A. Fr.

[2] Im Jahre 1618 8/VIII. beschließt K. Matthias eine Abgabe von jedem Zentner Eisen und Stahl speziell zur Deckung der großen Unkosten „auf die ansehnlichen, abgeordneten Commissiones und Erhaltung vieler Officier". Diese Auflage wird von K. Ferdinand II. in seine Eisensatzordnung von 1621 übernommen. Nur die Abgeordneten in der Umgebung von Steyr, Waidhofen a. d. Ybbs und Scheibbs sollen von ihr befreit bleiben (A. Fr.).

[3] Die beste Vorstellung von den Aufgaben und den Umständlichkeiten des Kommissionsverfahrens ist zu gewinnen aus der Instruktion bei Schmidt a. a. O., n. 61 (1539 28/II.) und aus dem Kommissionsbericht 1564 28/V. OBA. 1564, n. 36. Vgl. ebenda 1555 10/VII., 7/VIII., und 1559 18/VIII.

daß der Herrscher sich vorbehalte, die publizierte Ordnung nach Bedarf zu mindern oder zu mehren. Nicht gering ist die Zahl der Verordnungen, Generalien und Patente mannigfachsten Inhaltes, durch die der Landesherr höchst persönlich den Eisenverwandten und den Behörden seine Befehle übermittelt.

Weil aber der Herrscher selbst für den ganzen Komplex der Eisenfragen die höchste und letzte Instanz darstellt, so richten die bedrängten oder nach einer Vergünstigung verlangenden Eisenglieder ihre Bitten und Klagen häufig unmittelbar an den Hof, „an den allergnädigsten Kaiser und Herrn". Voll tiefster Demut nahen sie sich den Stufen des Thrones, ihre Suppliken sind im Ton äußerster Devotion gehalten, drücken das unerschüttliche Vertrauen zur „angeborenen Miltigkeit und Clementz" des Landesvaters aus. Auch Verstimmungen über wirkliche oder vermeintliche Härten und Mißgriffe an höchster Stelle können den tiefgewurzelten Respekt vor der Majestät nicht vermindern, den Glauben der Bittsteller an eine günstige und gerechte Entscheidung nicht zerstören. Wie könnte denn auch der Fürst seinen Eisenleuten gnädiges Gehör versagen? Sie fühlen sich ihm gegenüber in einer Art von patriarchalischem Verhältnis. Sie sind ja seine getreuen Kammergutsbeförderer, deren Gedeihen ihm selbst nur nützen, deren Verderben ihm nur schaden kann. Darum meinen sie von ihm jegliche Förderung oder Schonung erhoffen zu können.

Freilich je größer die Entfernung von der geheiligten Atmosphäre des Throns, desto geringer auch die Ehrfurcht vor der Autorität, desto schwächer der Wille zum Gehorsam, desto stärker die Gefahr für den inneren Frieden im Eisenbezirk. Aller Orten Mangel an „Parition" gegenüber den Verordnungen, offene „Renitenz", Kleinkrieg mit den Behörden. Überreiter und andere Aufsichtsorgane, die über die Einhaltung der Preissätze zu wachen, Lebensmittelwucherern, Straßenräubern und Schwärzern das Handwerk zu legen haben, erfahren schwere Unbill, müssen ihren Dienst manchmal unter Lebensgefahr verrichten. Ihre Tätigkeit wird gelegentlich als völlig zwecklos bezeichnet. Wozu eigentlich zahle man ihnen ihren Sold? Und diese Symptome der Unbotmäßigkeit treten uns um so deutlicher entgegen, je tiefer wir zu den unteren Schichten des Eisenvolkes hinabsteigen, je schärfer wir insbesondere die Stimmungen der arbeitenden Klasse ins Auge fassen. Bei den Herren gewohnheitsmäßige Umgehung der Vorschriften, bei den Knechten Anzeichen der Gärung, offene Widersetzlichkeit, Hang zur Selbsthilfe.[1] Not und Trübsal, das Hereindringen revolutionärer Ideen untergraben die Disziplin in der Arbeiterschaft.

---

[1] Über Reibungen zwischen Handwerksmeistern und Gesellen im nächsten Abschnitt.

In der Reformationszeit tauchen auch im Bereiche des Erzberges Agitatoren der evangelischen, sogar der wiedertäuferischen Lehre auf, die sich in den Weinschenken der dortigen Marktgemeinden ihr Publikum suchen. Damals wagt es der Arbeiter mit blanker Wehr zum Verhör ins Amtshaus zu kommen oder zur Lohnabrechnung vor dem Radmeister zu erscheinen.[1] Am Ende des 17. Jahrhunderts legen die Knappen am steirischen Erzberg, empört über wucherische Verteuerung des Getreides und neue Auflagen auf Leder und Fleisch die Arbeit nieder, drohen, sich in andere Betriebe zu verlaufen. Ein scharfer Amtsverwalter der Hauptgewerkschaft empfiehlt als Repressalie, die Grund- und Pfarrherren sollten den Knappen ihre Quartiere aufsagen, weil sonst die Bewegung auch auf die Blähhausleute übergreifen würde.[2]

Und wie der Bergknappe und der Knecht im Blähaus sich kräftig um ihre Haut wehren, so will auch der Hammerschmied für seine anstrengende Arbeit entsprechend belohnt und vom Meister auch reichlich beköstigt werden, namentlich seinen Trunk bei der Mahlzeit nicht missen. Auch er fragt wenig nach Meister und Obrigkeit, gibt den Gewerken Anlaß zur Beschwerde, daß sie bei ihren Arbeitern keinen Gehorsam erhalten können: „von wegen daß sie sich wider die Obrigkeiten setzen und allein auf den Amtmann weigern, aber dem Amtmann in fürfallenden Handlungen wenig Gehorsam leisten sollen". Auch laufen die Arbeiter willkürlich weg, lassen sich von anderen Meistern durch allzu hohe „Leihkäufe" locken, weshalb die Einführung fester Kündigungs- und Entlassungstermine notwendig sei.[3]

So fällt ein Widerschein der sozialen Kämpfe, die sich im 16. Jahrhundert auch auf anderen Gebieten der erbländischen Montanindustrie und weit über Steiermark und Kärnten hinaus entspinnen und die Unternehmer zu organisierter Abwehr der rebellischen Bergleute nötigen,[4] auch auf das Verhältnis von Arbeitgebern und Arbeitnehmern in unserem Eisenwesen. Muß ja doch der Eisenarbeiter die Nöte und Kümmernisse des Bergmannes teilen. Er hat mit ihm gemein die stete Lebensgefahr, die Kargheit und Unsicherheit der Existenz, die durch Elementarereignisse am Berg oder durch eine Handelskrise ins Wanken geraten kann. Auch ihm bleibt der Streit mit dem Meister wegen des gerechten „Lidlohns" und gegen das unleidliche Trucksystem nicht erspart. Der durch die Geldnot erpreßte fiskalische Druck lastet schwer auch auf den Ar-

---

[1] Schmidt a. a. O. S. 224 und 226 (1539).

[2] H. K. 1698 VIII. 37, besonders das Schreiben des Amtsverwalters Samuel Engelpot an die Hofkammer 1698 26/VIII.

[3] OBA. 1580, n. 6 (8/X.). OBA.-O. (1567).

[4] Jakob Strieder, Studien zur Geschichte kapitalistischer Organisationsformen (1. Aufl. 1914), S. 40 ff.

beitern, nicht weniger die Ohnmacht der öffentlichen Organe gegen den ungesetzlichen, das Widmungssystem immer wieder durchbrechenden Viktualienhandel. So greift der Arbeiter im Kampf ums nackte Leben manchmal zum äußersten Mittel. Wie im Bauern und im städtischen Proletarier, so beginnt auch im Montanarbeiter und in den ihm nahverwandten Schichten der Rad- und Hammerarbeiter schon an der Schwelle der Neuzeit das soziale Selbstgefühl zu erwachen, dessen Regungen die Staatsgewalt zunächst noch ziemlich hilflos gegenübersteht. Denn nur erst langsam kommen dem Staat seine humanen und sozialen Pflichten zum Bewußtsein. Und so steigt neben den Streitigkeiten zwischen den drei oberen Eisengliedern, den Rad-, Hammergewerken und Händlern bereits der Gegensatz zum „Vierten Stand", zur Klasse der Knechte allmählich empor, dessen Unterdrückung oder Ausgleich zu den wichtigsten, aber auch schwierigsten Obliegenheiten der Verwaltung gehört.

Wir haben das Behördenwesen in seiner ganzen Gliederung bis zur höchsten Spitze hinauf und seine zahlreichen Funktionen kennengelernt. Was war es wert? Haben seine höheren und niederen Organe ihren Aufgaben entsprochen? Haben vor allem die Amt- und Unteramtleute als die Hauptträger der Verwaltung ihre Schuldigkeit getan? Nach der in den Amtsordnungen geübten Kritik, nach dem Inhalt der dort als nötig befundenen Vorschriften und Verbote müssen wir schließen, daß das intellektuelle Niveau der Amtleute nicht allzu hoch gewesen, ihre Moral auf nicht allzu festen Füßen gestanden, daß dadurch die Früchte der so reichlich geleisteten gesetzgeberischen Arbeit vielfach gefährdet worden seien. Wir entsinnen uns des fürstlichen Mahnwortes an die Amtleute, daß die schönste, mit höchstem Fleiß und größten Unkosten zustande gebrachte Ordnung fruchtlos bleiben müsse, „ohne wirklichen Vollzug".[1] Mangel an selbständigem Urteil und rascher Anpassungsfähigkeit, an Mut zur Verantwortung muß den Beamten ebenso vorgeworfen werden wie Pflichtvergessenheit, Unpünktlichkeit namentlich in Rechnungssachen, standeswidriges und unredliches Handeln, Bruch der Eisenordnungen und Eingriffe in bürgerliche Freiheiten. Sie hängen allzusehr am toten Wort, wissen sich nicht Rat, wenn das Gesetz lückenhaft oder durch den Wandel der Verhältnisse überholt ist, wenn es nach eigenem Verstand korrigiert oder ergänzt werden muß. Wir vermissen auch die strenge Auffassung von Beamtenwürde und Beamtenpflicht. Der Amtmann mißbraucht seine Gewalt zu privatem Nutzen, ist auf Nebenerwerb erpicht, der weder seiner amtlichen Tätigkeit noch dem Gemeinwohl frommen kann.

---

[1] Vgl. S. 60.

Wenn eingeforderte Berichte sich verzögern, die höheren Stellen den Amtmann darum mahnen müssen, so mögen ihm andere dringende Geschäfte oder die Schwierigkeit, sich die notwendigen Unterlagen rasch genug zu beschaffen, häufig zur Entschuldigung gereicht haben. Aber es ist ein schlimmes Zeichen, wenn die Regierung dem Amtmann erst Selbstverständliches befehlen muß, zum Beispiel, daß er seinem Amt mit eigenem Rücken beiwohnen, seiner Amtsverwaltung in Person auswarten oder für einen tauglichen Stellvertreter sorgen solle. Auch darf der Amtmann seine Unteramtleute nicht ihren Funktionen entziehen, sie nicht — außer in dringenden königlichen oder Eisenbergwerkssachen — mit Nebengeschäften beladen, ihnen auch nicht gestatten, sich eigenmächtig Urlaub zu nehmen. Also Mangel an Disziplin bei Vorgesetzten und Untergebenen. Die merkwürdigste Vorstellung vom Ehr- und Pflichtgefühl der Beamten erweckt es jedoch, wenn den Amtleuten und ihrem Personal untersagt werden muß, „bürgerliches Gewerb und Handtierung zu treiben“, mit Wein, Eisen, Schmalz, Käse und Getreide zu handeln, weil sie dadurch ihr Amt vernachlässigen, dem Bürgersmann sein Gewerbe „abstricken“. Sie sollen sich an ihrer Besoldung genügen lassen. Auch sonstiger Amtsmißbrauch, Verletzung städtischer Privilegien, Protektionswirtschaft findet die Regierung zu rügen, wenn zum Beispiel einmal der Vordernberger Amtmann den Bürgern von Leoben ihr vollbezahltes und vermautetes Eisen wegnimmt, „um es diesem oder jenem seines Gefallens zu verschaffen und wägen zu lassen“.[1] Auch für „Gunst und Gabe“ scheinen die Herren empfänglich gewesen zu sein, „dem Mann mit zugeknöpften Taschen“ nichts zuliebe getan zu haben. Auch verwenden sie Amtsgelder, um sich das Amtshaus so behaglich als möglich einzurichten. Gerade das laxe, dem Recht hohnsprechende Verhalten der Amtleute mag die Achtung vor der Staatsautorität erschüttert, die häufigen Übertretungen der Vorschriften mitverschuldet haben. Da die berufenen Hüter des Gesetzes sich selbst so wenig daran hielten, mußten sie auch anderen durch die Finger sehen. Kurz die Regierung muß erst ihre Diener über die Elemente der Standesehre und Beamtenmoral unterrichten, ihnen erst die Grenze zwischen Pflicht und Privatvorteil klar machen.[2] Sie selbst freilich trägt an der Demoralisierung der Beamten keinen geringen Teil der Schuld, weil sie ihre Leute ungenügend besoldet und sie dadurch förmlich der Versuchung aussetzt, ihre Ein-

---

[1] 1539 28/II. Instruktion für die Kommissäre: „Amtmann habe sich wider einen 1533 durch königliche Räte und Commissarien zwischen ihm und den Leobnern aufgerichteten Vertrag unterstanden, sechs Wagen Raucheisen im Schein und unter dem Zeichen seiner Schwiger der Flugkhin wägen und heben zu lassen.“ (Schmidt a. a. O. S. 139.)

[2] Schmidt a. a. O. S. 177, 178, 181, 182, 210, 242, 244; Julius Mayer a. a. O. S. 160 ff.

künfte aus unlauteren Quellen zu vermehren. Selbst höhere Funktionäre des Eisenwesens sehen sich in der demütigenden Lage, von der Regierung immer neue Zulagen erbetteln zu müssen, weil sie mit den regelmäßigen Bezügen ihren und ihrer Familien Unterhalt nicht mehr bestreiten, für ihre alten Tage nichts zurücklegen können. Bürgerlicher Nebenverdienst aber sei ihnen verwehrt. Durch Zuweisung bestimmter Quoten der einlaufenden Strafgelder sucht der Staat die Einkünfte der Beamten zu erhöhen — ein Auskunftsmittel, gewiß ebenso wenig geeignet, die Moral der öffentlichen Angestellten zu kräftigen als ihr Ansehen bei der Bevölkerung zu heben. Diese konnte zum mindesten Zweifel an der Unparteilichkeit eines Richters hegen, dem ein Teil der von ihm selbst verhängten Geldbuße zufiel. Was der Staat auf diese Weise an der Besoldung seiner Beamten sparte, um das schädigte er seine Diener an ihrer Reputation.

Übrigens gibt die Zentrale selbst kein gutes Vorbild. Auch außerhalb der Lokalverwaltung arbeitet die bureaukratische Maschinerie nicht immer mit der wünschenswerten Präzision und bedarf bisweilen sogar der kräftigsten Ölung von Seiten der Parteien. Schon die Kommissionsverhandlungen verlaufen manchmal in einem Schneckentempo, das sogar bei den Amtleuten selbst Anstoß erregt. „Daß der Herren Commissarii Handlung, die Eisensteigerung betreffend" — so schreibt 1559 der Innerberger Amtmann Christoph Frölich nach Wien — „über mein vielfältiges Anlangen und Vornehmen noch nicht erledigt, ja viel weniger der Kaiserlichen Majestät gen Hof geschickt worden, kann mich solcher langsamen Handlung nicht genugsam verwundern".[1]

Schleppender Geschäftsgang und offene Hände aber auch bei den höchsten Regierungsstellen in Wien! Dringende Gesuche werden nicht behandelt oder doch, wenn es auch geschehen ist, nicht an den Hof weiterexpediert. Darob heller Ärger bei den Parteien, wenn die Dinge, trotzdem man den maßgebenden Persönlichkeiten reiche „Verehrung" gespendet, nicht vorwärts gehen wollen. In Wien sei keine Gerechtigkeit zu finden. Briefe Freistädtischer Gesandter von 1676, die eine Streitsache ihrer Stadt mit der Innerberger Hauptgewerkschaft in Wien betreiben müssen, spiegeln diese Zustände und Stimmungen mit unerfreulicher Klarheit wieder. So berichtet der Freistädter Stadtschreiber Georg Reißner am 18. Juli an den Bürgermeister: „Obwohl Regierung und Kammer Freitag und Samstag gesessen, ist doch weder auf der einen oder auf der anderen Seite etwas erledigt worden. Montag, Erchtag (Dienstag) und Mittwoch finden wegen beginnender Exequien für die verstorbene Kaiserin keine Ratssitzungen statt und mithin werden die Pfingst- und Maiferien eintreten, daß also bei solcher Be-

---

[1] OBA. 1559, n. 90.

schaffenheit mir armen Leute ziemlich leiden müssen ... Uns allhie thueth man ohnehin nichts achten, noch ainiche Justitia erteilen, wenn man gleich Gueth und Bluth spentirn und hergeben thäte." Am Ende des Jahres hat der Arme noch immer keine Entscheidung erhalten können und macht nun seinem gequälten Herzen in noch gereizteren Worten Luft (16. Dezember 1676). Trotz seiner im letzten Brief gegebenen Vertröstung „wird die von uns langwierig sollicitierte Expedition von Regierung und Kammer dem Kaiserlichen Hof nicht nach Linz nachgeschickt werden, weil die hiesige Regierungskanzlei keine einzige Expedition in Parteiensachen dem Hof nachzuschicken von der Kanzlei ausfolgen lasset. Ob es vom Hof also verboten oder ob bei dem Herrn Regimentskanzler, demselben die Hand zu waschen, nachgesehen, ist nicht zu ergründen. Sondern (ich) vor lauter Unlust und Verdruss, wie man dort mit uns armen Leuten umgeht, fast keine Feder mehr ansetzen kann". Man ist schon höchst verwundert und zufrieden, wenn wenigstens eine Teilerledigung erfolgt.[1] Der Amtsschimmel trabt langsam zu allen Zeiten. „Es fehlt nicht an brauchbaren Gesetzen, wohl aber will es an exercitium und Handhabung mangeln" — die Richtigkeit dieses gang und gäben Urteils über altösterreichische Staatsverwaltung finden die Angehörigen des Eisenwesens am eigenen Leibe bestätigt.

Ebensowenig aber wie die um die Förderung des Kammergutes besorgte Staatsregierung, den Landesherrn und seine Behörden vermöchten wir uns jene halbstaatlichen Gewalten die aus dem Mittelalter noch in die neuere Zeit hinüberragen, Städte, Grundherren und Landstände aus der Entwicklung des Eisenwesens hinwegzudenken. Ja diese Organismen sind mit ihr sogar noch weit inniger und fester verwachsen als die Staatsgewalt im engeren Sinne, die sich auf eine rein ordnende und überwachende Tätigkeit beschränken muß. Während die Organe der landesfürstlichen Verwaltung nichts tun können als Normen erlassen, deren Ausführung sie in hundert Fällen nicht zu erreichen vermögen, strömen in den Städten und teilweise auch in den Grundherrschaften, soweit ihre Inhaber selbst als Unternehmer auftreten, die eigentlichen Lebensquellen der Eisenwirtschaft. Dort wird das vom Berg kommende Eisen gehämmert, zu fertigen Fabrikaten verarbeitet, von dort aus den Käufern in der nächsten Nachbarschaft oder im fernsten Ausland zugeführt. In Bürgern, Adeligen und Grundherren sind die

[1] Belege im A. Fr. — Den Klagen über Verschleppung steht übrigens der Tadel gegenüber, daß einschneidende Beschlüsse an der Zentrale Hals über Kopf ohne Einvernahme der zuständigen Stellen gefaßt werden. (Staatsratsprotokolle 758 ex 1766, Votum Bories, a. a. O.)

lebendigen, produktiven und kommerziellen Kräfte verkörpert. Zugleich aber wird von Städten und Grundherren die rechtliche und wirtschaftliche Ordnung des Eisenwesens mitgetragen. Vor allem die Organisation des Eisenhandels ruht auf einer Gruppe auserwählter Städte. So fällt eine Fülle von Detailfragen des Eisenwesens in den Wirkungskreis der kommunalen und domanialen Obrigkeiten. Sie arbeiten teils mit der landesfürstlichen Gewalt zusammen, teils aber geraten sie mit ihr auch in Konflikt, wenn deren Vorschriften ihre gesetzwidrige Tätigkeit stören oder wenn sie ihre eigenen obrigkeitlichen Rechte dadurch beeinträchtigt glauben.

Muß man es noch einmal sagen, daß eine stattliche Reihe von Stadt- und Marktgemeinden ihre besten Lebenssäfte aus der „Eisenwurzen" saugt! In ihren Mauern sitzen, oft dicht gedrängt, die Erzeuger weltbekannter Waren, die Eisenkaufleute und Verleger, deren Kapitalien den Betrieb befruchten, die Arbeit am Berg und in den Hämmern erst möglich machen, die mit dem Weltmarkt direkt oder indirekt in Verbindung stehen. Sie sind es, die dem kommunalen und sozialen Leben ihrer Stadt erst Mark und Farbe verleihen, deren Reichtümer malerische Stadtbilder schaffen helfen. Sie beherrschen aber wie das Geschäft, so auch die Stadtverwaltung, die auf alle Lebensfragen der Eisenwirtschaft ihr stetes Augenmerk richtet. Die Stadtbehörden kümmern sich um die Vergebung von Verlägen, erwerben vom Landesherrn kostbare Privilegien, die ihren Eisenkaufleuten einen hervorragenden Platz im Gefüge des Handels sichern, und kämpfen mit Kraft und Zähigkeit um deren Erhaltung. Sie nehmen die Beschwerden der Handwerker und Händler entgegen, und suchen ihnen an höherer Stelle Abhilfe zu verschaffen. Sie stehen ihren Eisenbürgern in Rechtsstreitigkeiten mit unbotmäßigen Lieferanten zur Seite, geben den Korporationen der Verarbeiter ihre rechtlichen Ordnungen, suchen die lokalen Industrien vor Mangel an Rohmaterial oder vor der Lieferung schlechten Zeugs zu bewahren. Sie nehmen auch Stellung gegen die Konkurrenz privater Betriebe, deren Erzeugnisse die Stapelplätze und die dortigen Mautstätten umgehen. Sie sind darum besorgt, daß es ihren Eisenhändlern vor allem nicht an denjenigen Gattungen fehle, die im In- und Ausland am stärksten gesucht sind und zu denen an erster Stelle das weiche Eisen gehört. Der Rat bemüht sich um die Ordnung von Maß und Gewicht und um gerechten Preis. Die Städte dringen auf die Anlegung notwendiger Handelsstraßen, schaffen die finanzielle Basis für die Eisenkammern. Freistadt übernimmt sogar das Eisengeschäft in städtische Regie. Mit einem Wort, als Sitze der Produktion und des Handels, als Quellen des Betriebskapitals und durch die rastlos nach allen Seiten hin ausgreifende Energie ihrer Verwaltungen, deren Träger großenteils aus den Eisenbürgern selbst hervorgehen, sind die Städte kraftstrotzende Glieder des Eisenkörpers.[1]

Aber gerade dieses überquellende Kraftbewußtsein und ein zähes Beharren bei althergebrachten Rechten bringt die Stadtmagistrate und ihre Bürger gar oft — besonders im 16. Jahrhundert — in den schärfsten Gegensatz zu den Vertretern der landesfürstlichen Gewalt. Der Inner- wie der Vordernberger Amtmann geraten mit den führenden Eisenstädten ihrer Bezirke, Steyr und Leoben in Fragen des Verlagswesens, des Eisenhandels, der Rechtsprechung in die unerquicklichsten Kompetenzstreitigkeiten. Voll Empörung erklärt einmal der Innerberger Amtmann der Hofkammer: „Sie (die ungehorsamen Händler und Hammermeister in Steyr) achten sich vielleicht selbst so hoch, daß ein Amtmann von Kaisers wegen in dergleichen Amtssachen ihnen nichts zu handlen haben soll. Denn sie haben mir's in mehr dergleichen Sachen, so ich vermög der kaiserlichen Amtsordnung ihnen zugeschrieben, mehr erzeigt und bewiesen.“[2] Der Magistrat steht auf dem Standpunkt, daß in Eisensachen er und nur er allein zu entscheiden befugt sei. Streitfragen aber gibt es in Menge! So, wenn der Amtmann von den Händlern und Hammermeistern unmittelbar Auskünfte über ihren Geschäftsbetrieb verlangt, statt diese auf dem Umweg über die Stadtobrigkeit einzuholen, oder wenn er die Aufhebung eines vom Rat erlassenen Verbotes anbefiehlt oder wenn er dem Stadtgericht einen Prozeß entziehen will, um ihn vor seinem eigenen Gericht führen zu lassen, oder wenn er die Verleihung vakant gewordener Verläge für sich in Anspruch nimmt, während der Magistrat sich selbst dieses Recht zuschreibt. Alle solche Maßregeln und Forderungen des Amtmannes gelten den Städtern als höchst beschwerliche Neuerungen, als noch nie dagewesene Eingriffe in die „städtische Jurisdiktion, Obrigkeit oder Freiheit“. Im Laufe dieser Streitigkeiten entwickelt sich dann zwischen Amtmann und Stadt eine in den schärfsten Tönen gehaltene Korrespondenz. Der Amtmann muß die Entscheidung der Hofkammer anrufen, sich persönliche Verspottung und Verunglimpfung verbitten, da er doch immer nur getan habe, was seines Amtes sei. Es ist wohl der Mühe wert, eine der saftigsten Stellen aus dem geharnischten Antwortschreiben des Innerberger Amtmannes auf einen Protest des Steyrer Magistrats gegen eine von ihm ergangene Weisung im Wortlaut kennenzulernen: „Ich hab, ohn Ruhm zu schreiben, ob Gott will, bisher dasjenige, so mir vom König und seinen Räten befohlen worden und meine Instruction und die Amtsordnung vermögen und mir auflegen, so viel

---

[1] OBA. 1556 13/II., 20/IV., 24/VIII., 1557 13/X., 1562, n. 30, 38 u. 1000. Vgl. Bittner a. a. O. S. 533, 537, 541 über die Verhältnisse in Steyr.

[2] OBA. 1558, n. 176 (15/XII.).

mir immer möglich gewest und sich mein einfeltiger Verstand erstreckt, je zu Nutz und Frommen des Königs, zur Beförderung des Kammerguts (ohn euer Geschäft) treulich gehandlt und verricht, darob der König und seine Räte meines Erachtens noch bisher kein ungnädiges Mißfallen gehabt. Daß ich aber Euch oder einem andern jederzeit seines Gefallens in allem Recht thuen kann, so gelert und hochweis bin ich ja nit. Es ist auch mir und einem viel Verständigeren nit wol möglich, jedermann rechts zu thun. Nehmt nur das Recht Exempl für Euch von dem alten Mann, seinem Sohn und dem alten Esel, wie sie mit einander über Land ginngen. Ich bin solches Gespötts, Schmähung und Verletzung, wie Ir mir in vielbestimmten euren jetzigen Schreiben ganz unnotdürftiger Weis thut, als ob ich Eurer Hausknecht oder Drescher wär, vom König und seinen Räten als meinen rechten, natürlichen, gnädigsten und gnädigen Herrn, davon ich dann aus Gottes Schickung meine Besoldung und Brot hab, Gott hab Lob, noch bisher erlassen worden. Ir bedurfft Euch warlich an mir nicht dermassen zu erküelen oder (zu) verlustigen (wagen), als ob man sprechen solt, wir wollen 's ihm einmal doch tapfer sagen, schreiben und ein Steyrisches Latein geben, daß er uns hinfüran mit solchen seinem Schreiben zufrieden lassen wird. Meine lieben und guten Freund! Solche Erkuelung und Strafung mögt Ir gegen Euren besoldten Knecht und Dreschern gleichwol Eures Gefallens thun, sie strafen, lernen, wie sie Euch dienen und dreschen sollen, auch an ihnen erlustigen. Aber ich begehr, dass Ir mich hinfüran solcher Verspottung und Verschmähung hiefüran (!) erlassen werdet. Ich wäre sonst verursacht, mich solcher Eurer Hitz unbillich Verspottung und Anlassung vor dem König und seinen Räten zu beschweren."[1]

Also auch im Rahmen des Eisenwesens stoßen angeborener, durch die große Stellung im Eisengeschäft noch gesteigerter Bürgerstolz, das Bewußtsein altererbter Autonomie mit den Forderungen der neuen bureaukratischen Staatsraison, der nach allen Seiten hin kräftig vordringenden habsburgischen Zentralisationspolitik zusammen. Beruft sich der Amtmann auf seine Instruktionen, so halten ihm die Städter ihre älteren, von allen Herrschern bestätigten Privilegien entgegen, kraft deren ihnen der Fürst selbst volle Gewalt in allen Eisensachen eingeräumt habe. Wo in jedem einzelnen Fall das Recht gelegen, möchte schwer zu entscheiden sein. Es darf uns genügen, auch an diesem Punkt den Kampf zwischen älterer und neuerer Staatsauffassung, zwischen hergebrachter Stadtfreiheit und dem Anspruch auf monarchische Vollgewalt aufgezeigt zu haben. Doch ist die Zentralregierung unverkennbar bestrebt, die Reibungsflächen abzuschwächen, jedem Teil sein

[1] OBA. 1555 21/VI., 23/XII., 1555 15/XII.

Recht widerfahren zu lassen. Sie untersagt dem Amtmann zweifellose Verstöße gegen bürgerliche Freiheit,[1] ist bemüht, zwischen den Bedürfnissen der Staats- und Kommunalbehörden eine möglichst scharfe Grenze zu ziehen.[2]

Wie in den Städten ist aber der ganze Eisenbetrieb auch vielfach im platten Land verwurzelt. Nicht nur daß die Natur auch abseits vom steirischen Erzberg und vom Hüttenberg Eisen hat wachsen lassen — vom Land her empfangen ja die Kammergutsleute auch für sich, ihre Arbeitsleute und ihre Rosse die Nahrung und das unentbehrliche Holz und Brennmaterial. Landbewohner und Gewerken stehen zueinander im Wechselverhältnis von Gebern und Empfängern. Der eine liefert dem anderen Lebensunterhalt und Arbeitsmaterial und bezieht von ihm die Werkzeuge, mit denen er seinen Acker bestellt. Das Proviantwidmungssystem mit seinem pflichtmäßigen Austausch von Lebensmitteln und Eisen veranschaulicht am deutlichsten diese Gegenseitigkeit. Vor allem aber dürfen die Adeligen als die Besitzer von Grund und Boden, als die Gebieter über alle, die diesen Boden nützen wollen, auch als Träger obrigkeitlicher Befugnisse im Gesamtbild des Zusammenhanges zwischen Eisenwesen und plattem Land nicht fehlen. Die ländliche Aristokratie ist ja überhaupt ein in der Entwicklung des ganzen Wirtschaftslebens der habsburgischen Erblande nicht zu übersehender Faktor gewesen. So wie in den Sudetenländern der hohe Adel sich kräftig und erfolgreich um die Förderung der Glas-, Montan- und Textilproduktion bemüht hat, so sind die geistlichen und weltlichen Grundherren in der Steiermark und in Kärnten in enge und mannigfaltige Beziehungen zum Eisenwesen getreten — durch Überlassung des notwendigen Areals zur Errichtung gewerblicher Betriebe, als Holzlieferanten und nicht zum wenigsten durch eigene Tätigkeit in Produktion und Handel, durch die sie

---

[1] Vgl. S. 73.

[2] Innerberger Amtsordnung 1539: Richter, Rat und Bürgerschaft der Marktorte am Berg sind dem Amtmann als der vorgesetzten Behörde des Kammergutes untergeordnet, sollen gute Polizei, Ehr und Mannszucht unter ihnen selbst und den Arbeitern halten. Zeigen sich die Kommunalbehörden darin nachlässig, so soll der Amtmann selbst im Namen des Königs eingreifen und mit ihrer Assistenz Ordnung schaffen. Der Marktrichter judiziert, „wie sich gebührt", in Malefizsachen im Marktgerichtsbezirk, jedoch, wenn sie dem Kammergut und Bergwerk zum Nachteil gereichen, mit Rat und Vorwissen des Amtmanns. Versammlungen der Bergleute dürfen nur mit Vorwissen und Willen und unter Leitung des Amtmanns oder seines Verwalters abgehalten werden, um Teilung, Widerwillen und Zerspaltung der Parteien zu vermeiden. Doch um bürgerlicher Sachen und Handlung willen, die das Bergwerk nichts angehen, mögen sich Richter, Rat und gemeine Bürgerschaft, wie von Alters her, versammeln. Im ganzen Bergbezirk müssen Friede und Eintracht herrschen, nachdem der Berg „samt der Bürgerschaft und Inwonern, Arbeitern ein Nahrung und Handlung dem perkhwerch anhengig und undterworffen". Schmidt a. a. O. S. 225, 226, 227.

freilich dem Erzberg und den übrigen Kammergutsbetrieben stark ins Gehege kommen. Der Grundherr erteilt Hammergewerken, aber auch Verarbeitern den Konsens, auf seinem Grund und Boden ihr Gewerbe zu betreiben, gegen Leistung von Steuer, Zins und Naturallieferungen, so von Schmiedeeisen für den herrschaftlichen Haushalt. Diese Verpflichtungen sind manchmal so drückend, daß die Gewerken sich mit ihren Klagen an den Landesherrn wenden müssen. Doch tritt auch der Grundherr für seine Hintersassen ein, wenn sie in Schulden geraten sind oder wenn die Händler in der Stadt, die ihnen ihr Eisen abnehmen sollen, sie im Stich lassen oder sonst schikanieren oder wenn der Eisenzufuhr vom Berg eine Hemmung droht.[1] Gleich den Stadtmagistraten verwahren sich auch die Grundherren gegen jede Verkürzung ihrer obrigkeitlichen Rechte, nehmen es übel, wenn die unter ihnen sitzenden Gewerken ihre Streitigkeiten mit bäuerlichen Untertanen nicht von der Herrschaft, sondern von einer fremden Obrigkeit, dem Amtmann austragen lassen. Die Herren leben überhaupt in der Vorstellung, daß der Staat ihnen nichts zu befehlen habe. Jede Amtshandlung eines „Officiers" (eines landesfürstlichen Organs) auf grundherrlichem Gebiet, besonders die Beschlagnahme kontrabandierten Eisens, Salzes und Proviants gilt als frevler Eingriff in die herrschaftliche Jurisdiktion. Der staatliche Funktionär empfängt von der Grundherrschaft nicht nur keine Assistenz, sondern wird vom Herrn noch gröblich beleidigt, während dieser dem Kontrabandierer kräftigen Vorschub leistet. So wenig sind sich die Grundobrigkeiten der Pflichten bewußt, die ihnen aus ihrer Stellung als Pfandinhaber von Landgerichten oder Mauten erwachsen. Sie übertreten selbst — besonders, wie schon oft bemerkt, durch Aufkauf und Ausfuhr von Lebensmitteln aus den gewidmeten Bezirken, auch durch ungerechte Mautforderungen — das Gesetz, zu dessen Durchführung der Herrscher sie aufruft, oder dulden und fördern dessen Übertretung durch andere.[2]

Die Gegensätze reichen aber noch weiter, greifen unmittelbar auf das Gebiet der Eisenerzeugung und des Vertriebes hinüber. Die Grundherrschaft wirkt mit zur Förderung des Eisenkammergutes, kann ihm aber auch starke Konkurrenz bereiten. Als Besitzer ausgedehnter Waldungen hält der Grundherr zwei Lebensbedingungen der Eisenproduktion in seiner Hand: das Holz für Bergbau und Eisenflösserei und vor allem den Brennstoff. Teilweise stellt ja er seine Wälder den Kammergutsleuten zur Verfügung, teilweise nützt er sie aber auch für den eigenen Bedarf aus, wenn auf seinem

---

[1] OBA. 1546 24/X., 1547 24/XII., 1548 4/II., 1553 12/X.

[2] OBA. 1557 (Schreiben des Abtes von Admont). 1574, n. 75. Generalmandat Ferdinands II. 10/V.

Grund und Boden eine Eisenquelle entspringt. Hier liegt gewiß eine der stärksten Wurzeln des langwierigen Kampfes um das Waldregal, den der Erzherzog mit dem innerösterreichischen Landesadel auszufechten gehabt hat. Der Besitz eigener Eisenbergbaue reizt den Geschäftsgeist der Grundherren, läßt, wie an späterer Stelle gezeigt werden soll, einzelne von ihnen, so den steirischen Landeshauptmann Hans Ungnad, den in der Murauer Gegend begüterten Fürsten Schwarzenberg und etliche obersteirische und kärntnerische Prälaten zu Großunternehmern emporwachsen. Unter der nicht ganz verständlichen Bezeichnung „Waldeisen" werden die Erzeugnisse dieser privaten Betriebe zusammengefaßt.[1] Der Unternehmungsgeist der Grundherren begnügt sich aber nicht mit dem Vertrieb des selbsterarbeiteten Eisens, sondern sucht Befriedigung auch noch in anderer Form. Der Grundherr preßt dem untertänigen Hammergewerken mehr Eisen ab, als dieser für den Hausbedarf des Herrn zu liefern verpflichtet ist, und wirft den Überschuß auf den Markt. So oder so empfindet der Fürst diese grundherrlichen Unternehmungen als schwere Schädigung für das Monopol des Kammergutes. Einmal gefährden sie den Holzbezug für den Erzberg. Und je mehr das von den Grundherren selbst erzeugte oder seinen Hammergewerken abgezwungene Eisen an Absatz gewinnt, desto mehr verliert das ärarische Eisen an Abnehmern, desto größer wird der Schaden für dessen Verleger — nicht gerechnet den Mautentgang, da das Waldeisen den landesfürstlichen Mautstätten ängstlich aus dem Weg geht. Darum strebt die Regierung, wie wir sehen werden, nach möglichster Einschränkung der Waldeisenproduktion, sucht sie aber auch den Handel mit dem den Hammermeistern abgenötigten Eisen zu unterbinden, in dem sie namentlich für Innerberg eine besondere Gefahr erblickt. Sie verbietet den Grundherren, von ihren Hammermeistern eine das Maß des Hausbedarfs überschreitende Lieferung zu verlangen, verpflichtet die Hammermeister, wenn dies doch geschehe, zur Anzeige und verheißt ihnen Schutz gegen die Rache des Herrn, weil sie (die Grundherren) „diesorts in unsere landesfürstliche Hoheit und Bergwerksjurisdiction greifen, das gemain Verlag des Handwerks und das Kammerwesen mit der Ordnung zerrütten, denselben Schaden tun, es auch ohne Mitl (unmittelbar) wider die Ordnung ist".[2]

So ist gleich der Stadt die Grundherrschaft ein untrennbares, teils förderndes, teils störendes Element im Gesamtkomplex des Eisenwesens,

---

[1] Über das Waldeisen und seine Konkurrenz für das Kammergut vgl. die Darstellung Pirchеggers im I. Band und Abschnitt II dieser Einleitung.

[2] OBA. 1561, n. 51, 83, 86, 1580, n. 81, 1564, n. 12 (besonders die Gesuche des Abtes von Admont). Eisensatzordnung 1621: „Von den Grundherren, die in Innerberg große und wälsche Hämmer liegen haben".

dessen Gedeihen ihr wahrlich nicht gleichgültig sein darf. Die Regierung kann mit Recht die Grundherren auf ihre enge Interessengemeinschaft mit den Eisenleuten verweisen, deren Ruin ihnen selbst unwiederbringlichen Schaden bereiten müsse.[1]

Welchen Anteil an den Schicksalen des Eisenwesens nehmen nun aber Grundherren und Städte in ihrer Vereinigung als landschaftliche Vertretungskörper, als Landstände? Bei der wenig bedeutenden Stellung der steirischen Städte auf den Landtagen wird dabei in erster Linie an den Einfluß der Prälaten- und Adelskurie zu denken sein. Der Ständestaat hat ja in den habsburgischen Ländern auch nach Ablauf seiner namentlich in das 16. Jahrhundert fallenden Blütezeit, wenn auch freilich in starker Abschwächung, sich noch am Leben erhalten. Auch nach der Niederlage im Glaubenskampf, auch nach dem Ende dieser heroischen Periode bleibt den Ständen Innerösterreichs, wie denen der übrigen Erblande, die Basis ihrer Machtstellung, das Steuerbewilligungs- und das Beschwerderecht und damit ein starker Anteil an der Landesgesetzgebung erhalten, besteht der Dualismus landesfürstlicher und ständischer Verwaltung fort. Bei dem Charakter des Eisenwesens als Kammergut, über das der Herrscher frei gebietet, kann nun der ständische Einfluß nur auf dem allerdings hochwichtigen Nebengebiet des Waldwesens voll zur Geltung kommen. Die umfangreichen Waldbestände gehören ja zum großen Teil wenigstens tatsächlich, wenn auch im Widerspruch mit der landesfürstlichen Auffassung, nicht zum Kammergut, sondern stehen als „Privatwälder“ im Eigentum oder in der Nutznießung geistlicher oder weltlicher Grundherren, auch der landesfürstlichen Städte. Und die grundherrlichen Wälder sind wohl zum größten Teil an die untertänigen Bauern weiterverliehen. Eben um die Anerkennung seines Waldregals — zur Sicherstellung seiner Montanbetriebe und nicht minder zur Wahrung seiner jagdherrlichen Interessen — muß sich darum der innerösterreichische Landesherr Jahrzehnte lang mit seinen Ständen streiten, die als Anwälte ihrer Bauern und nicht weniger als Montanunternehmer zugleich für ihren eigenen Vorteil kämpfen. Die völlige Anerkennung des Waldregals bleibt, wie wir wissen, ein frommer Wunsch. Die endlich erzielte Waldordnung von 1695 ist ein praktisch bedeutungsloses Kompromiß, das der Holz- und Kohlennot nicht zu steuern vermag.[2]

Anders steht es mit dem Eisenwesen selbst, mit Bergbau, Blähen und Schmieden, mit Verarbeitung und Vertrieb des Eisens. Hier, auf reinem Kammergutsboden, können die Stände dem Fürsten keine

[1] Innerberger Hauptkapitulation (1625), S. 78. (Innerberger Archiv im L. A.)
[2] Vgl. S. 13.

Bindungen auferlegen, hat er in der Ausübung seines Regals fast gänzlich freie Hand. Ohne die Landschaft zu fragen, kann er Produktion und Handel nach seinem Ermessen ordnen, Quantität und Qualität bestimmen, Hammergerechtigkeiten und Handelsprivilegien verleihen, Preise setzen, Eisenkammern errichten, Mauten und Aufschläge fordern. Nur in der Finanzpolitik ist seine Gewalt durch die Macht der Tatsachen, die Tragfähigkeit des Eisenkörpers beschränkt. Hier kann eine Überspannung zweckwidrig sein. Und doch bleibt auch aus dem engeren Kreis der Eisenwirtschaft die Tätigkeit der Stände nicht gänzlich ausgeschaltet. Unter den Vollzugsorganen für die landesfürstlichen Eisenordnungen wird neben den rein staatlichen Behörden auch der vornehmste Landschaftsbeamte, der Landeshauptmann, aufgezählt. Und vermag die Regierung ihre Gebote nicht aus eigener Kraft durchzusetzen, so bleibt ihr nichts übrig als ein Appell an den Landtag selbst. Ein solcher erfolgt, abgesehen von der Frage der Waldordnung, namentlich dann, wenn Hemmungen im Approvisionierungswesen behoben werden müssen. An diesen tragen ja in erster Linie die Grundherren Schuld, indem sie die für das Eisengebiet bestimmten Viktualien eigenmächtig nach auswärts führen, um damit vorteilhaftere Geschäfte zu machen oder ihre eigenen Betriebe zu speisen, oder etwa, indem die steirische Landschaft zum Schutze ihrer eigenen Weinproduktion sich der Einfuhr welscher, ungarischer und österreichischer Weine widersetzt. In solchen Fällen erwartet die Hofkammer Abhilfe vom Landtag.[1]

Wenn aber die Landschaft in Angelegenheiten des Eisenwesens von ihrem Gesetzgebungsrecht nur begrenzten Gebrauch machen kann, so übt sie dafür um so fleißiger ihr Beschwerderecht. Das Wohl und Wehe des gesamten Betriebes muß ihr schon deshalb lebhaft am Herzen liegen, weil ja ihre Angehörigen zum Teil persönlich unmittelbar damit verwachsen sind. Gerade ihre angesehensten Mitglieder, die Herren vom Adels- und Prälatenstand, die ausschlaggebenden Funktionäre des Landtages sind ja selbst vielfach Eigentümer von Eisengruben, Bläs häusern und Hämmern, stehen selbst im Eisenhandel oder genießen doch die von den untertänigen Gewerken geleisteten Abgaben. Und so werden auch sie alle durch den Wechsel von Würde oder Unwürde scharf in Mitleidenschaft gezogen. Aber auch in ihrer Gesamtheit, als Landesrepräsentation, als die neben dem Fürsten verantwortliche Be-

[1] OBA. 1557 1/IX. K. Ferdinand an den Pfleger von Wolkenstein. 1557 20/III. Georg Freiherr von Herberstein, Landeshauptmann von Steiermark, und Christoph Resch, Vizedom daselbst, an die niederösterreichische Kammer. Im Jahre 1583 machen die Stände im Land unter der Enns den Kaiser auf verschiedene Gebrechen im Proviantwesen aufmerksam. Jul. Mayer a. a. O. S. 143.

schützerin des Gemeinwohles darf die Landschaft zu Übelständen und verkehrten Maßregeln nicht stillschweigen. Eine solche Kritik wird um so nötiger, als ja die Landschaft vom Fürsten unaufhörlich um die Bewilligung außerordentlicher Abgaben angegangen wird, also schon um des fiskalischen Interesses willen alles zu verhindern trachten muß, was der Steuerfähigkeit der Landesbewohner Abbruch tun kann. Sie muß aber auch über ihren eigenen Vorteil wachen, da ein Teil der öffentlichen Einnahmen aus dem Eisenhandel durch Verpfändung von Mauten in die landschaftliche Kasse fließt. Und so erheben sich aus mancherlei Gründen in den ständischen Kreisen anklagende und warnende Stimmen. Die Landtage verhehlen nicht ihre Besorgnis wegen der beständig steigenden Eisenpreise,[1] nehmen auch vereinzelt Anstoß an der verschlechterten Qualität des Rohmaterials. Erfolgt aber gar eine fiskalische Aktion, die für das Eisenwesen eine Katastrophe zu bedeuten scheint, die den Wohlstand und die Steuerkraft des Landes zu vernichten droht, dann fühlt sich die Landschaft erst recht zum kräftigsten Einspruch verpflichtet. Wenn der Herrscher wieder einmal eine seiner unbedachten Mauterhöhungen verhängt, die alle Eisenkreise in panischen Schrecken versetzen, dann flüchten sich die geängstigten Gewerken, die vom Eisenhandel lebenden Städte und Märkte zur Landschaft. Diese leitet die eingebrachten Klagen und Einwände an die höchste Stelle weiter und dringt dort mit heftigster Beschwörung auf die Zurücknahme der verderblichen Maßregel. Ihr stärkstes Gegenargument findet auch sie in dem Nachweis, daß die Regierung gegen ihr eigenes Fleisch wüte, daß der scheinbare Vorteil für die Staatsfinanzen sich bald als schwersten Nachteil entpuppen müsse. Schon jetzt sei die unter harten Lasten seufzende Landesbevölkerung mit ihren Steuern stark im Rückstand. Werde die Blüte des Eisenhandels, auf dem doch allein der Wohlstand des sonst von der Natur kärglich bedachten Landes beruhe, mutwillig untergraben, so werde das Volk die „Landesonera und Herrenforderungen" vollends nicht mehr erschwingen können.[2] Auch die Landstände halten sich für berufen und für verpflichtet, das Haupt- und Kernstück des innerösterreichischen Wirtschaftslebens, einer der Grundsäulen des Staatshaushaltes unversehrt zu erhalten, das Gedeihen und den Ruf des heimischen Eisens zu mehren und zu fördern, das cor patriae, wie die Kärntner es nennen, gegen Angriffe in Schutz zu nehmen, die es von der eigenen Regierung erfahren muß. So greift die dualistische Gestaltung des Ständestaates teils durch den

---

[1] Häufige Beschwerden in den steirischen Landtagsakten des 16. und 17. Jahrhunderts (Landschaftliches Archiv im L. A.).

[2] H. K. 1700 März 27 (1699 1/XII.). Protest der geistlichen und weltlichen Stände des Erzherzogtums Kärnten. Vgl. S. 54.

Anteil der Landschaft an der Verwaltung, teils durch die von ihr geübte Kritik auch auf die Lebensfragen des Eisenwesens hinüber.

Somit ergibt sich aus unserem Überblick, daß nicht nur der ganze landesfürstliche Behördenmechanismus durch das Ämterwesen am Berg, wie durch das Eingreifen der Zentralstellen und die Mitwirkung der Landes- und Lokalbehörden, durch ständige Organe wie durch die Entsendung außerordentlicher Kommissionen für die Regulierung, Verwaltung und Justiz, die Kontrolle und Reform des Eisenwesens tätig sein muß, sondern daß auch die übrigen Faktoren des öffentlichen und des sozialen Lebens, Grundherrschaft, Stadtgemeinde und Landschaft in seinen Organismus aufs engste verflochten sind. Wirtschaftlich wie administrativ, als unmittelbare Träger der Produktion und des Handels wie als ordnende und exequierende Gewalten haben sie eine vielseitige Wirksamkeit entfaltet. Nicht immer freilich verläuft das Spiel der Kräfte harmonisch. Oft genug werden, wie wir sahen, Ordnung, Eintracht und Gehorsam durch eigennützige und gesetzwidrige Handlungen der Parteien, durch Willkür der Amtleute, durch Unbotmäßigkeit der Arbeiterschaft gefährdet. Aber neben und über diesen aus wirtschaftlichem Interessenstreit hervorgehenden Friktionen steht als weiteres störendes Moment der große politische Gegensatz, der Zusammenprall des heraufziehenden Absolutismus mit überkommener und zäh festgehaltener städtischer und grundherrlicher Autonomie.

Die innige Beziehung des Eisenwesens zur Staatswirtschaft, das dadurch bedingte Eingreifen der öffentlichen Gewalt in alle seine Haupt- und Nebengebiete haben wir im Umriß zu schildern versucht. Am Schluß dieser Einführung harrt unserer noch die Aufgabe, über Charakter, Ziele und Erfolge dieser staatlichen Ordnung, so weit es jetzt schon möglich ist, ein zusammenfassendes Urteil zu gewinnen.

Die Verwaltung des Eisenwesens trägt durchaus das Gepräge des sich seit dem Ausgang des 15. Jahrhunderts zweckbewußt und konstant aufbauenden Beamtenstaates. Wir atmen überall streng bureaukratische Luft. Unablässig wird reglementiert, visitiert und kontrolliert, reformiert und judiziert, relationiert und resolviert. Das Schreibwesen steht auch auf unserem Sondergebiet in üppigster Blüte. Der Niederschlag dieses in den amtlichen Kanzleien wie in den Kreisen der Eisenleute selbst entfalteten Fleißes liegt nun wohlverwahrt in unseren Archiven. In bunter Reihe lagern dort Korrespondenzen zwischen den einzelnen Behörden sowie zwischen diesen und den gewerkschaftlichen Korporationen, Instruktionen für Amtleute und Kommissäre, Relationen und Schiedssprüche, Vorträge der Zentralstellen vor dem Kaiser, allerhöchste Resolutionen, Patente und Generalien, Privilegien für Städte und Klöster, für einzelne Adelige und Gewerken, Eisenordnungen, Preissatzungen und Statuten für Eisenkammern, dazu Handelsbücher und Aufzeichnungen über die interne Verwaltung einzelner Genossenschaften, Beschwerdeschriften und Gesuche u. a. m. Berge von Akten türmen sich vor dem Forscher auf, die sein Herz erfreuen, ihn aber auch manchmal zu erdrücken drohen. Nicht ohne Achtung und Staunen aber gedenkt er der nicht geringen körperlichen und geistigen Anstrengungen, der Unsumme gewissenhaft prüfender und erwägender Gedankenarbeit, von der diese vergilbten, teils sauber konzipierten, teils von Korrekturen und Zusätzen wimmelnden Dokumente ihm erzählen.

Haben sich nun diese Opfer an Zeit, Mühe und Geld gelohnt? Nur ein vorläufiges Urteil dürfen wir einstweilen wagen. Denn erst die Darstellung des geschichtlichen Verlaufes im einzelnen wird uns die Früchte der aufgewendeten Mühen und Sorgen voll und deutlich erkennen lassen, Stärke und Schwäche der Organisation in klarerem Lichte zeigen.

Oberstes Ziel ist die „Förderung des Kammergutes, die Erhaltung und merer Aufnehmung des Bergwerks" — ein Ziel, für das keine Mühe zu groß, kein Preis zu hoch sein darf. Diese Formel erklingt als Leitmotiv in den Kundmachungen der Regierung und findet ihr Echo in soundso vielen Äußerungen der Parteien. Gewiß gibt es Zeiten, wo die Herrschenden selbst diesen gesunden Grundgedanken verleugnen oder übertreiben. Während der Gegenreformation wird er fanatischem Glaubenseifer geopfert. Im 17. Jahrhundert namentlich schießt das Streben nach fiskalischer Ausnützung der „Eisenwurzen" aus Mangel an wirtschaftlicher Einsicht und in Überschätzung des Wertes der heimischen Produktion zu deren schweren Schaden wiederholt übers Ziel hinaus. Aber die Richtlinie bleibt unverändert.

Fassen wir nochmals in Kürze zusammen, was die Regierung getan hat, um ihren Zweck zu erreichen, um der Kammer den Gewinn zu sichern, der ihr nur aus ungestört erfolgreichem Geschäftsgang erblühen konnte. Die Allseitigkeit staatlicher Fürsorge fiel uns zunächst ins Auge. Die Regierung will den Gesamtbereich des Eisenwesens beherrschen. Sie vergißt kein Stadium der Produktion, von der Beschaffung der Kohle und des Proviants, von der Erzgewinnung an bis zur fertigen Klinge oder Sense. Und ebensowenig läßt sie die Bedürfnisse des Handels außer acht. Sie kümmert sich um Waage und Gewicht in Inner- und Vordernberg, wie um die Preisgestaltung und die großen verkehrspolitischen Fragen, um das richtige Ausmaß von Innen- und Außenhandel, die Abgrenzung der Verschleißgebiete der einzelnen Produktionszentren, das Verhältnis ärarischer und privater Erzeugung. Dabei dringt sie mit höchstem Nachdruck darauf, daß die elementaren

Grundzüge wirtschaftlicher Ethik eingehalten werden. Händlerische Profitgier erscheint ihr als ebenso strafbar wie Nachlässigkeit des Produzenten. In höchstem Fleiße und peinlicher Genauigkeit in Blähhaus und Hammerschmiede, in Vermeidung überhasteter Produktion, Leistung von Qualitätsarbeit, unbedingter Treue und Redlichkeit im Verkehr mit den Kunden, die weder in der Güte der Ware noch im Gewicht oder Preis beeinträchtigt und bedrückt werden dürfen — darin allein erblickt man an den leitenden Stellen die Bürgschaften eines dauernden Erfolges. Nur auf diesem Wege könne dem innerösterreichischen Eisen sein hoher Kredit erhalten werden. „Gleichheit, Gerechtigkeit" sind Lieblingsausdrücke in den amtlichen Erlässen. Sie sollen sich der Gewerke, der Händler, aber auch der Amtmann hinter die Ohren schreiben. „Eigennutz" und Wucher sind streng verpönt.

Auch sozialpolitische Tendenzen klingen an, ein Streben, den Schwächeren nicht durch die Konkurrenz des Stärkeren überrennen, ihn nicht aus dem Geschäft herausdrängen zu lassen. Kein Weglocken der Gesellen, keine Einstellung einer zu großen Zahl von Knechten, kein Vorwegkaufen der Kohle oder des von einem andern schon bestellten Eisens soll gestattet sein. Namentlich auch keine Beschwerung der armen Hammermeister und Händler durch kapitalskräftigere Unternehmer, die durch ein Überangebot von Verlagsgeldern an die Radmeister jene am Abschluß von Verlagsverträgen hindern oder ihnen die notwendigen Betriebkapitalien verweigern, aber auch die Radmeister selbst in Schulden bringen und schließlich zum Ruin treiben. Auch für den ärmsten Bürger, der nicht die bescheidensten Mittel besitzt, um zu einem Radmeister in ein Verlagsverhältnis zu treten — auch für ihn soll noch ein bestimmtes Eisenquantum übrigbleiben.[1] Die Eisenwidmung sichert im steirischen Eisengebiet jedem Hammermeister seinen Bedarf. Aber die Steyrer und Leobner Händler sollen sich an diese Bestimmung auch wirklich halten, nicht einen Meister verschwenderisch mit Eisen bedenken, andere leer ausgehen lassen, auch nicht etwa das beste Eisen für ihre eigenen Hämmer in die Stadt vorbehalten, die Meister auf dem Land dagegen mit dem Ausschuß abfinden. Mit einem Wort: der Unvermögende soll neben dem Vermögenden bestehen können, nicht durch unlauteren Wettbewerb brachgelegt werden. Arm und Reich sollen sich der Vorrechte und Gewinnmöglichkeiten des Eisengeschäftes, jeder an seinem Teil erfreuen können.

Auch in das Verhältnis zwischen Arbeitgeber und Arbeitnehmer hat die Staatsgewalt Ordnung zu bringen gesucht. Beide Teile sollen zu ihrem Recht gelangen. Wie die Regierung bemüht ist, den Konkurrenzkampf unter den Meistern und Händlern einzudämmen, so bleibt ihr auch

[1] Näheres im Abschnitt II.

der Gedanke des Arbeiterschutzes nicht fremd. Wohl am frühesten und kräftigsten hat sie ihn auf dem engeren Kammergut, im unmittelbaren Bereich des Erzberges zu verwirklichen gesucht. Der Amtmann ist dafür verantwortlich, daß die Radmeister pünklich mit ihren Arbeitern abrechnen, ihnen nicht Proviant und Pfennwerte aufnötigen, sondern sie mindestens bis zu einem Drittel mit barem Geld bezahlen.[1] Sie sollen sich auch nicht beim Verkauf der Lebensmittel an ihnen bereichern, nicht bei den Proviantzufuhren Fürkauf treiben. Aber auch die Arbeiter sollen wissen, was sie der Obrigkeit und ihrem Brotherrn an Respekt schuldig sind, nicht in Wehr und Waffen vor ihnen erscheinen. „Alles Gottslästern, offen Ehebruch und andere Laster, auch öffentlich Feindschaft, Rumor, heimlich Winklräth, Conspiration, Bündniß, Aufrur und dgl. bös Handlungen" sollen von den Behörden unterdrückt werden. Für Aufnahme und Kündigung der Arbeiter gelten bestimmte Formalitäten. Streitigkeiten zwischen Radmeistern und Arbeitern soll der Amtmann zur Vermeidung überflüssiger Prozeßkosten nach Möglichkeit in Güte auszugleichen suchen. An den Feiertagen sollen die Arbeiter nicht über die Sperrstunde in den Weinschenken sitzen, deren Besuch an Werktagen ihnen überhaupt verboten ist. Diese Bestimmungen stammen schon aus der ersten Hälfte des 16. Jahrhunderts und sind ein deutliches Symptom der damals auch im Eisenerzer Bezirk herrschenden Erregung, wie denn auch die Wirte ihre Häuser ketzerischer Agitation verschließen sollen.[2]

Auch die Hammermeister und ihre Arbeiter sind an strenge Disziplinarvorschriften gebunden, unterliegen scharfer Beaufsichtigung durch ihre Oberen. Beschränkt sind beide vor allem in ihrem Versammlungsrecht. Nur einmal im Jahr dürfen die Innerberger Hammermeister zur Wahl ihrer Vorsteher zusammentreten, die Versammlung aber nicht über einen Tag hinaus erstrecken, nicht „nachzechen" oder feiern, schon in Wort und Gebärde Leichtfertigkeit und Hader, zuvörderst aber das Gotteslästern vermeiden. Versammlungen der Hammerschmiede werden durch Vertreter der Meister überwacht, damit nichts wider landesfürstliche und Ortsobrigkeit geschehe, die Meister von ungebührlichen Lohnsteigerungen und sonstigen Aufwiegelungen verschont bleiben. Und, „weil sich die Hammerschmiede an ziemlicher Notdurft Speis und Tranks nicht sättigen lassen, sondern einen Überfluß, sonderlich des Weins haben wollen", die Hammermeister aber zur Vermeidung eines Ausstands diesem unersättlichen Begehren haben

[1] Schmidt a. a. O. S. 223. Innerberger Amtsordnung 1539: „wo aber ein Radmeister einem Arbeiter an seinem lidlon pfenbart einlegen würde, daran soldt über geburliche und zimbliche Schatzung der dritt Pfennig, wie dann auf andern perkhwerchen auch der Brauch ist, aufgehebt . . . werden."

[2] Vgl. S. 71. Schmidt a. a. O. S. 217, 224, 226, 229.

nachgeben müssen, so sollen die Meister künftig nicht mehr zur Verabreichung der Kost, sondern nur zur Zahlung der fixierten Lohnsätze verpflichtet sein.[1] Keine Vorsichtsmaßregel wird verabsäumt, um Ausschreitungen und Reibungen zu vermeiden, unruhige Elemente zu zügeln und fernzuhalten, aber auch im Verhältnis der Hammergewerken zu ihrem Gesinde Recht und Pflichten angemessen zu verteilen. Die Hammerordnung Erzherzog Karls für Vordernberg (1575 20/X.) bestimmt die Zeit (drei Jahre), für die sich ein Hammerarbeiter dem Meister verpflichten muß, setzt die Lohnhöhe fest, erlaubt aber auch dem Meister einen Lohnabzug bei ungenügender Arbeit.[2]

Auch Ansätze zur Versorgung invalider Arbeiter und ihrer Witwen und Waisen haben wir schon bemerkt[3] — freilich eben nur Ansätze. Der Staat gedenkt allein der Wald- und Rechenarbeiter, und was er ihnen bietet, ist nur Gnade, aber kein Recht. Nur aus freien Stücken, aus Mildtätigkeit gewährt er dem im Dienst Verletzten eine Beihilfe zum „Arztlohn", sorgt er für die Hinterbliebenen eines bei der Arbeit ums Leben Gekommenen, während er seltsamerweise den Gewerken die entsprechende Verpflichtung auferlegt, damit ihnen die guten Arbeiter nicht davonlaufen. Einen Schritt weiter geht nur die Waldordnung der oberösterreichischen Staatsherrschaft Steyr (1664),[4] die schon den modernen Gedanken einer Arbeiterunterstützungskasse enthält. Das sozialpolitische Denken steckt eben noch in den Kinderschuhen, kennt nur ein „Soll", aber kein „Muß". Immerhin aber liegt auf diesen Eisenordnungen doch ein Anflug von Gerechtigkeitsgefühl, von humanem und sozialem Empfinden.

Wir müssen nun versuchen, die staatliche Organisation des Eisenwesens in den allgemeinen geschichtlichen Zusammenhang einzureihen. Und da erkennen wir in ihr den Ausdruck mittelalterlicher Wirtschaftstheorie, die Fortsetzung mittelalterlicher Wirtschaftspraxis. Was die Regierung anstrebt, ist gute und gerechte Arbeit, gerechtes Gewicht und angemessener Preis, endlich die Sicherstellung einer hinlänglichen Rohstoffmenge für den heimischen Erzeuger. Damit will sie für den Konsumenten sorgen. Eine andere Gruppe von Maßregeln soll den Produzenten und den Händler vor Schaden bewahren, ihn gegen ungerechte und drückende Konkurrenz schützen, ihm ungestörte Produktions- und Absatzmöglichkeiten sichern. Die gemeinsamen Zwecke sind für die Produktion die Erhaltung einer zwar begrenzten, jedoch möglichst großen Zahl kleiner, aber leistungsfähiger Betriebe, für den Handel ein Absatz-

[1] Konzept der Hammerordnung 1570 26/X. (OBA. 1570, n. 11).

[2] OBA. 1575 (ohne Nummer).

[3] Vgl. S. 14.

[4] Im L. A.

monopol innerhalb des ihm zugewiesenen Bezirkes, für das Ganze eine wenigstens annähernd gleichmäßige und gerechte Verteilung von Erzeugung, Verkauf und Ertrag. Das aber sind eben auch die Grundsätze mittelalterlicher Wirtschaftsethik, die in der „Stadtwirtschaft", besser gesagt in der nach Autarkie strebenden städtischen Wirtschaftspolitik und vor allem in der Zunftverfassung nach praktischem Ausdruck ringen, und deren Elemente nun der Merkantilismus übernimmt. Auch die mittelalterliche Wirtschaftspolitik will ja nichts anderes als genügende Versehung des Marktes, den Schutz des Konsumenten gegen schlechte und zu teure Ware, das gesicherte Auskommen des Gewerbemannes: „jeder Bürger soll seine Nahrung haben". Darum bekämpft sie den Großbetrieb in jeder Form, sucht sie die einzelnen handwerklichen Produktionszweige in möglichst engen Grenzen zu halten und schafft sie in den Straßenzwang- und Stapelprivilegien einzelner Städte ein handelspolitisches Seitenstück zum Absatzmonopol des zünftigen Handwerkes — eine Einrichtung, die, wie noch zu zeigen sein wird, der Organisation des Eisenhandels gleichfalls eingefügt ist.

Durch das Festhalten an diesen Grundgedanken trägt die Verfassung unseres Eisenwesens auch noch zwischen 1500 und 1800 ein stark mittelalterliches Gepräge, das durch den Fortbestand der namentlich die eisenverarbeitenden Gewerke umschließenden Zunftorganisation sogar noch über die Mitte des 19. Jahrhunderts hinaus gewahrt bleibt.[1] Auch auf unserem Gebiet hat sich die territorial-merkantilistische Wirtschaftspolitik aufs engste an das mittelalterlich-städtische Vorbild angelehnt. In echt mittelalterlicher Weise führen zahlreiche Normen und Einrichtungen zu strenger, allseitiger Gebundenheit in Produktion und Handel: peinlich genaue Regelung von Wald- und Kohlenwirtschaft, zwangsmäßiger Austausch von Lebensmitteln und Eisen, Begrenzung der Zahl der Arbeitskräfte und Beseitigung neuer, den schon bestehenden gefährlicher Betriebe,[2] Vorschriften über das Tagesquantum und die Qualität der Produktion, Festsetzung der anzufertigenden Gattungen des Schmiedezeuges. Gleich der Produktion ist aber auch der Handel eingesponnen in ein Netz von Regulativen, ist er dem Waage- und Mautzwang, dem staatlichen Preistarif unterworfen. Das Verlagswesen beruht auf gegenseitiger Verpflichtung des Produzenten und des Kauf-

[1] Doch sei nicht vergessen, daß schon im 16. Jahrhundert, und namentlich 1625, im Innerberger Bezirk die Leistungsunfähigkeit des Kleinbetriebes zur Einbürgerung frühkapitalistischer Methoden führt, auf Grund deren der Eisenhandel, die Erzeugung von rohem und gehämmertem Eisen durch Bildung von Gesellschaftskapitalien fundamentiert werden soll — ein an späterer Stelle zu schildernder Prozeß.

[2] Schmidt a. a. O. S. 165, 166. Abstellung der in der Umgebung von Leoben neu entstandenen Hämmer oder „Werkgäden, so den alten zu Nachteil reichen". 1539 28/III. Kommissionsinstruktion.

mannes und soll gleichfalls nach den von oben gegebenen Normen gehandhabt werden. Die Eisenwidmung sichert jedem Hammermeister seine Portion Roheisen, mit der er aber auch auskommen muß. Dazu tritt das Streben nach einem gerechten Verhältnis des inländischen Absatzes zum Export, damit der Bedarf der heimischen Werkstätten gedeckt sei, sowie nach Teilung des In- und Auslandmarktes durch Umgrenzung der Handelsgebiete für die beiden steiermärkischen Berggebiete und für die Kärntner Produktion. Innerhalb eines jeden dieser Rayons besteht aber wieder eine Kontingentierung des Verkehrs: in Innerberg durch Errichtung von Haupt- und Nebenstapelplätzen, in Vordernberg insbesondere durch die Gliederung der Hammerwerke nach Landesvierteln.[1] Das Stapelsystem wird ergänzt durch den Straßenzwang, durch die Auszeigung der Straßen, die der Kaufmann bei Ein- und Ausfuhr bestimmter Waren, so auch beim Eisentransport benützen muß, während ihm andere verboten sind, eine Anordnung, durch die zugleich die Mautkontrolle erleichtert wird. Den Schlußstein der Organisation bildet die Wahrung des Staatsmonopols, die Verteidigung der Kammergutsproduktion gegen in- und ausländische Konkurrenz, einmal der Kampf gegen das Waldeisen, dessen Erzeugung und Verschleiß die Regierung grundsächlich in möglichst engen Schranken zu halten sucht, und gegen das fremde Eisen, dem schon früh die Erblande verschlossen werden.[2] Auch die Einfuhr von Eisen aus anderen Erblanden in das steirisch-kärntnerische Gebiet soll nur ausnahmsweise, gegen Paß gestattet sein.

Wie weit auch die Eisenverarbeitung in diese Ordnungen einbezogen ist, wird an anderer Stelle zu zeigen sein. Alles in allem also ein System, aufgebaut auf Bindung und Beschränkung, Zwang und Überwachung, zusammengesetzt aus Privilegierung zugleich und aus Unterdrückung, ein Stück mittelalterlicher Wirtschaft, in die späteren Jahrhunderte hinübergenommen und streng nach den Bedürfnissen der Staatswirtschaft zurechtgeformt. Sein Bild wird uns in späterem Zusammenhang noch in breiterem Rahmen und in satteren Farben vor Augen treten.

War aber nun dieses Zwangssystem unbedingt heilsam und vor allem war es in seiner vollen Strenge durchführbar? Konnte es zwingenden Notwendigkeiten, natürlichen Widerständen gegenüber in allen seinen Teilen standhalten? Widerstrebte es nicht doch allzusehr der Menschennatur, die nie und nirgends ein Übermaß von Zwang und von Verboten ertragen will, in einseitiger Bevorzugung leicht eine Ungerechtigkeit erblickt, ihren Vorteil zu erhaschen sucht, wo sie ihn

[1] Einzelheiten gleichfalls im 2. Abschnitt.
[2] Schmidt a. a. O. n. 17. 1431 22/IV.

findet, unnötigen Schwierigkeiten zu entgehen trachtet? Stand es nicht in vielfachem Widerspruch mit den Bedürfnissen von Handel und Industrie, die doch nun einmal zu ihrem Gedeihen ein gewisses Maß von Freiheit nicht entbehren können, sich ihren natürlichen Lebensbedingungen anpassen müssen, Umwege möglichst zu vermeiden suchen? Mußte es nicht überall da versagen, wo es den Verzicht auf reichere Gewinnmöglichkeiten forderte?

Sozusagen kein freier Atemzug war dem Gewerken- und dem Handelsmann gestattet. Bei jedem Schritt stieß er auf Grenzpfähle und Warnungstafeln. Es war gewiß begreiflich und löblich, wenn Vater Staat seine Kammergutsleute von übermäßiger und übereilter Produktion zurückzuhalten, sie zu hochwertiger Leistung zu erziehen suchte. Das war er dem Weltruf des innerösterreichischen Eisens schuldig, das gebot ihm sein eigenes Interesse. Überwachung von Qualität, Gewicht und Preis war auch schon deshalb notwendig, damit der Abnehmer nicht unter der angestrebten Monopolisierung des Kammerproduktes zu leiden habe. Aber wie wenig sind diese Vorschriften eingehalten worden! Es ist auch zu verstehen und zu billigen, wenn der Staat das einträgliche Verlagsgeschäft allen offenzuhalten sucht, dem Armen wie dem Reichen, wenn er auch dem Mindestbemittelten noch etwas Eisen zukommen lassen will oder wenn er sein Veto dagegen einlegt, daß ein vermögender Hammermeister durch eine Überzahl von Arbeitern, durch Aufkauf von Kohle und Roheisen den unvermögenden bedrücke, oder wenn er die Abstellung neuaufgekommener Betriebe verlangt, die den älteren die Erwerbsmöglichkeit schmälern. Konnten aber derartige Verbote und Einschränkungen nicht auch den gesunden und berechtigten Unternehmungsgeist in Fesseln schlagen? Eine große Härte liegt ohne Zweifel auch in der immer und immer wieder versuchten Einschränkung der Waldeisenproduktion. Ein Grundherr oder eine Stadt, auf deren Gebiet sich Eisen findet, darf es nur zum Haus- oder Lokalbedarf verarbeiten. Eine weitere Ausdehnung ist ihm nur gestattet auf Grund besonderer Erlaubnis, eines landesfürstlichen Privilegs, dessen Erteilung eine hochnotpeinliche Untersuchung vorausgehen muß, ob der neue Betrieb ja nicht etwa den Werken am Erzberg Kohle entziehe oder ihrem Handel Eintrag bereite.[1] Mit einem Wort: auf allen Seiten sind der Produktion zugunsten der wirtschaftlich Schwachen oder des Kammerinteresses Schranken gezogen, die ihrer Erhöhung, der vollen Ausnützung von Kapital und Arbeitskraft, der Bildung von Großbetrieben hinderlich sein müssen. Vielleicht kommt daher vor allem der vielbeklagte Eisenmangel, die Schwierigkeit für den

---

[1] Schmidt a. a. O. S. 168 (Judenburg). Weitere Belege in Abschnitt II.

Händler, zugleich die Vorteile der Auslandgeschäfte auszunützen und gleichzeitig den Ansprüchen der heimischen Verarbeiter gerecht zu werden. Und wir werden später sehen, wie durch die Umzäunung der Verschleißgebiete dem Handel natürliche Wege versperrt werden, der Industrie Nachteile zu erwachsen drohen, weil sie beim Bezug ihrer Rohstoffe an eine bestimmte Gegend gebunden bleiben, ihn nicht aus einem fremden Bezirk holen soll.

Ein System, das den Geschäftsmann „in spanische Stiefel" einschnürt, muß zum Widerstand herausfordern. Das allzustrenge Verbot reizt hier wie immer und überall zur Übertretung. Die Regierung muß feststellen, daß ihre Anordnungen unvollzogen bleiben, muß fürchten, Geld und Mühe für die ausgesendeten Kommissionen, für die Redaktion weitläufiger Verordnungen vergeblich aufgewendet zu haben. Keiner ihrer Satzungen wird nachgelebt, wohlgemeinte Einrichtungen vermögen sich nicht zu halten. So war das Jahr 1539 reich an Reformen gewesen, hatte für Inner- und Vordernberg ausführliche Amtsordnungen und den ersten Anlauf zu einer Waldordnung, für Leoben eine Eisenkammer, außerdem Richtlinien für das Verlagswesen gebracht. Und der Erfolg? Zwei Jahre später drückt König Ferdinand den Behörden und Gewerken Innerbergs sein lebhaftes Mißfallen darüber aus, daß nach glaubwürdigem Bericht und eingezogenen Erkundigungen „denselben Ordnungen ... so ... durch unser vorige Reformationes aufgericht und beschlossen, neben anderem, was Euch derhalben von unserer wegen handzuhaben, zu vollziehen und in das Werk zu bringen befohlen, bisher der weniger Teil und zu achten gar nicht nachkommen, nachgelebt, sondern denselben nicht weniger als vor, ungezweifelt zu Erhaltung etlicher voriger gebrauchter Aigennutzigkeiten, in vil Weg zu Schmälerung unseres Kammergutes, mereren Abfalls unserer Bergwerke und Unterdrückung des gemainen Nutz zugegengehandlt und ungehorsamblicher gehalten, deß wir nicht unbiliches misfallen tragen".[1]

In diesen Tadel von höchster Stelle stimmen Eisenverarbeiter und Händler kräftig mit ein, wie die ewigen Jeremiaden über zu geringe Lieferung, Verschleppung und mangelnde Brauchbarkeit des Eisens, wie die Beschwerden über Abgang am Gewicht und über satzwidrig gesteigerten Preis zur Genüge beweisen. Der Nutzen des Proviantwidmungssystems wird, wie uns schon bekannt ist, durch unerlaubte Ausfuhr der Lebensmittel, Unzuverlässigkeit der Säumer, wucherische Spekulationen an Ort und Stelle höchst zweifelhaft. Das für Werksbetrieb und Handel so notwendige Verlagswesen zeitigt die bedenklichsten Konsequenzen, wird hinfällig gerade in Zeiten der Not,

---

[1] Schmidt a. a. O. S. 247/48.

wo der Gewerke doppelt und dreifach auf die Hilfe des Vertragspartners rechnen können soll.[1] An die Grenzen der Verschleißbezirke muß wiederholt unter Androhung strengster Strafen erinnert werden, weil jeder auf Kosten des Nachbars über sie hinauszugreifen sucht. Die städtischen Stapelprivilegien werden angefochten oder umgangen. Die Waldeisenproduktion schießt, allen Repressivbestimmungen zum Trotz, immer wieder neben dem ärarischen Betrieb in die Höhe. Kurz das Geflecht von Vorschriften und Verboten, Vorrechten und Vorsichtsmaßregeln ist nichts weniger als wasserdicht. Keine Regierungsmaßregel, der nicht zuwidergehandelt, keine Ordnung, die nicht durchbrochen würde. Man nimmt sich die Freiheit, die das Gebot des Herrschers versagt. Kein „Verwandter" des Eisenwesens will auf die Benützung bequemer Zufuhrstraßen, auf günstigere Bezugsmöglichkeiten Verzicht leisten, will scheinbar unbegründete Vorrechte anerkennen. Unerbittliche Lebensnotwendigkeiten, überquellender Unternehmungsgeist, unbefriedigtes Gewinnstreben der Eisenindustriellen, der Händler und Grundherren kämpfen gegen Hemmung und Zwang.

Daraus erwächst dann viel Zank und Ärgernis zwischen Rad- und Hammergewerken, zwischen diesen beiden Gruppen auf der einen, den Verarbeitern wie den Händlern auf der anderen Seite, zwischen Verlegern und Verlegten, zwischen privilegierten und nicht privilegierten Städten, zwischen den Insassen der beiden steirischen Verschleißgebiete, wie zwischen ihnen und den Kärntnern, zwischen den Gewerken und den Bewohnern der Proviantbezirke. Über weite Zeiträume hin erstrecken sich manchmal diese Mißhelligkeiten, in denen Schutz und Richterspruch der Regierung angerufen werden. Nur nach mühseligen Verhandlungen, deren abgerissene Fäden immer wieder angeknüpft werden müssen, gelingt ihr ein Ausgleich, der oft nicht von Dauer ist.

Aber die Regierung selbst besteht nicht immer hartnäckig auf ihrem Schein, ist vielmehr bereit, die Strenge des Gesetzes zu mildern, Ausnahmebestimmungen zu erlassen, wenn strikte Befolgung der Mandate den Betrieb an irgendeiner Stelle zu schädigen droht, wenn ein Zugeständnis ohne Nachteil für das Kammergut gewährt werden kann. Sie bewilligt einer verarmten Stadt die Verwertung ihrer Eisengruben, wenn nur die Wälder am Erzberg verschont bleiben, das Eisen bloß zum lokalen Bedarf verwendet wird.[2] Sie öffnet die Grenzen eines Verschleißbezirkes, wenn ein Industriegebiet das notwendige Rohmaterial nicht aus dem zugewiesenen Rayon in gewünschter Menge, Güte und Billigkeit erhalten kann. Auch aus Gründen fiskalischer und politischer Opportunität entschließt sie sich zu Ausnahmen, zur Aufhebung eines

---

[1] Darüber eingehend in Abschnitt II.

[2] Vgl. S. 92.

Verbotes, zur Abschwächung eines städtischen Privilegs, so wenn sie einem angesehenen Großgewerken, einem einflußreichen Herrn vom Landadel, einem königlichen Rat eine Gnade gewähren oder einem fürstlichen Nachbar eine Gefälligkeit erweisen kann. So erlaubt Maximilian I. im Widerspruch mit seinem eigenen Generalverbot, Vordernberger Eisen in den Innerberger Bezirk zu führen, dem Großunternehmer Sebald Pögl in Aflenz und seinen Mitverwandten die Ausfuhr ihres Eisens über den Seeberg ins unterennsische Grenzgebiet.[1] So räumt König Ferdinand I., gleichfalls wider die Eisenordnung, dem steirischen Landeshauptmann Hans Ungnad das Recht ein, Eisen von seiner kärntnerischen Lehensherrschaft Waldenstein in der Steiermark verarbeiten zu lassen und die Erzeugnisse mit dreijähriger Mautfreiheit in südlicher Richtung abzusetzen.[2] So wird der bischöflich-freisingschen Enklave Waidhofen a. Y., einem Hauptort der Sensenindustrie, nach langem Streit mit dem Hauptstapelplatz Steyr endlich das Recht zuteil, Eisen zum Selbstbedarf direkt aus Innerberg zu beziehen.[3] Auch Mautbefreiungen für den Eisenbezug zu häuslichen Zwecken und Pässe für die Ausfuhr von Lebensmitteln aus den Widmungsbezirken können erworben werden, wie denn auch sonst die strenge Ordnung des Verkehrs der Innerberger mit den Widmungsorten in wesentlichen Punkten abgeschwächt wird. Die Regierung hütet sich also vor schädlicher Konsequenz, sie beugt sich vor unbestreitbaren Bedürfnissen des Produzenten und des Händlers und folgt den Geboten der Staatsklugheit. Durch wohltätige Ausnahmen macht sie ihre strengen Ordnungen erträglicher. In einzelnen Fällen läßt sie ein gewisses Maß von Verkehrsfreiheit zu, die sie grundsätzlich verweigert. Sie handelt so in der Erkenntnis, daß sie durch vernünftige Nachgiebigkeit nur sich selber diene, durch allzustarke Fesselung des Verkehrs nur dem Kammergut Abbruch tun würde. Sie sieht ein, daß pedantische Aufrechterhaltung der Verbote nur den Ungehorsam steigern, zum Schmuggel anreizen müsse. So wird die Starrheit des Systems teils durch den unausbleiblichen Gegendruck von unten, teils durch besonnenes Entgegenkommen von oben gemildert. Die Kraft des Lebens mit seinen unabweislichen Forderungen triumphiert über den Buchstaben des Gesetzes.

Das Endurteil über Zweckmäßigkeit oder Fehlerhaftigkeit der staatlichen Organisation unseres Eisenwesens kann nur der Erfolg entscheiden. Der aber ist, wie die folgenden Darstellungen zu erweisen suchen werden, unbestreitbar. Gleichviel, ob der Aufstieg als ein positives Verdienst des Kameralregimes zu bewerten ist oder ob es ihn

---

[1] OBA. 1524, n. 1, 9/X. Schmidt a. a. O. S. 172.

[2] OBA. 1534/80: 1534 4/IV. und noch an anderen Stellen.

[3] Einzelheiten im Abschnitt II und in späterem Zusammenhang.

— trotz den ihm anhaftenden Mängeln und Unzulänglichkeiten und trotz den von ihm ausgehenden Hemmungen — vielleicht nur nicht gehindert hat, unbezweifelt bleibt doch, daß das steirisch-kärntnerische Eisen über regelmäßig hereinbrechende Nöte und Rückschläge hinweg, auch gegen den wachsenden Wettbewerb des Auslandes durch Jahrhunderte einen hohen Marktwert zu behaupten vermochte. Auf den Erträgnissen der beiden Eisenberge ruhten im alten Habsburgerreich Ruhm und Segen der innerösterreichischen Länder.

Und nun bleibt nur noch übrig, den weiteren Gang unserer Betrachtung in Kürze vorzuzeichnen. Die staatliche Ordnung des Eisenwesens ist uns vor Augen getreten in ihrer Allseitigkeit, ihrer fast logischen Geschlossenheit, in ihrem Bestreben, durch peinlichste Regelung und Kontrollierung aller Teilprozesse der Eisenwirtschaft, durch unausgesetzte Reformen den Gesamtbetrieb in seiner vollen Leistungsfähigkeit zu erhalten und somit auch der Kammer den höchstmöglichen Ertrag zu sichern. Das Prinzip straffster Bindung und Regulierung, in dem wir die Seele des ganzen Systems erblickten, drückt aber vor allem der Gestaltung der Eisenindustrie und des Eisenhandels seinen Stempel auf und ist daher in seinen Auswirkungen auf diese beiden Glieder des Gesamtkörpers noch gesondert zu betrachten. Dabei wird uns der ständige Widerstreit zwischen dem von oben geübten Zwang und den natürlichen, auf Freiheit gerichteten Tendenzen des Wirtschaftslebens erst in seiner vollen Schärfe zum Bewußtsein kommen.

II. Die Grundformen der Eisenverarbeitung und des Eisenhandels.

Es ist bekannt, daß sich in der zweiten Hälfte des Mittelalters im Gebiet des steirischen Erzberges zwei grundlegende, bis tief in die Neuzeit hereinreichende Veränderungen vollzogen haben, eine räumliche und eine technische.[1] Der Berg wird in zwei Produktionssphären zerlegt, eine nördliche (Innerberg) und eine südliche (Vordernberg) mit den zwei gleichnamigen Marktorten als administrativen und — freilich in weit bescheidenerem Maß — auch als wirtschaftlichen Zentren. Von Innerberg, dem späteren Eisenerz, und von Vordernberg aus wird der steirische Eisenbezirk verwaltet.[2] Aber mitten in unwirtlicher Gebirgswelt, abseits von den großen Verkehrsstraßen gelegen, hat sich keiner der beiden kleinen Orte zu einem bedeutenden Handelsplatz emporzuarbeiten vermocht. Diese Stellung haben sie größeren, durch ihre Lage mehr begünstigten Städten überlassen müssen. Neben Steyr Leoben, Waidhofen an der Ybbs, Freistadt und anderen Handels- und

[1] Vgl. Bd. I.

[2] Doch vgl. dazu S. 66.

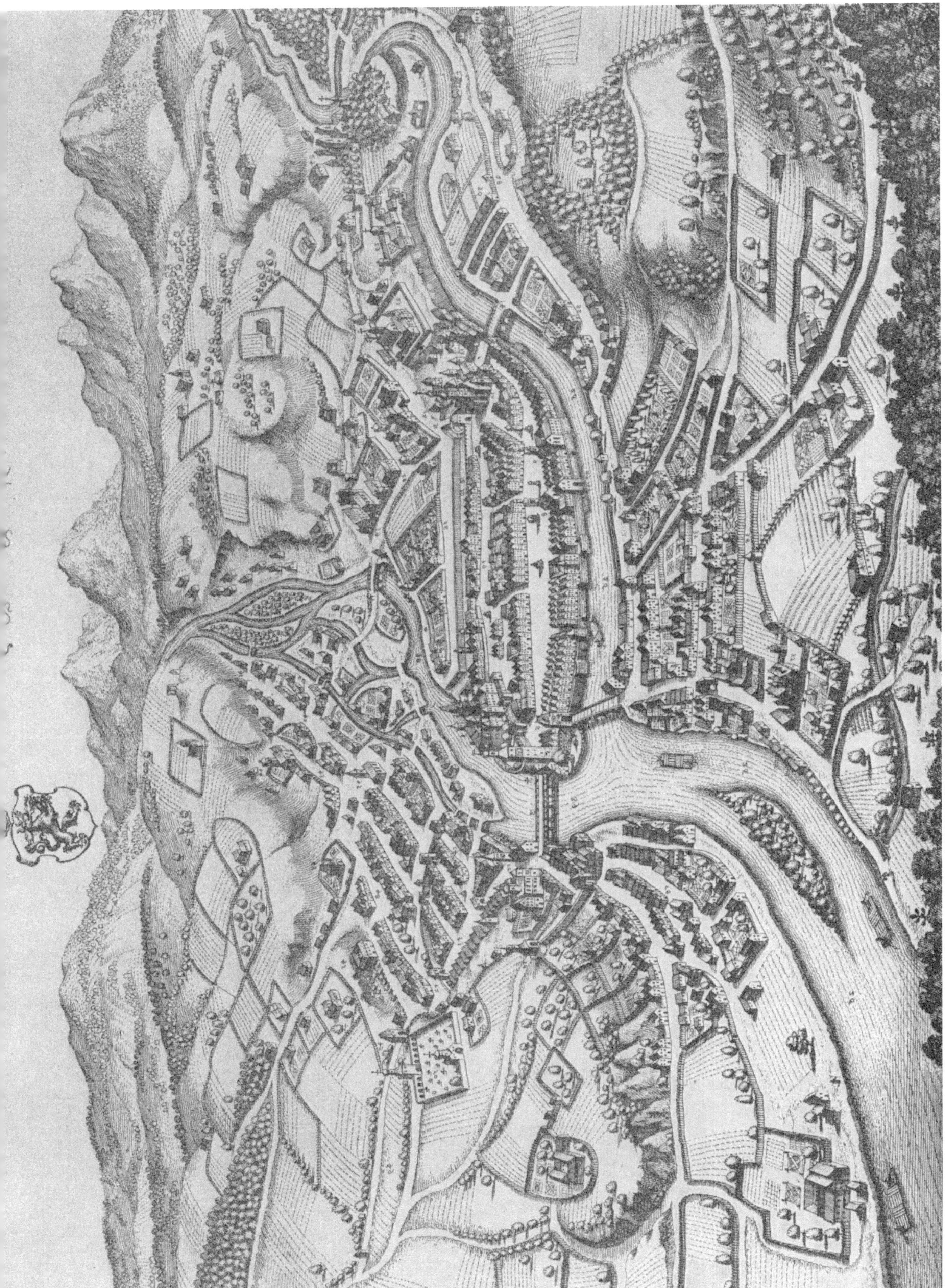

Industrieplätzen bleiben die beiden Bergorte im Schatten. Angelehnt an den Erzberg können sie wohl der Urproduktion am Berg und in den Radwerken eine natürliche Heimstätte bieten. Aber weitab von ihnen erblühen Eisenverarbeitung und -Handel, also die eigentlichen Reichtum und Glanz schaffenden Kräfte. Und so erscheint denn auch die architektonische Anlage Innerbergs und Vordernbergs als recht bescheiden neben dem prunkvoll künstlerischen Bild anderer Eisenstädte.[1]

Aber auch die Produktion des Rohstoffes ist ihnen im angegebenen Zeitraum zum Teil ferner gerückt. Ausdehnung des Betriebes, Verpflegsschwierigkeiten, in erster Linie gewiß der Zwang zur Kohlenersparnis, führen zu einer Loslösung des Hammerbetriebes von Bergbau und Radwerk, die vereinigt bleiben. Im Innerberger Bereich wandert der größte Teil der Hämmer hinab ins Ennstal, bis in die Gegend von Steyr. Auch im Lande unter der Enns hat sich im Gebiet der Ybbs ein stattlicher Hammerbezirk gebildet. Von Vordernberg aus verteilen sich die Hämmer auf eine ansehnliche Reihe steirischer Orte. Der Hüttenberg ist zwar eine administrative Einheit geblieben, doch vollzieht sich auch in Kärnten die Scheidung des Hammerwerks- vom Radwerksbetrieb. Getrennt sind also nun Gewinnung und Schmelzung des Erzes von der Schmiedearbeit. Eine neue selbständige Produzentenklasse ist entstanden: die Hammermeister mit ihren Gesellen, den Hammerschmieden. Sie haben durch Vermittlung des Händlers den Erzeuger der fertigen Ware mit dem notwendigen Rohstoff zu bedienen.

Auf welchem Wege gelangt nun das Roheisen in den Hammer und von dort in die Hände des Verarbeiters? In welchen Gestalten verläßt es dessen Werkstatt? In welche Gruppen scheidet sich die Klasse der Eisenhandwerker und wie sind sie organisiert? Wie steht es um die Einrichtungen des Eisenhandels? Welche Warengattungen bringt er in Umlauf? Welche Märkte stehen dem Eisenkaufmann offen, in der engeren und weiteren Heimat und draußen in der Welt? Von welchen Orten aus und auf welchen Straßen nimmt der Handel seinen Weg? Das sind die Hauptfragen, deren Lösung auf den folgenden Blättern versucht werden soll. Ein Problem aber ist das schwierigste: die Herausarbeitung der technischen Seite. Von der älteren Technik der Eisenindustrie verraten uns die sonst so beredten Quellen am wenigsten, weil sie das dem Zeitgenossen Vertraute und Selbstverständliche nicht der Erwähnung für wert halten. So kann die Geschichte der Technik der Eisenindustrie fast nur aus zufälligen Andeutungen erschlossen werden. Schon die Erklärung gewisser technischer Ausdrücke ist der heutigen Generation oft nicht mehr recht geläufig.

[1] Maja Loehr, Eisenerz (Zeitschr. d. histor. Vereins f. Steiermark 1929, S. 13).

Der Historiker der Eisenverarbeitung und des Eisenhandels muß seine Blicke weit über die Grenzen der Steiermark und Kärntens hinausschweifen lassen, muß vor allem die Länder ob und unter der Enns mit in den Kreis seiner Betrachtung ziehen. Denn auf diesem Boden erblühen ja, befruchtet durch die Zufuhren aus Innerberg, die Hauptzweige einer Industrie, die den Weltruhm der steirischen „Eisenwurzen" begründen hilft. Von hier aus dann breitet der Handel, gestützt auf ein wohl durchdachtes System von Straßenzügen und Stapelplätzen, seine Schwingen aus bis gen „Mitternacht" und bis ans Meer, ja selbst über den Ozean, während dem Vordernberger Eisen seine Abzugskanäle vor allem nach den südlichen, östlichen und südwestlichen Nachbargebieten gewiesen sind, das kärntnerische so gut wie ausschließlich nach Süden gravitieren muß. Auf vielen und weiten Wegen also hat der Historiker das Eisen zu begleiten.

Die Gesamtmasse aller dem Eisenwesen Zugehörigen gliedert sich in die vier Kategorien der Rad- und Hammergewerken, der Verarbeiter und der Händler. Alle diese Gruppen sind Glieder eines Körpers, dem aus den Adern des steirischen und des kärntnerischen Erzberges sein Lebensblut zuströmt. Alle sind sie unauflöslich aneinander gekettet, leben sie in engster Schicksalsgemeinschaft. Das Wohl und Wehe der einen ist auch das der anderen.

Innerhalb der vier Kategorien kommt aber dem Kaufmann die führende Stellung zu. In Besitz flüssiger Geldmittel wird er zum Befruchter der Produktion, zum unausschaltbaren Bindeglied zwischen den drei Produzentenklassen. Er ist es, der durch Kapitalsinvestition, auf Grund von Verlagsverträgen überhaupt erst die Rad- und Hammerwerke in Bewegung setzt und im Gang erhält, der dann ihre Erzeugnisse der weiteren Verarbeitung zuführt, indem er teils das Roheisen den Hammermeistern übermittelt, teils den geschlagenen Zeug in die Werkstätten des Klingen-, Sensen-, Waffenschmiedes und anderer Eisenhandwerker leitet, die er gleichfalls mit Betriebskapital versieht. Der kaufmännische Verleger besorgt den Absatz an in- und ausländische Abnehmer, so weit der Produzent nicht selbst seine Ware an den Mann bringt. Vom Verlagswesen also, als dem Quellpunkt der Produktion und des Vertriebes muß unsere Betrachtung ausgehen, wenn sich uns das Verständnis der Gesamtentwicklung erschließen soll.[1]

Wir kennen das Verlagswesen als eine Unternehmungsform, die sich in Deutschland gegen Ende des Mittelalters hauptsächlich im Textilgewerbe und in der neuaufkommenden Buchindustrie eingebürgert hat. An dieser ist der Name ja bis zum heutigen Tage haften geblieben. In unseren Ländern zählt das Verlagswesen zu den grund-

---

[1] Bittner a. a. O., S. 514 ff.

legenden Einrichtungen der steirisch-kärntnerischen Eisenwirtschaft, ist es eine ihrer treibenden und erhaltenden Kräfte geworden. Das Verlagssystem ist gedacht als das Rückgrat des in der Eisenerzeugung herrschenden Kleinbetriebes, den der Staat, erfüllt von Sorge für die wirtschaftlich Schwachen, um jeden Preis aufrechterhalten will, der aber unter den schwierigsten Verhältnissen arbeiten muß. Jeder einzelne Rad- und Hammergewerk führt seinen Betrieb für sich allein, ohne den Rückhalt an einer Kollektivorganisation, ein Zustand, dem — und nur für Innerberg — erst die große Reform von 1625, die Gründung der Hauptgewerkschaft ein Ende bereitet. Nicht gering aber sind die Lasten und Fährlichkeiten, die der kleine Gewerke zu bewältigen und zu überstehen hat. Das Erz, das der Radmeister aus seinem Grubenanteil gewinnt, ist nicht überall von gleicher Güte. Der Übergang vom Tag- zum Tiefbau, zunehmende Schwierigkeiten der Kohlenzufuhr und häufige Lebensmittelteuerungen, steigende Preise für sonstigen Werksbedarf, wachsende Lohnforderungen treiben die Produktionskosten unheimlich in die Höhe. Von Zeit zu Zeit notwendig werdende Reparaturen zwingen zu unwillkommenen Arbeitspausen. Ohnmächtig steht der Meister der Wut der Elemente gegenüber und muß zugleich vor den Wechselfällen der Politik und des Wirtschaftslebens bangen. Bei Schneeverwehungen oder in schneearmen Wintern gestaltet sich der Transport von Erz, Kohle und Proviant aufs schwierigste. Feuers- oder Wassernot, Lawinen, feindliche Invasionen können das Werk zerstören, eine durch Krieg oder verfehlte Zollpolitik hervorgerufene Krise auf dem Eisenmarkt kann den Absatz lähmen, eine vielleicht in weitester Ferne sich abspielende politische Verwicklung die Zufuhr ausländischen Rohmaterials abschneiden. So sind Mühen, Sorgen und Gefahren des Gewerken beständiges, hartes Los.

Diese Bürden und Risiken kann der kleine Meister nicht allein auf die eigenen schwachen Schultern nehmen. Er bedarf einer hilfreichen Hand, die ihm die notwendigen Betriebsmittel darreicht, Geld in seinen mageren Beutel fließen läßt, ihm die Erzeugnisse seines Fleißes unter allen Umständen abnimmt, ihn über böse Zeiten hinweggeleitet. Und diese Hand bietet ihm der Verleger. Die Rechtsform des Verlagswesens ist der zwischen dem Produzenten und dem Händler geschlossene Vertrag, der beide Teile durch gegenseitige Verpflichtungen aneinander bindet. Vergegenwärtigen wir uns zunächst das Schema eines solchen Verlagsvertrages. Ein Rad- oder Hammermeister empfängt von einem Geldmann, der selbst ein Hammermeister oder auch ein Eisenhändler sein kann, „damit er desto stattlicher und fruchtbarer arbeiten und der königlichen Majestät Kammergut befördern möge“, einen bestimmten Barbetrag in guter Landeswährung für eine bestimmte Zeit, etwa für vier Jahre. Neben diesem „gewissen", im voraus entrichteten Betrag erhält der Meister weiter einen „monatlichen Zusatz" zur Bestreitung der laufenden Auslagen. Dafür hat er dem Gläubiger ein festgesetztes Eisenquantum „in ordentlicher Blähung und Waschung" zum ordentlichen, jeweils von der Obrigkeit vorgeschriebenen Preis, „in guter landesläufiger Münz" zu liefern. Ist er durch Mangel an Kohle oder anderer Notdurft an der eigenen Erzeugung gehindert, so hat er sich das ausbedungene Quantum aus einem anderen Radwerk zu verschaffen. Der Verleger aber soll das Eisen pünktlich „heben und wägen zu wierdlichen und unwierdlichen Zeiten", daß heißt er ist zur Abnahme auch dann verbunden, wenn er schlechter Konjunktur wegen selbst nicht auf Absatz hoffen kann. Das Verlagskapital gilt als unverzinsliches Darlehen. Was aber der Verleger sonst etwa dem Gewerken — zum Ankauf von Kohle, Haber oder anderer Radwerksnotdurft — vorstreckt, das sogenannte „Fürlehen" muß verzinst werden, und der Gläubiger kann sich den Zins jedesmal vom Preise der Eisenlieferung abziehen. Der Gläubiger ist hypothekarisch gesichert, kann sich am Gesamtvermögen des Verlegten, an dessen Eisenvorrat, an den Werksobjekten und an sonstigem mobilem und unmobilem Vermögen des Schuldners schadlos halten. Will der eine oder der andere Verlagspartner den Vertrag nach Ablauf seiner Geltungsdauer nicht mehr erneuern, so hat er ein halbes Jahr vor dem Endtermin zu kündigen. Beide Teile aber müssen auch für dieses letzte halbe Jahr ihre beiderseitigen Verpflichtungen mit „geben und heben" erfüllen, der Schuldner auch das Fürlehen zurückzahlen.[1] Die Kündigung soll auch nicht aus Gehässigkeit oder Leichtfertigkeit erfolgen, etwa deshalb, weil der Kündigende dem Lockruf einer anderen Unternehmers folgen will, der ihm einen günstigeren Vertrag anbietet.

Der Vorteil derartiger Abmachungen für den Erzeuger liegt in der Gewährung des Betriebskapitals und in der Sicherung des Absatzes, der ohne Rücksicht auf die augenblickliche Marktlage erfolgen soll. Noch zwei andere Bestimmungen kommen dem Verlegten zugute. Durch Zurückzahlung des Kapitals kann er den Vertrag auch vorzeitig lösen, die freie Verfügung über seinen Produktionsertrag wiedergewinnen. Ebenso erlischt die Rechtskraft des Vertrages, wenn der Verleger ihn bricht, dem Partner die pflichtgemäße Unterstützung nicht leistet,[2] namentlich ihm die Abnahme des Eisens verweigert. Dem Verleger aber ist durch Abschluß solcher Verträge sein Warenvorrat gesichert.

[1] OBA. 1562, n. 75. Verlagsvertrag zwischen Hans Link, Bürger und Radmeister in Innerberg und seiner Frau Amalthea und Sebastian Haindl, Bürger und Hammermeister zu Steyr. Sein Inhalt ist aus anderen Quellen ergänzt.

[2] H. K. 1699 XII. 19. (1698 4/III. Vordernberger Radmeister an die Hofkammer.)

Die Verlagsverträge weisen zahlreiche Varianten auf. Ein Unternehmer kann sich vom Ertrag eines Werkes entweder das Ganze oder nur ein Viertel oder die Hälfte sichern. Er kann aber auch an mehreren Betrieben zugleich Verlagsrechte erwerben. Diese können durch Kauf, Tausch oder Vererbung von Hand zu Hand gehen.[1] Um das Recht der „Partition", d. h. der Zuweisung eines vakant gewordenen Verlages an einen neuen Bewerber zanken sich in den letzten Jahren des 17. Jahrhunderts hitzig der Magistrat von Leoben und der Vordernberger Amtmann, der diese Befugnis der Stadtbehörde nicht anerkennen will[2] — auch einer der leidigen Streitfälle zwischen kommunaler und landesfürstlicher Obrigkeit.

Das Recht, Verlagsverträge zu schließen ist im Innerberger Gebiet an Steyr, im Vordernbergischen an Leoben, also an die beiden führenden Eisenhandelsstädte im Land ob der Enns und in der Steiermark geknüpft, tritt aber in beiden Bezirken in verschiedener Gestalt auf.[3] Die Steyrer Händler verlegen die innerbergischen Hammermeister, diese selbst wieder einen Teil der Radmeister. Der Rest der Radgewerken empfängt sein Verlagskapital unmittelbar aus den Händen der Steyrer Eisenbürger, von denen manche selbst Hammerwerke betreiben. Möglicherweise sind auch in Innerberg die Radwerke ursprünglich nur durch die Hammermeister verlegt worden, haben sich erst im Laufe der Zeit, bei finanziellem Versagen der Hammermeister oder aus Gewinnsucht die Steyrer Eisenhändler auch des Roheisenverlages bemächtigt.[4] Im vordernbergischen Gebiet dagegen stehen sämtliche Radmeister im

[1] Beispiele in H. K. 1699 XII. 19.

[2] Vgl. S. 77. — 1699 4/XII. entscheidet die innerösterreichische Hofkammer diesen Kompetenzstreit. Obwohl in der Verlagsordnung nichts davon enthalten sei, wird doch dem Magistrat gnadenweise bewilligt, dem Amtmann nach altem Brauch einen oder mehrere Kandidaten zu „präsentieren" und zu „rekommandieren". Erhebt der einvernommene Radmeister, zu dessen Werk der „vacierende" Verlag gehört, keinen Einspruch, findet auch der Amtmann selbst keinen Anstand, so soll er einen der Vorgeschlagenen als Verleger „an- und aufnehmen und confirmieren". Dafür muß die Stadt Leoben als „Hauptverlegerin" für etwaige Mautrückstände der einzelnen Verleger Bürgschaft leisten. Auch soll sie dem Amtmann und den Radmeistern von unsicheren Kantonisten unter den Radmeistern rechtzeitig Kunde geben, damit der Regreß nicht in Gefahr komme. (H. K. 1699 XII. 19. Hier viel Material über diese Streitigkeiten.)

[3] Über das Kärntner Verlagswesen mangeln einstweilen genaue Nachrichten. — Zum folgenden vgl. Bittner wie oben.

[4] OBA. 1565, n. 4. — In der Innerberger Verlagsordnung 1575 werden direkte Verlagsverträge zwischen den Steyrer Eisenhändlern und den Radmeistern als ungehörig, als den ärmeren Hammermeistern höchst schädlich bezeichnet. (OBA. 1575, n. 37.) Zur selben Zeit werden die Verlagsrechte der Steyrer Eisenhändler auf die Hammermeister beschränkt, die ihrerseits die Radwerke verlegen sollen. Hievon an späterem Ort.

Verlagsverhältnis zu den Leobener Eisenhändlern, die ihrerseits teils den dortigen Hammermeistern — allerdings, wie wir sehen werden, nach sehr parteiischer Auswahl — finanzielle Unterstützung gewähren, teils selbst von ihnen verlegt werden. Ihnen liefern sie das Roheisen, und zwar jedem Hammer seinen gewidmeten Anteil: Verlags- und Widmungswesen sind hier miteinander kombiniert. Der Leobener Verleger schlägt also die Brücke zwischen den Roheisenerzeugern und den Schmieden.[1] Die Hammermeister aber sollen verkaufen können, an wen immer sie wollen, an In- oder Ausländer.[2] Doch war ihnen dieses Recht durch Zwangsverträge mit den Verlegern mitunter stark verkümmert.

Grundformen und Zwecke des Verlagswesens sind damit hinlänglich gekennzeichnet. Werden nun diese Zwecke aber auch wirklich immer erreicht? Erfüllt der Verleger stets seine ideale Aufgabe, dem Gewerken ein Helfer, ein Förderer zu sein in guten und bösen Tagen? Ist es möglich gewesen, das ungetrübte Einvernehmen unter den Vertragschließenden unter allen Umständen aufrechtzuerhalten? Ist das Verlagssystem von den Obrigkeiten der beiden privilegierten Städte immer gerecht und in gemeinnützigem Sinne gehandhabt worden?

Gleich anderen Einrichtungen des Eisenwesens hat auch das Verlagswesen oftmals den Dienst versagt, weist es mitunter krasse Züge der Entartung auf, gestaltet es sich zeitweise geradezu zweckwidrig, hat es den Ruin der Verlegten zur Folge gehabt. Die Art seiner Durchführung ist nicht nur bisweilen unzulänglich, sondern zeugt von arger Ungerechtigkeit. Nicht allein die Rad- und Hammermeister erleben bittere Enttäuschungen, sondern unter den Verlagswerbern selbst herrscht ein Konkurrenzkampf, bei dem die kleinen Leute unfehlbar den Kürzeren ziehen. Wie oft liegen sämtliche Beteiligte einander in den Haaren, glaubt sich jeder auf irgendeine Art in seinen Rechten gekränkt. Nach der von allen Seiten geübten krassen Kritik möchte man fast

---

[1] Extrakt aus der landesfürstlichen Verlagsordnung 1575 17/IV. Die meisten Eisenhändler und Verleger in Leoben empfangen von den Hammermeistern, denen sie das Roheisen gegen Bezahlung geben, ihren Gegenverlag, sollen darum dieses verlegte Eisen an niemanden anderen als an die Hammermeister verkaufen, die es ihnen aber auch in der „Unwürde" abnehmen sollen. Das Maximum des Gegenverlages „auf einen wochentlichen Wagen Roheisen" ist 1000 fl. (OBA. 1575, n. 21.)

Die Überwachung des Verkehrs zwischen Radmeistern, Eisenhändlern und Hammermeistern im Leobener Bezirk liegt dem dortigen „Eisenbeschreiber" ob. Er hat die Buchführung zu besorgen und insbesondere darauf zu achten, daß alles in Vordernberg gehobene Eisen vor der Abgabe an die Hammermeister auf den Leobener Platz gebracht, unparteiisch an die einzelnen Hämmer verteilt und zum vorgeschriebenen Preise verkauft werde. Als seine Helfer fungieren die drei geschworenen „Eisenheber". (A. O. 1567.)

[2] Vordernberger Amtsordnung 1567, R. A. Hofkammer, Sachabteilung Vordernberg.

glauben, daß die ganze Einrichtung mehr von Übel als von Nutzen gewesen sei.

Sehr ungleich ist die Einschätzung des Geschäftes bei den Verlegern je nach günstiger oder flauer Konjunktur. Herrscht Eisenwürde, dann ist um Verläge ein starkes „Griß“. Dann suchen die Unternehmer durch das Angebot hoher Verlagsgelder und „überschwenglicher Fürlehen“ die Gewerken zu ködern, dann kann keiner Verläge genug bekommen. In Leoben ist am Ende des 17. Jahrhunderts die Zahl der in der Hand eines einzigen Bürgers vereinigten Verläge bis auf neun gestiegen, so daß der Magistrat einen numerus clausus einführen, drei als Maximum erklären muß.[1] Natürlich können nur die „Wohlhäbigen“ so viele Verlagsverträge erschnappen, reiche Herren, wie der Bürgermeister und andere Ratsmitglieder, deren Wünsche dem hochlöblichen Magistrat Befehle sind, oder sonstige Persönlichkeiten, denen man an maßgebender Stelle „gratifizieren“ will.[2] Die ärmeren Eisenhändler und Hammermeister aber, alle diejenigen, die sich nicht der Protektion der Stadtväter erfreuen, müssen umsonst um Verläge betteln, sehen sich von diesem einträglichen Geschäft ausgeschlossen. Hören wir das Klagelied eines zurückgewiesenen Leobeners namens Georg Taller.[3] Nach dem Tod des dortigen Bürgermeisters Georg Krenn seien dessen drei Verläge vakant geworden. Er, Taller, habe sich, wenn schon nicht um einen ganzen, doch wenigstens um einen halben Roheisenverlag beim Magistrat beworben, „aber wider Recht keineswegs erhalten können, sondern seind selbe mir vorgezogen worden, welche nicht nur allein schon hievor gut bemittelt, sondern auch schon mit drei bis vier Verlägen versehen seint, welche große Ungleichheit dann verursacht, daß etliche in Ansehung auch ihrer noch anderer guthabender Gewerbe und Mitl allen Reichtum besitzen, andere ärmere Mitbürger aber noch mit der Zeit den Bettlstab gar zu besorgen haben. Denn es ist erweislich, daß bei leidentem Durchmarsch der Soldatesca ich zum öfteren bis 4, sogar 6 Mann im Quartier hab erhalten müssen, wohin gegen andere Mitbürger, welche auch 4 Verlagen haben, volgentlich mich mehr als um 8 bürgerliche Gewerbe überragen, zu Zeiten nicht von einem einzigen Mann beschwert oder beunruhigt worden sind. Zudem ist mir auch solches contra omne jus et aequitatem denegiert worden, in gnädiger Erwägung, daß ich erstlich ein ganz nahenter Verwandter bin dessen, woher diese drei vacant gewordenen Verläge entspringen, zweitens ohne dessen gar ein kleines Gewerb und Einkommen habe, also zwar, daß mir als einem schon in die 25 Jahr wirklich hausenden, folglich schon alterlebten Mitbürger

---

[1] H. K. 1699 XII. 19 (1669 29/VI. Auszug aus den Leobener Ratsprotokollen).
[2] A. a. O. 1697 6/XI. Vordernberger Amtmann an die Hofkammer.
[3] A. a. O. 1697 11/XI. Georg Taller an die Hofkammer.

schwer fallet, mich bei diesen geldlosen Zeiten samt den Meinigen zu ernähren". Habe er das um seine treuen, der Stadt Leoben als seinem Vaterland geleisteten Dienste verdient! Dieser Schilderung zufolge hätte der Leobener Magistrat in Verlagssachen nach dem Bibelspruch gehandelt, daß, wer habe, dem noch gegeben werden solle.

Diese Kumulation von Verlagsverträgen wurde zu einer Quelle schwerer Übelstände für Rad- und Hammermeister. Das Unwesen scheint im Inner- und Vordernberger Bezirk gleich üppig gediehen zu sein. Je mehr Verläge der einzelne Verleger in Leoben an sich zog, desto größer wurde sein Anteil an der Roheisenerzeugung, desto stärkeren Druck konnte er aber auch auf die seiner Lieferungen bedürftigen Hammermeister üben, die nun ganz in seine Hände gegeben waren. Ein solcher Großverleger konnte, wie es einmal in einem Leobener Ratsprotokoll heißt, „sich mit Verlagen allzusehr ansiedeln daß er das meiste Gewerbe an sich brächte".[1] Das bei ihm aufgestapelte Roheisen ließ der Unternehmer den Hammermeistern nur „nach Gelegenheit und Gefallen" käuflich erfolgen, das heißt er reservierte es für seine Protektionskinder und nur unter der Bedingung, daß sie ihm dafür den geschlagenen Zeug zu geringem Preis überließen. So kam auch der Handel mit Schmiedeeisen in die Hand des Verlegers und die Handelsfreiheit des Hammermeisters war damit tatsächlich aufgehoben.[2] Hatte der Verleger in Leoben oder in der Umgebung — etwa in St. Michael — eigene Hammerwerke, so versorgte er diese mit dem besten, stahlreichsten Eisen, während der arme Meister auf dem Lande nur den Abfall bekam. Dieselbe Mißwirtschaft finden wir im Innerbergischen: der vermögliche Hammermeister, bei dem der Verleger der Rückzahlung sicher ist, erhält von diesem Darlehen im Übermaß und kann mit den Radmeistern, denen er die höchsten Beträge anbietet, Verlagsverträge schließen, soviel er will, während der ärmere von den Radmeistern abgewiesen wird oder gar zusehen muß, wie der Radmeister sogar das schon verlegte Roheisen an einen Hammermeister verkauft, der ihm dafür einen höheren Preis zahlt. So werden einzelne Meister dermaßen mit Rohmaterial überschüttet, daß sie es gar nicht ordentlich verarbeiten können, es auf der Straße liegen lassen oder das vorgeschriebene Tagesquantum um das Drei- und Vierfache überschreiten müssen. In anderen Werkstätten herrscht dagegen drückender Mangel, mancher arme Hammergewerk muß feiern und im Lande reißt Eisenmangel ein. So entstand aus der ungleichmäßigen Verteilung der Verläge ein bedenkliches Bezugs- und Vertriebsmonopol der Verleger, hing der Hammermeister ganz von der

---

[1] A. a. O. 1669 29/IV.

[2] Verlagsordnung für Vordernberg 1539, Einleitung (OBA. 1507, n. 2), Vordernberger Amtsordnung aus der Zeit Erzh. Karls, H. K. Sachabteilung Vordernberg.

Gunst und Gnade des Händlers ab,[1] blieb dem ärmeren — in Innerberg wie in Leoben — der Abschluß von Verlagsverträgen versagt.

Die Hypertrophie des Verlegertums schlägt aber auch zum Schaden der Radwerke aus und trifft damit das Kammergut an der empfindlichsten Stelle. Zunächst werden dringende Bedürfnisse der Radwerke von den Verlegern vernachlässigt. Gerade die großen Herren scheinen am Notwendigsten geknausert zu haben. Der reiche Verleger in Leoben der drei, vier oder mehr Betriebe beherrscht, hält sich doch nur ein Gespann, während zur Kohlenförderung für die Vordernberger Radwerke ihrer mehrere unbedingt erforderlich gewesen wären. Und mancher kleine Unternehmer, der gern ein neues Verlagsrecht erwerben möchte, glaubt die Gewährung seines Gesuches höheren Orts leichter durch das Versprechen erreichen zu können, daß er, wenn ihm noch ein Verlag gegeben werde, sich einen Zug zur Kohlenfuhr und zur Beförderung des Kammergutes werde halten können, was ihm bei seinen jetzigen dürftigen Verhältnissen nicht möglich sei.[2] Aber was bedeutet dieser kleine Schaden gegenüber dem Unheil, das den Radmeistern gerade aus der Freigebigkeit, aus der finanziellen Überbereitschaft der Verleger erwachsen kann.

Wir haben schon bemerkt, daß in Zeiten lebhaften Absatzes die Händler und Hammermeister mit gierigen Händen nach freigewordenen

[1] 1565 beklagt sich der Kaiser beim Erzherzog Karl, es sei in kurzen Jahren die Zahl der welschen und kleinen Hämmer bei dem Innerberger Wesen auf 52 angewachsen. Die 19 Radwerke könnten mit dem Roheisen nicht mehr nachkommen. Es wäre gut, die neuen Hämmer abzutun und statt ihrer ein oder zwei neue Radwerke zu setzen, damit die anderen verbleibenden Hämmer desto stattlicher mit Roheisen versehen werden könnten. Darüber berichtet der Innerberger Amtmann an die niederösterreichische Kammer, die Schuld am Roheisenabgang liege nicht bei den Radwerken oder Radmeistern, auch nicht bei den neuerbauten Hämmern, sondern bei den Verlegern zu Steyr, welche nicht fragen, wer einen alten oder neuen Hammer habe, sondern wer „vermöglich sei und sie ihres Darlehens, da es zu fallen kommt, zu vergnügen habe. Daher fleußt, daß mancher arme Hammermeister, welcher ein altes Hammerwerk hat, aus Ursach, daß er kein Verlag hatt oder aufbringen mag, aus Armut in seinem Hammer feiern muß, entgegen aber der, der des Vermögens und des Vertrauens hat, mit dem Roheisen, so er hebt, bei seinem Hammer, sie (er) seien neu oder alt der Ordnung nach, daß er eines Tags nur e i n Maß Roheisen aufbringen oder abschmieden soll, nicht gefolgen mag, sondern wohl drei und vier Halbmaß täglich arbeiten thut. Daraus folgt die Feier und zugleich die Beförderung alter und neuer Hammerwerke und könnten mit dem Roheisen, so jetzt bei dem Innerberg jährlich gemacht wird, da die von Steyr die armen Hammermeister sowohl als die vermögigen mit Verlag . . ." (Das Folgende ausgestrichen und unleserlich, etwa zu ergänzen: „bedenken würden, alte und neue Hämmer hinlänglich versehen werden.") OBA. 1569. Vgl. OBA. 1575, n. 37, Innerberger Verlagsordnung 1575, wo in der Einleitung das drückende Übergewicht der begüterten Hammermeister und der Eisenhändler im Verlagsgeschäft, die Not der Unvermögenden in krassen Zügen geschildert wird.

[2] H. K. 1699 XII. 19. (1697 Oktober, Joseph Gasteiger, Leoben, an die Hofkammer).

Verlägen greifen. Kaum ist eine Vakanz eingetreten, so meldet sich sofort eine Schar von Bewerbern, deren jeder von der Beute einen Happen zu erhaschen sucht. Und nicht weit genug können sie den Beutel auftun, um Verlagsbedürftige anzulocken. Ein Hammermeister sucht den anderen mit dem „übrigen Verlaggeld (das heißt durch ein höheres Angebot von Verlagskapital) von den Wochenwerken Eisen hinwegzudrängen und zu stoßen." Der Goldregen aber, der in guter Zeit auf die Radmeister niederströmt, verwandelt sich in schlechter für sie zum Fluch. Eine schwere Schuldenlast häuft sich auf den Werken auf, nicht nur gegenüber dem Verleger, sondern auch — und zwar in Gestalt von Mautrückständen oder unbezahlten Kohlen — beim landesfürstlichen Amt. Diese Verschuldung aber muß dem Gewerken beim Eintritt einer Geschäftsstockung zum Verhängnis werden. Und das um so sicherer, wenn er das geborgte Geld, statt es zur Förderung des Betriebes zu verwenden, leichtfertig vergeudet hat. Mancher von ihnen mag über seine Verhältnisse gelebt, zu wenig an die mageren Jahre gedacht haben. Schon im 16. Jahrhundert lebt im steirischen Radmeister ein starker Sinn für Behaglichkeit und Luxus. Damals hat er sich städtischen Lebensformen angepaßt. Er hält auf reichliche Einrichtung seines Hauses, auf standesgemäße äußere Erscheinung. Er schickt seine Söhne auf die „Kavalierstour" durch die großen europäischen Länder.[1] Da mag denn für Werksbetrieb und Schuldentilgung nicht immer genug übrig geblieben sein und wir verstehen den so manchmal gegen die Radmeister gerichteten Vorwurf „übler Hauswirtschaft". Der Innerberger Amtmann muß einmal feststellen, „daß sie, die Radmeister ihres Gefallens ohn all Maß und Ordnung große Summe Gelts über die ordentlichen Verleg auf sich nehmen, stecken sich in große Schulden, zeigen mir auch nit an, ob sie solch Gelt zur Beförderung ihrer Radwerkarbeit und des kaiserlichen Kammerguts anlegen oder nit".[2]

Bricht nun eine Unwürde herein oder wachsen dem Meister die ererbten oder von ihm selbst kontrahierten Schulden über den Kopf, will

---

[1] M. Loehr a. a. O. S. 25, 26, 28. Noch 1703 erklärt die innerösterreichische Hofkammer dem Kaiser, den Vordernberger Radmeistern falle „die derzeit allerdings kostspielige Beschaffung des Kohls vor allem deshalb so schwer, weil sie sich auf das gute Leben mit Bankettieren und Prassen auch anderen unnotwendigen Spesen verlegen". (H. K. 1703. VI. 61, 1703 22/VI.)

[2] OBA. 1560, n. 29. (29/II. Bericht des Innerberger Amtmanns über eine im Amtshaus mit den Radmeistern abgehaltene Versammlung.) — Auch gegen die Hammermeister wird der Vorwurf leichtsinniger Wirtschaft erhoben. In einem Schiedsspruch zwischen den Steyrer Eisenhändlern und den Weyrer Hammermeistern wird diesen auferlegt, „daß solch Gelt, so aus dem Eisen gelöst wird, nit auf ander Pfennwert, sondern zur Förderung des kaiserlichen Kammerguts auf Eisen, den Perg und Hammermeister gelegt werde, ane geverde." (OBA. 1523.)

ihm der Gläubiger, der eigene Verbindlichkeiten zu tilgen hat, keine Frist mehr gewähren, dann packt ihn die Verzweiflung. Dann macht er krampfhafte Anstrengungen, den Verlagsvertrag zu lösen, dann sucht er den Gläubiger zum Ankauf des Werkes zu bestimmen. Der aber weist das bedenkliche Angebot zurück, weil er nicht neue Verpflichtungen eingehen, seine geschäftlichen Lasten nicht noch vergrößern will. Ist er ein Hammermeister, so mag er sich nicht auch noch einen Radwerksbetrieb auf den Hals laden, namentlich wenn das Radwerk in der Steiermark liegt, er selbst aber seinen Wohnsitz in Österreich hat. „Denn wer kann oder mag doch zugleich Rad-, auch Hammermeister und Eisenhändler und ainss ainige Person an zweyen oder dreyen underschiedlich, weit, gar in zweier Ländern von einander liegenden Orten Zuseher sein, damit es in einem jeden Ort, wie sichs geziemt, recht zugehe und nichts verabsäumt werde, so doch der jedwederer sonderbar, es sei gleich Rad-, Hammerwerk- oder Eisenhandlung einem allein Sorg, Fleiß und Müe (das die offenbar Erfahrung hell und clar bezeigt) genügsamblich gibt.“ [1] Ein amtlicher Befehl muß dann schließlich den widerwilligen Gläubiger zur Übernahme nötigen.[2] Geht aber ein verschuldeter Betrieb wirklich in die Hände des Kreditors über, dann gestaltet sich sein Schicksal und das seines früheren Besitzers noch weit trauriger. Der Meister ist dann ein „enthauster Mann“, sein Werk in der Regel wohl völligem Verfall preisgegeben. Der Kaufherr in Leoben kann oder will das am Vordernberg gelegene Blähaus nicht selbst bewirtschaften, sondern vertraut es einem unerfahrenen Diener an, der den vielleicht schon vorher verlotterten Betrieb nun gänzlich herunterbringt.[3] So schaffen Unersättlichkeit der Verleger im Verein mit der Unbedachtsamkeit und dem Leichtsinn der Gewerken, von denen keiner an das Ende der goldenen Tage glauben will, in der Rad- und Hammerwerkswirtschaft weithin schlimme Zerrüttung und peinlichsten Druck.

Dazu droht den einheimischen Händlern die Entfremdung des Roheisenverlages durch die Invasion ausländischen Kapitals — ein Übel, unter dem in der ersten Hälfte des 16. Jahrhunderts besonders die Leobener zu leiden gehabt haben. Floriert das Geschäft, so drängen sich fremde Kaufleute in das Verlagswesen ein. Auch sie gewinnen die Radmeister durch hohe Geldangebote oder kaufen das Roheisen auf dem Platz in Leoben. Dadurch aber wird es ihnen möglich, auch zu den

---

[1] OBA. 1563, n. 69 (2/VIII. Schreiben der Gebr. Haindl in Steyr gegen Hans Linck).

[2] Laut Innerberger Amtsordnung 1539 soll der Amtmann, wenn ein Radwerk durch Krankheit, Absterben oder Schulden des Radmeisters in Feier gerät, mit allem Fleiß darauf sehen, „daß die, so Ir Verlag oder Schulden darauf haben, dasselb besetzen, wesentlich halten und widerumb zu arbeit stellen, damit königlicher Majestät Cammerguet nicht verfeiert werde“ (Schmidt a. a. O. S. 214.).

[3] Einleitung zur Vordernberger Amtsordnung, 1539.

Hammermeistern in ein Verlagsverhältnis zu treten, sie mit Geld und Eisen zu versehen. Auf diesem Wege bemächtigen sich die Fremden des Handels mit dem rohen Eisen wie mit dem geschlagenen Zeug, bringen die Bürger um ihren Erwerb und tragen das Geld aus dem Lande.[1]

Ist das Verlagsgeschäft bei günstiger Konjunktur gesucht, so ändert sich das Verhalten der Verleger gründlich bei einfallender Unwürde. Was ihnen früher als begehrenswert und vorteilhaft erschienen ist, das wird ihnen jetzt zur drückenden Last, die sie willkürlich zu verringern oder gänzlich abzuschütteln trachten. Nun sträuben sie sich gegen die Verpflichtung, das Eisen zu holen und zu bezahlen, wobei man ihnen allerdings mildernde Umstände wird zubilligen müssen. Da die Verleger selbst Außenstände bei ihren Abnehmern, Schulden bei ihren Gegenhändlern haben, so fällt es ihnen schwer, neue Verbindlichkeiten einzugehen, ihre Kasse noch stärker zu belasten. Wenn aber die Verleger sich ihren Pflichten entziehen, so können auch die Rad- und Hammermeister ihre Arbeiter und Fuhrleute nicht entlohnen und sind zur Einstellung ihrer Betriebe genötigt. Auf ihr Drängen droht das Amt den säumigen Verlegern mit Arrest oder gar mit Aufhebung ihres Privilegs. Gestaltet sich die Marktlage besonders kritisch, dann möchten die Verleger am liebsten alle ihre Rechte und Pflichten hinwerfen, dann will sich niemand mehr zur Übernahme eines Verlages bereit finden. Der Gewerke aber, dem sein Eisen unbezahlt liegen bleibt, und der vergeblich nach einem Verleger umherspäht, begehrt nun das Recht zum freihändigen Verkauf. Sinn- und zwecklos erscheint ihm in solchen Augenblicken der ganze Verlagsbetrieb. Wozu soll er an einen bestimmten Käufer gebunden sein, wenn dessen Gegenleistung ausbleibt, wenn dieser ihn gerade in der Zeit der Not in Stich läßt oder wenn ein solcher Käufer überhaupt nicht zu finden ist! Rund heraus sagt das einmal ein Vordernberger Radmeister, der nach dem Tode seines Verlegers und nachdem dessen Witwe von der Eisenhandlung zurückgetreten ist, weder durch Vermittlung der Stadt Leoben noch auf privatem Wege, „selbst nicht um 1000 fl.“, einen Nachfolger bekommen kann: „Maßen aber ganz unwidersprechlich gemeiner Stadt Leoben und den bürgerlichen Privatherrn-Verlegern daselbst die kaiserliche Verlagsfreiheit praecise einzig und allein zu diesem Ziel und Ende gegeben worden, daß sie als (das heißt jederzeit) ein Hilfsgeld am Vordernberg treulich zusetzen und die Radmeister zu notwendiger und continuierlicher Bestreitung ihrer Radwerke jeder Zeit verlegen sollen, so folgt auch evidenter und schließlich hieraus, daß sie Herrn Haupt- und Privatverleger das von Zeit zu Zeit aufbringende Roheisen nehmen

---

[1] Schmidt a. a. O. S. 166, 167. Vordernberger Amtsordnung Erzherzog Karls a. a. O.

und gebührend bezahlen sollen und müssen. Denn sonst wäre es wider ration und ganz verkehrt, daß ich und jeder Radmeister das Roheisen nach Leoben und sonst nirgends auf kein anderen Ort hingeben soll, daselbst aber solch Eisen niemand in Kauf haben, annehmen oder bezahlen wolle."[1] In solchen Zeiten muß die verzweifelte Stadtobrigkeit ihre Bürger förmlich anflehen, sich doch der vakanten Verläge anzunehmen. Als ultima ratio bleibt nur die Zuweisung ex offo oder endlich gar die Übernahme durch den Landesfürsten selbst übrig.[2] Also gerade die schwerste Probe besteht der Verleger nicht immer, den Gewerken in Tagen der Bedrängnis die helfende Hand zu bieten.

Aber auch in ruhigen Jahren erscheinen Verleger und Verlegte nur zu häufig als feindliche Brüder. Klagen stehen gegen Klagen. Der Verleger hat am gelieferten Eisen die schlechte Qualität oder den zu teuren Preis auszusetzen — solche Beschwerden sind ja an der Tagesordnung — oder er muß den Vorwurf erheben, daß der Gewerke ihm die pflichtige Leistung vorenthalte, das Eisen anders wohin verkaufe, die Verlagsstadt umgehe, weil er an einem Konkurrenzort einen höheren Preis erhalte. Der Verlegte bemängelt dafür jede Unpünktlichkeit bei der Hebung und Bezahlung des Eisens, das besonders bei den Steyrer Händlern beliebte „Ausklauben" der Ware, das Abzwacken am Preis und dessen Entrichtung in schlechter Münze oder in Pfennwerten. Vor allem aber verlangen die Meister natürlich zahlungsfähige Verleger, wollen sich nicht den nächstbesten Günstling des Magistrats aufhalsen lassen, den unzuverlässigen Parteien gegenüber auch ihrerseits aller Verpflichtungen entledigt sein. „Praestieren die Herrn Verleger nicht ihre Schuldigkeiten, so steht nach dem Gesetz ihr Verlagswesen voglfrei."[3] Manchmal mochte wohl einem notleidenden Meister die Faust eines hartherzigen Verlegers schwer im Nacken sitzen. Und so redet er sich denn in maßlosen Haß gegen die ganze Händlersippschaft hinein, die einem braven Mann die Existenz zu untergraben suche, der man mit Haut und Haar ausgeliefert sei. Die Eisenhändler in Steyr seien den Hammermeistern in der Steiermark, „stets neidig, gefärig und, wo sie nur können und mögen, mit ihrem Fürlehen fast verzickt, hintergriffig und wegen ihres suchenden Nutz hochbedrenglich. Da ein armer Hammermeister oder derselben Obrigkeiten mit der Fertigung nicht allen ihren Obligationen von Stund

[1] H. K. 1699 XII. 19 (1678 Jänner, H. L. Springfeld an den Vordernberger Amtmann).

[2] Der Kürze wegen sei auf das in der vorhergehenden Anmerkung genannte Material verwiesen.

[3] OBA. 1516, n. 1, 1523, n. 2. Schiedssprüche zwischen Steyr und den Weyrer Hammermeistern. H. K. a. a. O. 1698 4/VIII. Die Vordernberger Radmeister an die Hofkammer.

an nachzugeleben einwilligt, (er) kein Fürlehen bekommen kann und also mit dem rohen Eisen aus dem Eisenerz zu befördern verschlagen wird".[1] Derartige Schikanen der Eisenhändler, das unbillige, vertrags=widrige Verhalten der Verleger in Krisenzeiten, aber auch die Aussicht auf höhere Preise außerhalb der Verlagsorte erklären den häufigen Bruch der Verträge durch die Verlegten, die Verwerfung des ganzen Systems in Bausch und Bogen, das Verlangen nach ungehinderter Absatzfreiheit zur Genüge. In den temperamentvollen Ausbrüchen einzelner Ge=werken klingt die natürliche Erbitterung des mit Mühen, Plagen und Sorgen überhäuften, kleinen Produzenten gegen den Kaufmann, den kapitalistischen Unternehmer wider, der ihn unter sein hartes Joch zwingt, nach der überreizten Auffassung des Gegners mit geringerer Anstrengung und weniger Risiko doch den Hauptgewinn einstreicht. Die Diagnose über den krankhaften Zustand des Verlagswesens muß etwa lauten: bald findet der zum Abschluß eines Vertrages Bereite keinen, der sich von ihm verlegen lassen will, weil er diesem nicht genug bieten kann, bald der Verlagsbedürftige keinen Verleger, weil dieser an seiner Zahlungsfähigkeit zweifelt oder sich nicht in ein faules Geschäft einlassen will.[2]

Den fortgesetzten Angriffen auf das Verlagssystem, seinen un=leugbaren Auswüchsen, dem Versagen der Verleger in Notzeiten gegen=über darf die höchste Gewalt nicht gleichgültig bleiben, wenn diese zur Erhaltung des ganzen Wesens nun einmal unentbehrliche Geschäftsform nicht zerbrechen, wenn ihr Sinn nicht verfälscht werden, wenn sie nicht, statt zur Förderung, zum Verfall der Eisenwirtschaft führen soll. Wieder=holt läßt die Regierung durch kommissionelle Schiedssprüche die Gegen=sätze zwischen den Gewerken und ihren Verlegern ausgleichen, freilich ohne dauernden Frieden stiften zu können. Wenn bei währender Un=würde die Verleger sich von ihrer Hebungs= und Zahlungspflicht zu drücken suchen, am liebsten diese unrentablen Unternehmungen gänz=lich abstoßen möchten, dann bekommen sie von oben die schärfsten Mahnungen zu hören, dann appelliert wohl gar der Landesfürst in aller=höchsteigener Person an ihren Mut und an ihr Ehrgefühl. Sie sollen, nachdem sie die guten Jahre genossen, nun auch die bösen mannhaft zu überdauern suchen, ihre Pflichten gegen die künftigen Geschlechter

[1] OBA. 1564, n. I, n. 67, 17/VIII. Martin Stüblinger an die niederösterreichische Regierung und Kammer. Dieser Handel spinnt sich noch lange fort.

[2] OBA. 1570, n. 8. Das „Libell" über Rationierung des Roheisens für die österreichischen und steirischen Hammermeister beleuchtet gleichfalls scharf die Mißverhältnisse im Innerberger Verlagswesen. Den ärmeren Hammermeistern werden durch die Vermöglichen die Roheisenverläge weggeschnappt und gleichzeitig finden sie für sich selbst keinen Verleger in Steyr. Der ganze Hammerwerksbetrieb krankt an ungleichmäßiger, parteiischer Verteilung des Roheisens.

bedenken, denen das Eisengeschäft erhalten bleiben müsse. Die Regierung strebt aber auch nach grundsätzlicher Reform, sucht durch selbständige, umfassende Verlagsordnungen oder durch entsprechende Weisungen in den Instruktionen der Amtleute die grell hervortretenden Krebsschäden auszubrennen. Sie findet ganz richtig eine Hauptwurzel des Übels in der Überbürdung der Betriebe mit „überhaufften Verlägen, überschwenglichen Verlagsgeldern und Darlehen". Dadurch müsse der Gewerk, wenn er seine Mittel nicht zusammenhalte, oder wenn ihn das Unglück verfolge, ins Verderben geraten, der Schuldknechtschaft des Verlegers verfallen. Damit werde aber auch der ärmere Bürger vom Verlagsgeschäft abgedrängt, werde dieses zum Vorrecht des Reichen. Das aber widerspricht dem von oben stets feierlich verkündeten Grundsatz der Gleichheit und Gerechtigkeit. Die Billigkeit erfordert es — so lautet ein Kaiserwort —, „daß nicht allein die Potentiores und vermöglicheren Bürger alda zu Leoben die Eisenverlagen an sich ziehen, sondern auch, daß ihren schwächeren Mitbürgern einige hievon zu Teil werden, damit auch sie dabei ihr Stückl Brot suchen und gewinnen können".[1] Daher setzt die Regierung 1539 für jedes Radwerk die Höhe des jährlichen Verlagsgeldes auf 1500 fl. fest, ein Betrag den sie später verdoppeln muß. Dafür sind monatlich drei Wochenwerke zu liefern. Das vierte Wochenwerk steht dem Radmeister zum Verkaufe frei, doch mit der Verpflichtung, davon den ganz Unvermögenden, die nicht einmal den normalen Verlagsbetrag aufbringen können, eine bestimmte Quote gegen geringen Preisaufschlag abzulassen. Auch bei der Neuordnung des Verlagswesens sehen wir die Regierung dem Ideal mittelalterlicher Wirtschaftsethik huldigen, sehen wir sie dem Kleinen und Schwachen ihren Schutz verleihen, gegen ein Übergewicht des Großunternehmertums ankämpfen. Der ungleichmäßigen Verteilung des Roheisens sucht der Fürst durch die Vorschrift zu steuern, daß von den Radwerken an jeden Hammer soundsoviele Wochenwerke geliefert werden müssen, sowie er auch die Höhe der Verlagsgelder bestimmt und ihre pünktliche Leistung sicherzustellen strebt.[2] Nicht weniger liegt der Regierung daran, dem Ruin der verschuldeten Radwerke vorzubeugen, die in den Besitz der Gläubiger gelangt sind, ohne daß diese dafür taugliche Verwalter bestellen. Auch in diesem Falle soll der Grundsatz gelten, daß jedes Radwerk mit eigenem Rücken besessen oder aber bis zu einem bestimmten Termin verkauft werden müsse. Die Verlagsverhältnisse und der Schuldenstand der Radwerke unterliegen der Kontrolle des Amtmannes, ebenso die Verkaufsabschlüsse, damit nicht etwa ein

---

[1] H. K. a. a. O. 1697 4/II. Kaiser an die Hofkammer.

[2] Innerberger Verlagsordnung 1575 (OBA. 1575, n. 37).

Strohmann eingeschoben werde.[1] Endlich soll auch die Invasion fremden Kapitals eingedämmt werden. Der Verlag von Rad- und Hammerwerken, auch der Ankauf von Roheisen wird den Ausländern untersagt. Nur der Ankauf und die Ausfuhr von geschlagenem Zeug soll ihnen verbleiben und nur die Einheimischen sind zur Verlegung der Hämmer berechtigt. Wahrt so der Staat die Rechte seiner Bürger, so mahnt er sie auch an ihre Pflichten: der Amtmann soll sie dazu anhalten, daß die Arbeit bei den Rad- und Hammerwerken, so wenig als dies bei den ausländischen Kaufleuten geschehen sei, in Feier gestellt werde.[2] Mag nun auch die Lebenskraft dieser Reformen — nur die wichtigsten sind hier aufgezählt — nicht stärker gewesen sein als die anderer Ordnungen und Verbote, so tun sie doch deutlich dar, daß die Regierung im Verlagswesen den tragenden Pfeiler im Verfassungsbau des Eisenwesens erkennt.

Und ein solcher ist es auch wirklich trotz allen seinen Mängel und Schäden gewesen. Mögen auch Mißstände schwerster Art eingerissen sein, mag es auch in Perioden der Unwürde versagt, mögen dann auch die erbitterten, enttäuschten Gewerken mehr die Schattenseiten als die Vorzüge des Systems gesehen haben, mögen sie auch noch so heftig über die Tyrannei der Händler toben und schelten, an den Fesseln rütteln und nach Freiheit rufen — das Verlagswesen bleibt doch unentbehrlich, so lang es nicht durch eine gewerkschaftliche Organisation ersetzt werden kann, die dem einzelnen Gewerken einen festen und bleibenden Rückhalt gewährt und zugleich den Betrieb durch Rationalisierung zu entlasten sucht. Bis dahin aber ist eine zweckmäßigere Art der finanziellen Fundierung, eine wirksamere Ergänzung der individuellen Leistungsfähigkeit, eine stärkere Triebfeder der Produktion nicht denkbar gewesen.

Mit dem Verlagswesen geht — in Vordern- wie in Innerberg — die Roheisenwidmung an die Hammermeister Hand in Hand. Auch dieses System hat seine Schwächen. Der Grundfehler liegt in seiner Starrheit, in der zu geringen Anpassung an die individuellen Verhältnisse der einzelnen Hammermeister, die nicht alle unter gleichen Produktionsbedingungen, namentlich nicht mit gleichen Wasserkräften arbeiten. Stirbt ein Meister oder wird er durch Elementarereignisse zeitweilig zur Einstellung des Betriebes genötigt, so bleibt das ihm gewidmete Eisen vielleicht ungenützt liegen. Ist das System schon an sich durch seine Mechanisierung nicht immer zweckmäßig, so wird es illusorisch einmal durch die

[1] Schmidt a. a. O. S. 215. Vordernberger Verlagsordnung 1539. (OBA. 1507, n. 2.) Bittner a. a. O. S. 517 u. 518.

[2] Schmidt a. a. O. S. 215. Vordernberger Verlagsordnung Erzherzog Karls 1567 a. a. O.

schon erwähnte Protektionswirtschaft der Verleger, die einzelne Hämmer übermäßig, andere schlecht oder gar nicht beteilen, dann aber durch allzu häufige Gründungen neuer Hämmer. Vermehrt sich die Zahl der Hämmer zu rasch, während die Zahl der Radwerke sich gleichbleibt, so müssen ältere Betriebe oft Not leiden. Daher verfügt die Regierung die Abstellung neu errichteter Hämmer, läßt der Landesherr den Leobener Verlegern auftragen, „daß sie die alten befreiten Hämmer... so der Wurzen und dem Berg weit entlegen, auch Kohl und Proviant genug haben, mit notdürftigem Roheisen befördern und dasselb nit aus Gunst, Freundschaft oder Vorzug willen mitteilen sollen“.[1]

Das Verlagswesen ist konzentriert in einer Reihe von Städten, deren Bürger zum Abschluß solcher Verträge privilegiert sind. Neben Steyr und Leoben stehen in gleicher Eigenschaft im Kärntnerland Althofen und St. Veit a. d. Glan. In den Händen der Verleger sammeln sich die Erzeugnisse der Blähhäuser und Hammerwerke, von ihnen werden sie weiter geleitet, das Roheisen in die Hämmer, der geschlagene Zeug in die Werkgäden der Verarbeiter, teils am Verlagsorte selbst und in seiner nächsten Umgebung, teils in anderen Zentren der österreichischen Eisenindustrie. Zugleich aber strömt das Eisen als Produkt des Hammers wie als vollendetes Fabrikat weit über die Grenzen unserer Alpenländer hinaus auf den Weltmarkt. Aber keine der großen Verlagsstädte verfügt über ein ungemessenes, nach freiem Belieben ausdehnbares Absatzgebiet. Eine höhere Gewalt sucht einer jeden von ihnen die Grenzen abzustecken. Der teils durch die Natur gewollten, teils durch staatliche Ordnung festgesetzten Teilung der Produktion zwischen dem steirischen Erzberg und dem Hüttenberg, zwischen Inner- und Vordernberg geht eine von der Regierung angestrebte Teilung des Eisenhandels zur Seite, durch die eine unnötige und schädliche Konkurrenz der drei Gebiete vermieden werden soll.[2] Die Staatsgewalt sucht eine Verkehrsorganisation zu schaffen, die dem Produkt eines jeden der drei Eisenberge seine feste, genau umzirkte Handelszone zuweist. Die an einen solchen Bezirk Gewiesenen dürfen weder die Grenze durchbrechen, noch aber darf ihnen innerhalb ihres Bereiches der Absatz, sei es durch private Konkurrenz, sei es durch Einbruch von der Nachbarschaft oder vom Ausland her, geschmälert werden.

Die Umgrenzung der Verschleißgebiete erscheint gleichfalls zum Teil durch die Natur selbst gegeben, durch Flußläufe und Straßenzüge bestimmt, wenn auch die Regulierung nicht immer den natürlichen Bedingungen sich anschmiegt, die Ziehung der Grenzen mitunter eine ge-

[1] Schmidt a. a. O. S. 139. OBA. 1564, n. 36.

[2] Vgl. S. 105 [1], 110 [2].

wisse Willkür verrät. Die Hauptscheidelinie bildet die Donau mit ihrem südlichen Zuflußgebiet, den Tälern der Enns, Traun, Krems und Steyr. Im ganzen hält sich die Einteilung der Verkehrsbezirke auch an diese Linie, obgleich praktisch die Donaugrenze an wichtigsten Stellen, teils durch die unklare Fassung der staatlichen Regulative, besonders aber via facti, stark verwischt wird. Aber im allgemeinen gilt doch der Grundsatz: die Länder im Norden des Stromes für Innerberg und sein Verlagszentrum Steyr, die südlichen — im weitesten Sinne des Wortes — bis nach Italien hinab, teils für Vordernberg-Leoben, teils für Kärnten.[1]

Darnach fallen in den Absatzbereich des zunächst von Steyr aus verfrachteten Innerberger Eisens und namentlich auch der aus ihm gefertigten Artikel zunächst fast uneingeschränkt die Länder ob und unter der Enns, dann die Gebiete der böhmischen Krone und „die anrainenden Fürstentümer“, nämlich Polen und Rußland, zwei Hauptmärkte für österreichische Sensen. Ein zweiter Handelsweg führt nach Südosten, nach Ungarn und in die südslawischen Länder, nach der Türkei und Kleinasien,[2] ein dritter nach Venedig. Diese beiden Wege, besonders der nach der Lagunenstadt, dienen namentlich dem Export von Handwerkswaren, speziell von Erzeugnissen der Steyrer Klingenindustrie. In westlicher Richtung beherrscht Innerberg das heilige römische Reich in seinem ganzen Umfang von Süd nach Nord — Oberdeutschland freilich nur in heftigst bestrittener Gemeinschaft mit Vordernberg. Und weiterhin dehnt sich sein Absatz aus über England, Frankreich, die Niederlande und übers Meer — ein Handelsgebiet gleich mächtig an Umfang wie an Ertragsfähigkeit.

Engere Grenzen sind dem Handel des Vordernberg-Leobener Eisens gezogen. Sein natürliches Absatzgebiet ist die ganze Steiermark, das Kammer-, Enns- und Palten-, auch das Mur- und Drautal. Dazu besitzt es ein Stück von Kärnten, das von der Steiermark her leicht zugängliche Lavanttal. An St. Andrä und St. Paul vorbei gelangt es dem Laufe der Drau folgend nach Marburg und Pettau. Über die steirisch-kärntnerische Grenze hinaus sind ihm Wege gewiesen ostwärts nach Ungarn, südlich nach den windischen und welschen Landen, wo es mit dem Kärntner Nachbar zusammenstößt, westwärts nach Tirol, Salzburg und ins südwestliche Reich, nach Schwaben und Bayern, wo es mit Innerberg um die Kundschaft zu kämpfen hat. Im Norden des Semmerings gehört ihm das Viertel unter dem Wienerwald mit Neunkirchen und der bedeutenden Eisenhandelstadt Wiener-Neustadt. Beteiligt ist es endlich auch an

---

[1] Über die Abgrenzung vgl. namentlich die Eisenordnung Maximilians I. 1507. (OBA. 1507, n. 2.) Ebenda 1562, n. 98 (s. d. Steyr an den Innerberger Amtmann. Bittner a. a. O. S. 566 und 581 ff.)

[2] Bittner a. a. O. S. 592.

den Zufuhren nach Wien, dessen Eisenbedarf gleichzeitig von Inner- und Vordernberg und aus dem Scheibbser Proviantbezirk gedeckt wird.[1]

Als besondere Aufgabe fällt den Inner- und Vordernbergern die Versorgung der übrigen Bergwerke in Steiermark, Tirol[2] und Böhmen zu, die für ihren eigenen Betrieb auf eine starke und regelmäßige Versorgung mit Eisen angewiesen sind. Auch für diesen speziellen Zweck besteht zwischen beiden Bergen Arbeitsteilung. Während nach dem königlichen böhmischen Bergwerk Kuttenberg Innerberger Eisen aus Steyr geliefert wird, hat Vordernberg für den Schladminger Silberbergbau und vor allem für die Saline Aussee zu sorgen. Die Bleche für die dortigen Sudpfannen werden aus Leobener Eisen hergestellt. Die Eisenfuhrleute nehmen Salz als Rückfracht. Somit besteht zwischen den Erzeugnissen der beiden großen, für den Staat so einträglichen Kammergüter ein Wechselverkehr, auf dessen ungestörten Ablauf die Regierung das höchste Gewicht legt. Sie läßt sogar denjenigen Hämmern, die für andere Montanbetriebe zu arbeiten haben, die sonst unerbittlich geforderten Leistungen für die Eisenkammern nach. Und während sie sonst darauf dringt, daß neu errichtete, durch ihre Konkurrenz den älteren gefährliche Hämmer abgestellt werden, sollen die für Aussee tätigen geschont und „dieselben nicht in Sperr noch Verhinderung gestellt, sondern solcher Ausgang so viel immer möglich offen gehalten und zu merer Aufnemung unseres Kammergutes gefördert werden".[3] Auch der große Fuggerbergbau zu Schwaz deckte in der Zeit von 1524

[1] Steht in Wien das Leobener Eisen höher im Preis als das von Steyr und aus dem Scheibbser Bezirk hingebrachte innerbergische, so darf dieses nicht an Inländer als Leobener Eisen, also teurer, verkauft werden. Das Leobener Eisen sollen die Wiener Eisler nur an Ausländer absetzen. (Innerbergische Eisensatzordnung 1621. A. Fr.)

[2] Gerade bei der Eisenversorgung Tirols zeigt sich, wie willkürlich und den gegebenen Verkehrsbedingungen widersprechend manchmal die Grenzen zwischen den einzelnen Verschleißgebieten gezogen sind. Obwohl von Natur aus Tirol im Eisenbezug an das durchs Pustertal leicht zugängliche Kärntner Nachbarland gewiesen war, wurde es dennoch den Vordernbergern zugeteilt, deren Produkte auf einem weit umständlicheren Weg nach Tirol befördert werden mußten. Das dortige Eisen passierte Aussee, Ischl, Salzburg, Reichenhall, Wörgl und ging dann den Inn entlang aufwärts oder aber über Murau, Tamsweg, den Katschberg, Gmünd, Sachsenberg, Greifenburg und Oberdrauburg, ausnahmsweise auch durchs Mölltal. Trotzdem vermochte es am Anfang des 16. Jahrhunderts das böhmische, fränkische und oberbayrische Eisen oder vielmehr die daraus gefertigten Werkzeuge und Waffen aus Tirol zu verdrängen und die Bedürfnisse der Innsbrucker Waffenwerkstätten, des landesfürstlichen Hauskammeramtes und der Haller Saline zu befriedigen. Vgl. H. J. Bidermann, Die Verkehrsbeziehungen der Stadt Leoben zu den westlichen Alpenländern, Mitteil. d. histor. Vereins f. Steiermark 23, 1874, S. 3 ff.

[3] Eisenkammerordnung für Leoben 1539. I. B. Amtsordnung 1539, Schmidt a. a. O. S. 136.

bis 1574 seinen Bedarf an Eisen und Stahl ohne Ausnahme aus Leoben, ebenso die Bergwerke in Rattenberg und Sterzing. Um die regelmäßige Zufuhr der in den Hämmern in und um Leoben bestellten Eisensorten für die landesfürstlichen Hall- und Bergstädte zu sichern, setzte Kaiser Ferdinand 1569 (29/III.) einen eigenen Faktor ein.[1] Auch die Quecksilbererzeugung konnte ohne steirisches Eisen nicht auskommen. Idria bezog am Ende des 17. Jahrhunderts seine Retortenbleche aus Vordernberg. So wird die Erzeugung des steirischen Erzberges für die einzelnen Zweige des übrigen erbländischen Montanbetriebes nutzbar gemacht.

Am knappsten ist der Raum dem kärntnerischen Eisen zugemessen. Ihm bleiben nur die Südlande, Krain, Görz, Triest und Norditalien, besonders Venedig. Und in dieses beschränkte Gebiet muß es sich noch dazu mit Vordernberg teilen.

Vergleicht man die drei Verschleißbezirke untereinander, so fällt die bevorzugte Stellung Innerbergs ins Auge. Sein Eisen konnte sich ausbreiten im weitesten Raum, konnte, ob es nun als Rohmaterial oder als fertige Ware in die Welt hinausging, mindestens lange Zeit auf einen großen und sicheren Abnehmerkreis rechnen. Seine Zone umspannte das mit Eisenindustrie gesegnete Österreich im engeren Sinn und die nicht minder gewerbsreichen Sudetenländer, deren Bewohner neben ihrem eigenen auch das steirische Eisen nicht entbehren wollten, ebenso aber die industriearmen Agrarländer des Ostens, Polen und Rußland, Ungarn und den nahen Orient, die auf alpenländische Eisenfabrikate, besonders auf Werkzeuge zur Feldbestellung angewiesen waren wie auf einen Bissen Brot. Noch im 16. und 17. Jahrhundert aber wanderten die Erzeugnisse des österreichischen Eisenhandwerkes auf altgewohnter Straße nach der Lagunenstadt und von dort aus auch nach dem Orient, gegen dessen Waren sie umgetauscht wurden.[2] Auch nach der Zerstörung seiner Vorherrschaft im ostwestlichen Verkehr blieb ja Venedig noch eine wichtige Eingangspforte nach den Ländern der Levante. Und wie im Osten und Süden standen dem Innerberger Eisen auch nach Westen und Nordwesten hin umfangreiche Absatzgebiete, vor allem Deutschland und die westeuropäischen Randländer, offen.

Der Vorrang Innerberg-Steyrs beruht in allererster Linie auf der Beherrschung günstiger Verkehrslinien. Es ist ein unschätzbarer Vorteil,

---

[1] Bidermann a. a. O. S. 8, Muchar, Steiermärkische Zeitschr., N. F. 8, 2. (1846), S. 31. — Manchmal werden vom Hof oder von den Ständen eines Landes Sonderaufträge erteilt. Im Jahre 1569 soll für den Büchsenmeister und Schlosser im königlichen Schloß zu Prag, L. Schmithammer, ein bestimmtes Quantum Innerberger Eisen für das Grabgitter Maximilians I. hergestellt und über Steyr—Budweis nach Prag transportiert werden. Im gleichen Jahr erbittet sich die Landschaft im Land ob der Enns Innerberger Eisen zum Bau ihres Landhauses. (OBA. 1569, n. 23.)

[2] Bittner a. a. O. S. 593 ff.

daß durch seinen Bereich Enns und Donau fließen. Von der Donau aber laufen bequeme Handelswege nach Norden. Über Mauthausen und Freistadt wie von Krems aus sind die böhmischen Länder leicht zu erreichen. Der Donaustrom bietet aber auch Ausgänge nach Ost und West, nach Ungarn und ins Deutsche Reich. Die billigere Wasserfracht verschafft Innerberg-Steyr auf den südwestdeutschen Märkten den Sieg über das formelle Vorrecht Vordernbergs. Und wir werden später sehen, wie es von diesem Vorteil auch den rücksichtslosesten Gebrauch macht, den Vertrieb des Vordernberger Eisens nach dieser Richtung hin aufs empfindlichste hemmt.[1]

Von den großen Handelszentren Bayerns und Schwabens aus erstrecken sich Innerbergs Verkehrsbeziehungen über das ganze Reich, Mittel- und Norddeutschland. Durch Vermittlung von Regensburg, Passau, Augsburg und Ulm dringt das dortige Eisen über Nürnberg und Frankfurt am Main, Dresden, Leipzig und Freiberg bis hinauf nach der Wasserkante. Es erreicht Lübeck und Bremen, Hamburg und Köln und findet von dort aus den Weg in die westeuropäischen Länder und übers Weltmeer.[2] Wohl von der Welthandelsmetropole Antwerpen aus mögen sich ihm die Märkte der Niederlande, Englands und Frankreichs und weiterhin die überseeischen Gebiete erschlossen haben. Eine stolze, wenn auch leider etwas geheimnisvolle Wendung kehrt in offiziellen Kundgebungen fast formelhaft wieder: daß der Ruhm des steirischen Eisens bis nach „Indien" gedrungen sei.[3] Es bleibt uns unbenommen, dabei an Ostindien oder an die neue Welt zu denken. So schließt der Kundenkreis Innerbergs einen großen Teil der habsburgischen Erblande und der ausländischen Märkte in sich. Innerberg zieht den größten Vorteil aus der engen Verbindung mit den industriereichen Donauländern und aus der leichten Möglichkeit, das Eisen zu Wasser oder zu Land nach Norden, Osten und Westen weiterzubefördern.

Innerhalb dieses Kreises erwächst nun als machtvolles Lebenszentrum die Stadt Steyr, die Kraftquelle für die Eisenproduktion, der natürliche Knotenpunkt für den innerbergischen Eisenhandel, zu dieser Funktion berufen durch ihre unvergleichliche Lage am Zusammenfluß der Steyr und der Enns, nicht allzufern der Einmündung der Enns in die Donau, noch auf obderennsischem Boden, aber ganz nahe der Grenze gegen das Land unter der Enns. Das von der Nordseite des Berges kommende Eisen mußte Steyr passieren und konnte von hier aus auf Enns und Donau seinen Weg fortsetzen. Natur und Politik haben zum

---

1 OBA. 1537/40 (1580 13/V. Vordernberger Amtmann an die Hofkammer.)

2 Bittner a. a. O. S. 587/88.

3 Besonders in den Waldordnungsentwürfen des 16. und 17. Jahrhunderts (Landschaftl. Archiv im L. A.).

Aufschwung Steyrs zusammengewirkt. Daß die Traungauer im 11. und 12. Jahrhundert die Stadt zu ihrer Residenz erkoren, mag ihr im Eisenhandel den Vorrang vor dem unmittelbar an der Donau gelegenen Enns verschafft haben, das sonst als älterer Handelsplatz sich zum Eisenstapelort noch besser geeignet hätte.[1]

Die Anfänge des Steyrer Eisenhandels mögen bis in die römische Zeit zurückreichen. Doch müssen schon lange vor dem Ausgang des 13. Jahrhunderts Holz und Eisen vom Erzberg her nach Steyr geführt worden und dort dem Stapelzwang unterworfen gewesen sein — ein Recht, das den Bürgern schon in vorhabsburgischer Zeit von den Herrschern Österreichs und der Steyermark, wenn auch nur gewohnheitsmäßig und mündlich verliehen worden ist. Wenigstens sagt dies der berühmte Freiheitsbrief Herzog Albrechts I. (1287), der den Steyrern die erbetene urkundliche Bestätigung erteilt. Damit ist Steyr offiziell zum Stapelplatz für Holz und Eisen — selbstverständlich nur für das innerbergische — erklärt. Wer immer Eisen nach Steyr führt, soll es den Bürgern daselbst drei Tage lang zum Verkauf anbieten. Erst wenn sich innerhalb dieser Frist kein Käufer findet, darf er weiter darüber verfügen. Der Brief gewährt weiter Mautfreiheit für den Bezug des Eisens und dessen Vertrieb innerhalb zwei Meilen um die Stadt und Ermäßigung der Abgaben auf den nach Venedig, Wien und Ungarn und ins Deutsche Reich führenden Handelswegen.[2]

Das Albrechtinische Privileg, von späteren Herrschern oft bestätigt und teilweise ergänzt, auch vielfach bestritten, schuf das Fundament für Steyrs führende Stellung im Innerberger Betrieb. Steyr zieht die Hauptmasse des dortigen Eisens an sich und gibt sie nach verschiedenen, gleichfalls genau vorgezeichneten Richtungen weiter. Ausgenommen sind nur die „Proviantsorten" die im direkten Austausch gegen Lebensmittel nach den Widmungsbezirken gehen.[3] Das Stapelrecht stellt Lieferanten und Konsumenten unter scharfen Zwang. Von gutem

[1] Bittner a. a. O. S. 524 u. 525. OBA. 1582, n. 1. K. Rudolf an Erzherzog Karl.

[2] Urkundenbuch des Landes ob der Enns 6. 342, n. 336. Bittner a. a. O. wie oben. Vgl. dazu den Schiedsspruch Herzog Albrechts zwischen Steyr und Weyer „des Eisens wegen" (1384): „Wenn die von Weyr ihr Eisen gen Steyr bringen, sollen sie das 3 Tage auf dem Wasser feil haben und die Zeit nur einem Bürger von Steyr verkaufen. Wär aber, daß sie das von dem Wasser in die Stadt zu Steyr abtragen wollten in den vorgenannten drei Tagen, so mögen sie das wol thun, doch also dasselb Eisen in den obgenannten dreien Tagen einem Bürger verkaufen sollen, swie zwei Bürger aus dem Rat zu Steyr darumb sprechendt. Wär aber, daß sie das Eisen in den drei Tagen nit verkaufen, als vorgeschrieben steht, so mögen sie das dann zu Steyr inlegen oder von dannen führen, wie ihnen das allerbest fueget oder da verkaufen." (OBA. 1559, n. 45, Beilage zu einem Schreiben der Kammer an den Amtmann. 1559 6/III.)

[3] Vgl. S. 15.

Willen oder vom Vermögen der Steyrer hängt es ab, ob sie das zugeführte oder bestellte Eisen übernehmen oder zurückweisen, es zum geforderten Preis, bar und in guter Münze bezahlen wollen oder nicht. Und wer auf den Eisenkauf in Steyr angewiesen ist, der muß sich nach Menge, Sorten, Qualität und Preis mit dem zufrieden geben, was ihm die Herren in der Hauptverlagsstadt überlassen. Doch bildet ja dieses Zwangsrecht Steyrs keine Ausnahme, entspricht vielmehr durchaus der Gepflogenheit mittelalterlicher Handelspolitik, die einer für eine bestimmte Handelsrichtung am günstigsten gelegenen Stadt auch das Monopol für diesen Handel zu sichern sucht, der natürlichen Bewegung des Verkehrs die feste Rechtsform gibt, sich überhaupt auf Privilegierung einzelner Städte einstellt. Die klarste Analogie zu Steyrs Mittlerstellung im Eisenhandel bietet das Stapelrecht Wiens von 1220, das den gesamten Handel der westlichen Länder mit Ungarn in die Hände der Wiener Kaufleute leitet.

Wie andere Stapelrechte zur Umgehung herausfordern, so hat es auch an vielseitigen und andauernden Versuchen, Steyrs Vorherrschaft zu brechen, nicht gefehlt. Unerbittlich aber hat Steyr sein kostbares Vorrecht zu allen Zeiten und gegen jedermann verteidigt, gegen diejenigen, die sich dem Stapelzwang entziehen und günstigere Absatzgelegenheiten nutzen oder die den Eisenstrom aus dem vorgeschriebenen Bette lenken und unmittelbar auf ihre Mühlen leiten wollen oder die ihn an der Quelle bedrohen. Steyr hat zu streiten mit dem Stift Admont, das in seine Rechte greift, mit den Hammermeistern im Ennstal, die am Stapelplatz vorbei sich der „Fürfart" erkühnen, mit ihrem Eisen verbotene Nebenwege einschlagen. Den längsten und schwersten Kampf aber werden wir es mit seiner gefährlichsten Nebenbuhlerin der niederösterreichischen Eisenstadt Waidhofen a. d. Ybbs, einer hochstiftisch-freisingenschen Enklave ausfechten sehen. Lange Zeit ein führender Ort in der Sensenindustrie muß Waidhofen auf direkten Eisenbezug aus Innerberg Gewicht legen.[1] Aber kräftig unterstützt von seinen Landesherren, die schon aus fiskalischen Gründen Steyr im Besitz seines Stapelprivilegs erhalten, die Erträgnisse der dortigen Hauptmautstätte nicht zugunsten eines fremden Fürsten geschmälert sehen wollen, ist es im ganzen Waidhofen, wie auch seinen anderen Widersachern gegenüber, Sieger geblieben, hat es sich als die „fürgesetzte Stadt Innerbergs" behaupten können. In Steyrs Mauern sitzen in ihren behäbigen und stattlichen Bürgerhäusern die großen Verleger, von denen es abhängt, ob die Radwerke Innerbergs, die Hämmer an der Enns arbeitsfähig sind oder nicht. Aus ihren Händen empfangen die Industriewerkstätten in Steyr selbst und in den benachbarten Tälern ihr Rohmaterial, das dort

[1] Ausführliche Darstellung dieser Streitigkeiten an späterer Stelle.

zum Ruhm und Gewinn der Stadt verarbeitet wird. Von Steyr beziehen die Eisenhändler gewisser bevorrechteter Städte ob und unter der Enns ihre Waren, die sie an die heimischen Verarbeiter und ins Ausland absetzen. In Steyr schlägt das Herz des ganzen Innerberger Bezirkes. Mit Recht können seine Bürger sich rühmen, daß sie durch ihre Arbeit und ihr Vermögen den Berg erhalten. Sie ernten aber auch den Löwenanteil an den Früchten, die der Rad- und Hammergewerk mit saurem Schweiß erringen muß. So wird Steyr zur hochberühmten „alten Eisenstadt", zum „österreichischen Birmingham" — ein Ehrentitel, dem ihm das 19. Jahrhundert wohl mit starker Übertreibung gegeben hat. Ein vielleicht nicht genug geschätztes Juwel unter den Städten Österreichs, ein Juwel, dem die Natur die herrlichste Umrahmung verliehen hat, stellt Steyr das stolzeste Denkmal der einstigen Größe unseres Eisenwesens dar, von dessen Bedeutung dort die Steine, selbst die Gassennamen erzählen.

Auch über Steyr hinaus aber hat das Innerberger Eisen eine gebundene Marschroute, sind ihm Wege und Ziele vorgeschrieben. Es unterliegt bei seinem Absatz in den beiden österreichischen Ländern und über ihre Grenzen hinweg dem Straßen- und Stapelzwang. Wie anderen Händlern sind auch dem Eisenkaufmann nur gewisse, in den obrigkeitlichen Erlässen streng bezeichnete Straßen erlaubt. Betritt er eine ungewöhnliche Straße, so verfällt er in Strafe. Die Einrichtung des Straßenzwanges soll der Mautunterschlagung vorbeugen und gilt auch für dasjenige Eisen, das nur zum Hausbedarf und nicht zu Handelszwecken eingekauft ist, das aber gleichfalls zur nächsten Mautstätte geführt werden muß. Die Bewachung der Straßen geschieht durch die „Uebergeher" oder „Ueberreiter", die freilich gegen die häufigen Übertretungen der strengen Vorschriften machtlos sind.

Von Steyr aus wird der Eisenhandel nach vorgeschriebenen Bestimmungsorten, den „Legstädten", gelenkt. Das sind im Lande unter der Enns: Wien, Krems und Stein, Emersdorf und Melk, im Lande ob der Enns: Linz, Enns, Wels und Freistadt. Die Legstädte sind Stapelplätze zweiten Ranges, abhängig vom Hauptstapelplatz Steyr. Nur ihre Bürger dürfen auf Grund landesfürstlicher Privilegien dort Eisen einkaufen und es weitervertreiben, die Bewohner anderer Orte sind vom unmittelbaren Verkehr mit Steyr ausgeschlossen. Doch ist die Zahl der Eisenhändler in den Legstädten — wenigstens zeitweise — auffallend gering. Dazu wird der Wert ihrer Privilegien dadurch gemindert, daß die Steyrer Eisenhändler auch direkt an die Bürger der Legorte verkaufen können und damit einen wesentlichen Vorteil genießen. Da sie das Eisen aus erster Hand empfangen, so können sie es billiger abgeben und finden daher, wenn sie selbst in den Legstädten erscheinen, stärkeren Absatz als die lokalen Kaufleute, die dem Steyrer Zwischenhändler tribut- pflichtig sind.[1] Die Legstädte üben eine doppelte Funktion: die Ver- sorgung der heimischen Eisenhandwerker, die nur von ihnen ihr Roh- material nehmen dürfen, und den Außenhandel, den sie nach dem Prinzip der Rayonierung betreiben.

Unter den aufgeführten Legstädten treten, soweit das bisher er- reichbare Quellenmaterial ein sicheres Urteil gestattet, vier besonders eindrucksvoll hervor: Linz und Freistadt, Wien und Krems. Dieser Vorrang ist teils aus dem politischen Charakter dieser Städte, noch mehr aber aus den vortrefflichen Verkehrsbedingungen, der Grenzlage, der Beherrschung wichtiger Land- und Wasserstraßen, aus der gewerb- lichen und kommerziellen Regsamkeit ihrer Bürger zur Genüge zu erklären. In Markt- und Meßprivilegien kommt die Handelsbedeutung der vier Städte klar zum Ausdruck: Linz hat seinen Oster- und Bartholomäi-, Freistadt seinen Pauli-, Wien seinen Ägidi-, Krems seinen Simonimarkt. Und jeder dieser Märkte trug gewiß seinen Teil zur Förderung des Eisenhandels bei.

Innerhalb dieses engeren Kreises hat jede Stadt ihre bestimmten Aufgaben zu erfüllen. Linz ist für Innerberg die gegebene Ausbruch- stelle nach dem Deutschen Reich. Hier, nicht mehr in Steyr selbst, tätigen seit dem 16. Jahrhundert die oberdeutschen Kaufleute ihre Ab- schlüsse mit den Steyrer Eisenbürgern.[2] Dieser Verkehr spielt sich nur in der Zeit der beiden Märkte und ausschließlich zwischen den Steyrern und den Reichsdeutschen ab. Die Linzer Bürger selbst dürfen am Ausfuhr- geschäft keinen Anteil nehmen, bleiben — trotz Protest — auf die Ver- sehung der lokalen Handwerker beschränkt.[3] Auf den Linzer Jahr- märkten findet auch der Zahlungsausgleich statt. Dort ziehen die Steyrer Eisenhändler zum Beispiel von den Freistädtern ihre Schulden ein. Dorthin bekommen, wie wir später hören werden, die oberöster- reichischen Sensengewerken die Zahlungsbeträge ihrer ausländischen Kunden angewiesen. Das Hauptkontingent der Besucher beider Linzer Märkte stellen die Kaufleute aus Oberdeutschland und aus den Sudeten- ländern, die dort namentlich ihre Textilwaren zum Verschleiß bringen. Die Deutschen nehmen dafür Eisen als Rückfracht, während es zweifelhaft bleibt, ob von den sudetenländischen Händlern in Linz viele Eisenbestellungen gemacht worden sind.[4] Denn der Eisenhandel nach

---

[1] Bittner a. a. O. S. 577/78.

[2] A. a. O. S. 585.

[3] Ebenda S. 586.

[4] Über die Linzer Märkte vgl. Theodor Mayer, Der auswärtige Handel des Herzogtums Oesterreich im Mittelalter. (Forschungen z. inn. Gesch. Österreichs, her- ausgegeben von Alfons Dopsch 1909, S. 157.)

den Ländern der böhmischen Krone ist das Vorrecht der drei anderen Legorte Freistadt, Krems und Wien, unter denen das kleine Freistadt nicht den letzten Platz einnimmt.

In dem nördlich von der Donau gelegenen Teil des Landes ob der Enns, im Mühl- und Machlandviertel, war die Errichtung einer eigenen Legstadt mit Rücksicht auf den starken Wechselverkehr mit den Sudetenländern unbedingt geboten. Diese brauchten Eisen und Salz aus den Alpenländern ebenso notwendig, als diese die Lebensmittelzufuhr aus dem gesegneten Böhmerland nicht entbehren konnten. Die Wahl aber konnte nur auf Freistadt fallen, in diesem ausgesprochenen ländlichen Gebiet die einzige größere Stadt, die noch dazu durch ihre Lage unweit der böhmischen Grenze ganz besonders zum Legort, zu einer Mittlerstellung im angedeuteten Sinne geeignet war. Freistadt lag im Knotenpunkt des Straßennetzes, das die Lande ob und unter der Enns mit Böhmen verknüpfte. Laut der ihr verliehenen Privilegien sollte die Stadt den Durchgangspunkt bilden für Eisen, Salz und andere aus Österreich nach Böhmen geführte Kaufmannsgüter sowie für einen Teil der zur Verproviantierung der Alpenländer aus Böhmen kommenden „Speisware". Die Bürger von Freistadt betrachten die Verleihung des Niederlagsrechtes als gebührenden Lohn für die Dienste, die sie als Grenzhüter gegen die Böhmen geleistet hätten. Sie mußten um so mehr nach einer solchen Berechtigung streben, als ihre eigenen, stark in Schwung stehenden Eisengewerbe, Drahtzüge und Sensenschmieden, der Versorgung mit dem aus Steyr zufließenden Material bedurften.[1]

Das Mittelglied zwischen Freistadt und Steyr bildet der an der Donau gelegene Ort Mauthausen. Dort wird das von Steyr her auf Flößen oder kleinen Schiffen (Zillen) zugeführte Eisen abgeladen. Dort sitzt der Kontrollbeamte, der Eisenzähler, den der Freistädter Magistrat immer nur für ein Jahr aus der Bürgerschaft Mauthausens wählt, der aber

[1] Belege in den Materialien des Freistädter Stadtarchivs, das eben in Ordnung begriffen ist, weshalb genauere Nachweise nicht gegeben werden können. — Der folgende Auszug beleuchtet nicht nur Freistadts Stellung im Grenzverkehr mit Böhmen, sondern auch die Organisation des Straßenzwanges. Generalmandat Maximilians II. 1570 20/III.: „Tücher, Häute, Eisen, Wachs, Honig und anderes, so für Kaufmannsware geschätzt und aus Oesterreich nach Böhmen geführt wird", sollen von Linz aus auf bestimmten Straßen nach Freistadt gebracht werden. Lebensmittel aus Böhmen, die nicht im Land verbleiben, sondern nach Bayern durchgeführt werden, müssen ausschließlich — und wieder nur auf bezeichneten Straßen — nach Freistadt und nicht nach dem Konkurrenzort Leonfelden geführt werden. Denjenigen Lebensmittelhändlern aber, die von Böhmen her Österreich versorgen, steht sowohl der Weg über Freistadt als über Leonfelden offen. Dieses Generalmandat will verhindern, daß „viel ungewöhnliche Straßen oberhalb um und unter Freistadt getrieben, besucht und dadurch unser Mauthen und landesfürstliches Kammergut verführt und geschmälert werden". A. Fr. beim Klageakt Reintaler (Kopie).

seiner Jurisdiktion unterstellt ist. Der Eisenzähler hat dafür zu sorgen, daß das Eisen von der Ladstatt gehoben wird. Etwaige Abgänge soll er sofort den Eisenherren in Freistadt anzeigen und das Eisen in besonderen Kellern verwahren. Von Mauthausen läßt dann der Freistädter Kaufmann die eingetroffenen Ladungen per Achse zu sich nach Hause befördern. Der Eisenzähler soll die Fuhrleute in geordneter Reihenfolge abfertigen, auch darauf achten, daß sie das Eisen nicht etwa tagelang in ihren Häusern liegen lassen, sondern es pünktlich dem Besteller übermitteln. Auch dafür ist der Eisenzähler verantwortlich, daß in erster Linie der Bedarf der Freistädter Eisenwerkstattsverleger gedeckt werde, daß nicht etwa ein Ausländer Eisen und Stahl auf verbotenen Wegen nach Böhmen schmuggle. Dafür aber sind die Freistädter Eisenhändler zur Niederlegung in Mauthausen verpflichtet.[1]

Welchen starken Einschlag Eisenhandel und Eisenverarbeitung im Wirtschaftsleben Freistadts bilden, kann man am leichtesten daraus ermessen, daß seit Anfang des 17. Jahrhunderts die Gemeinde den Eisenhandel auf eigene Rechnung führen läßt. Sie richtet eine städtische Eisenkammer ein, die durch einen von der Bürgerschaft gestifteten Fond unterhalten, durch zwei Gemeindebeamte verwaltet wird, und von der aus die Konsumenten versehen werden. Die Erträgnisse des Kammerhandels werden unter die Bürger proportional ihren Einlagen aufgeteilt. Die kleine Landstadt ist also nicht die geringste unter den Innerberger Legstädten, wie unter den österreichischen Handelsplätzen überhaupt. Der Schwerpunkt ihres Handels liegt — nochmals sei es betont — in den Beziehungen zu Böhmen, das über Freistadt aus den Alpenländern Salz und Eisen empfängt und ihnen dafür auf dem gleichen Wege Textilien, Getreide, Schmalz und Fische zurückschickt. Innerberger Eisen und Stahl, die von Freistadt aus nach Böhmen, Mähren, Schlesien und der Lausitz verhandelt werden, sind zum Teil nicht dort geblieben, sondern nach Mittel- und Norddeutschland weitergegangen, so daß die Lieferungen aus dem Innerberger Bezirk von zwei Seiten her, von Südwesten — über Steyr, Linz und die schwäbisch-bayrischen Handelsplätze — und vom Osten her — über Freistadt und die Sudetenländer —, in den genannten Teilen des Reiches Eingang gewinnen.

Unter den Städten im Land ob der Enns haben sich auch Enns und Wels kräftig am Eisenhandel beteiligt, namentlich die Ennser nicht nur selbst das Geschäft getrieben, sondern sogar die Steyrer am Ende des 15. Jahrhunderts dem Niederlags- und Mautzwang zu unterwerfen

[1] Zwischen Freistadt und Mauthausen sowie zwischen Freistadt und dem Eisenzähler entstanden mancherlei Zwistigkeiten, namentlich wegen des Verkaufes der abgeladenen Flöße, auf die man sich in Mauthausen ein Vorkaufsrecht sichern wollte.

gesucht.[1] Im Erzherzogtum unter der Enns ist Wien eine natürliche Vorzugsstellung zugefallen als der Haupt- und Residenzstadt, als dem Brückenkopf zwischen den Alpen-, den Sudetenländern und dem Gebiete der Stephanskrone, als dem Umschlagplatz für den Handel mit Ungarn und als einem bedeutenden Fabrikationsort. Von verschiedenen Seiten her strömen die Materialquellen für die Eisenwerkstätten Wiens und des gesamten unterösterreichischen Industriebezirkes. In der Hauptstadt treffen die Eisenzüge aus Inner- und Vordernberg zusammen. Das Innerberger Eisen wird zum kleineren Teil über Steyr, zum größeren aus dem Scheibbser Proviantbezirk zugeleitet. Das vordernbergische nimmt seinen Weg aus den Mürztaler Hämmern über den Semmering, Neunkirchen und Wiener-Neustadt nach Wien, wo es zum Teil am Platz selbst verarbeitet wird. Die Messererzeugung ist eine der Wiener Hauptindustrien. Aber nicht nur als Industriewerkstätte, auch als Handelsplatz reiht sich Wien den provinziellen Legstädten ebenbürtig an. Es ist das Ausfallstor für Eisen und Stahl und noch mehr für die daraus gefertigten Fabrikate nach Norden und Osten hin. Zusammen mit Freistadt und Krems führt Wien den Eisenhandel nach den böhmischen Ländern, betreibt aber auch im Verein mit Wiener-Neustadt den Export unverarbeiteten Eisens nach Ungarn, allerdings nur, soweit das Vordernberger Privileg für die Länder jenseits der Leitha ihm dazu Raum läßt. Auch soll die Ausfuhr des Innerberger Eisens nach Ungarn den Wienern verwehrt sein, wenn die Bedarfsdeckung des eigenen Landes dadurch gefährdet wird. In diesem Falle sollen sich die Wiener und Wiener-Neustädter Eisler im Verkehr mit Ungarn an das Vordernberger Produkt halten.[2] Ist also der Wiener im Export von Rohstoff mehrfach eingeengt, so beherrscht er dafür den Vertrieb der fertigen Eisenwaren Ober- und Unterösterreichs, besonders wieder nach Ungarn, vermittelt er vor allem dahin den Absatz der berühmten Steyrer Messer. Darin eben liegt Wiens eigenartige Stellung im Eisenhandel, daß es auch auf diesem Spezialgebiete seine Mittlerfunktion zwischen Osten und Westen erfüllt.[3] Wiens Nachbarinnen, die Schwesterstädte Krems und Stein, danken ihre Erhebung zu Legorten gleichfalls ihrer Lage an der Donau und der Nähe der böhmischen Grenze. Kräftig tut sich Krems im Handel nach Böhmen hervor — sehr zum Mißvergnügen von Freistadt und Wien. Die Erträgnisse des Kremser bilden neben denen des Linzer Jahrmarktes eine unentbehrliche finanzielle Stütze für die Steyrer Eisenhändler, die erklären, ohne sie keine Darlehen und

[1] Bittner a. a. O. S. 574 u. 575.
[2] Kaiserliche Eisensatzordnung 1621 (A. Fr.).
[3] Bittner a. a. O. S. 590 ff.; Th. Mayer a. a. O. S. 99 u. 152.

Verlagsgelder erstatten zu können, und selbst ihren Kredit bei den Kremser Geschäftsfreunden ausgiebig in Anspruch nehmen.[1]

Das Legstadtsystem ist eine Kombination von Straßen- und Stapelzwang, ein Korrelat zum Stapelrecht Steyrs. Die dortigen Eisenhändler und die Kaufleute der Legstädte stehen zueinander in wechselseitiger Abhängigkeit, treten als eine „in sich geschlossene Gruppe im Handel auf". Die Steyrer liefern die Ware und lassen sich dafür von den oberdeutschen Kaufleuten in Linz sowie von ihren Gegenhändlern in Freistadt und Krems Vorschüsse geben, um selbst wieder ihren Verlagsverpflichtungen genügen zu können. Ihren eigenen Abnehmern gegenüber befinden sich die Eisenkaufleute der Legstädte in der Stellung einer privilegierten Händlerklasse. Weder der österreichische Landschmied, der seine Werkstatt versorgen will, noch der Böhme, der steirisches Eisen braucht, darf es aus der Quelle — bei den Hammermeistern — schöpfen, es auch nicht unmittelbar aus Steyr beziehen, sondern muß sich der Vermittlung der Legstädte bedienen. Diese sind die letzten Glieder einer Organisation, die sich netzartig von der Ursprungsstätte des Eisens bis an die deutsche, böhmische und ungarische Grenze hin ausbreitet, sind zugleich Sammelbecken und Abzugskanäle der Innerberger Produktion. Wie die Versehung des Inlandes haben die Legstädte auch den Außenhandel zu besorgen, in den sie sich je nach ihrer Lage teilen. So wie sich der gesamte Eisenmarkt in drei große Verschleißgebiete gliedert, so ist auch der auf Innerberg-Steyr entfallende Abschnitt zwischen den einzelnen Legstädten aufgeteilt, der Westen für Linz, der Norden und Osten für Krems, Freistadt und Wien reserviert. Wir erkennen in der Einrichtung der Legstädte ein neues wesentliches Stück einer auf allseitige Bindung und Beschränkung gerichteten Produktions- und Verkehrspolitik. Aber auch an dieser Stelle, wie in seinen anderen Teilen stößt das Zwangssystem auf eine Fülle von Widerständen, ruft es das Verlangen nach Freiheit und Gleichberechtigung wach.

Gleich wie die Rad- und Hammergewerken die Qualitätsvorschriften vernachlässigen, die Händler falsches Gewicht geben, sich nicht um die Preissätze kümmern, wie die Bestimmungen über Verlagswesen und Proviantverkehr vielfach wirkungslos bleiben, so werden auch Straßenzwang und Legstadtmonopolien häufig umgangen und lebhaft an-

---

[1] Bittner a. a. O. S. 586 u. 589/90. Im Mittelalter, namentlich im 14. Jahrhundert, behaupten sich Krems und Stein durch ihren lebhaften Salz- und Weinexport neben Wien. Diesen beiden Handelszweigen hat sich der Eisenverschleiß erst später beigesellt. Vgl. Th. Mayer, Die Stellung der Städte Krems und Stein im mittelalterlichen Handel Österreichs. (Jahrb. f. Landeskunde von Niederösterreich, 13. und 14. Jahrg., 1915, Festschrift, S. 236 bis 252.)

gefochten. Die Verweisung des Handels auf bestimmte Straßen ist schon für diejenigen lästig, die das Eisen nur zum Hausbedarf eingehandelt haben, es aber um der Vermautung willen auf beschwerlichen und kostspieligen Umwegen heimführen müssen — um wieviel mehr für den Händler, für den der kürzeste Weg der beste ist. Die Nötigung, ihr Werksmaterial nur in den Legstädten einzukaufen, unterwirft die Eisenhandwerker dem Preisdiktat der dortigen Kaufleute. Auch wird es als unmöglich bezeichnet, daß die Märkte der Legstädte stets reichlich genug beschickt seien, um alle Bedürfnisse der Verarbeiter befriedigen zu können. Bürger und Bauern, die Eisen und Stahl nicht im ganzen führen, sondern nur pfundweise einkaufen, finden es allzu beschwerlich, wegen solcher kleiner Mengen den weiten Weg nach den Legstädten zu machen. Das Handelmonopol der begünstigten Städte reizt aber auch heftig den Neid der Ausgeschlossenen. Sie suchen sich Anteil am Geschäft zu verschaffen, wo und wie sie können. Unlauterer Wettbewerb strebt darnach, sich des Lokalverkehrs zu bemächtigen. Winkelkrämereien tun sich auf. Jahrmärkte und Kirchtage bieten willkommene Gelegenheit zur Feilbietung verbotenen Eisens. Nicht berechtigte Orte versuchen die Errichtung eigener Eisenniederlagen oder begehren Aufnahme in die nächstbevorstehende Eisensatzordnung, um in der Reihe der „Befreiten Eisenhandels- und Legorte" zu stehen, auf den Eisenbezug aus Steyr und auf das Recht des Weitervertriebes Anspruch zu gewinnen. Also Angriffe von allen Seiten, im großen wie im kleinen, auf die lokalen Märkte wie auf das Exportmonopol. Die Gegner der Legstädte arbeiten teils im Verborgenen, schlagen mit ihrem Eisen Schleichwege ein, teils suchen sie die Gleichberechtigung via facti zu ertrotzen oder aber ihr Ziel auf gesetzlichem Wege zu erreichen. Diese Gegnerschaft bekommt namentlich Freistadt in seinem Handel mit Böhmen zu verspüren. Als zäher Konkurrent sitzt ihm der benachbarte Markt Leonfelden auf dem Nacken, der seine Bemühungen nicht aufgibt, direkt aus Steyr Eisen zu beziehen und auf verbotenen Wegen nach Böhmen zu verschleißen. Von der Zeit Friedrichs III. an bis zum Beginn des 18. Jahrhunderts herrscht deshalb zwischen beiden Orten ein immer wieder aufflammender Hader und Streit.[1]

Gefährdet in der Grundlage ihrer Existenz rufen die Legstädte den Schutz der Majestät an. Sie stützen sich bei der Verteidigung ihres Monopols auf Recht und Herkommen, auf ihre durch Jahrhunderte hindurch immer wieder bestätigten landesfürstlichen „privilegia, indulta und Begnadungen", auch auf frühere, zu ihren Gunsten erflossene

[1] Belege für diese Gegensätze vielfach verstreut im A. Fr. Vgl. Bittner a. a. O. S. 578.

richterliche Entscheidungen. Die Technik der Beschwerdeführung wissen sie ebenso geschickt zu handhaben, wie in ähnlicher Lage andere Gruppen der Eisenleute. In ihren Klageschriften sind die Farben ebenso dick aufgetragen, die Superlative ebenso gehäuft wie in verwandten Mißfallenskundgebungen moderner Wirtschaftskreise. Lasse man die geheiligten Rechte der Städte in den Staub treten, so harre ihrer Bürger das traurigste Los. Dann werden sie aber auch dem Staate nicht mehr geben können, was des Staates sei. Wieder wird der Landesfürst an seiner empfindlichsten Seite, am Geldbeutel, gefaßt. Die Durchbrechung der Legstadtprivilegien gestatten, heiße die städtischen Gemeinwesen dem unabwendbaren Untergang preisgeben, ihrem Handel die Lebensader durchschneiden. Die aufs Trockene gesetzten Bürger werden dem Fürsten die schuldigen Dienste, die obliegenden Gaben nicht mehr reichen können. Ja sie werden — und das wäre das ärgste unter allen Übeln — „ihre Häuser mit Rücken ansehen und selbe mit höchster derroselben consolation und Erbarmnis“ verlassen müssen. Also — caveant consules! Die Regierung wird beschworen, doch ja nicht zuzulassen, daß sich unbefugte Personen und Orte, Schmiede und Bauleute in den festgeschlossenen Kreis der Legstädte eindrängen, den Altberechtigten durch Eisen- und Stahlverschleiß ihr „Stückl Brot“ schmälern.[1]

Solche dem Gewohnheits- und dem geschriebenen Recht zuwiderlaufende Bestrebungen können aber doch nur deshalb sich breit machen, weil der Hauptort Steyr selbst ihnen kräftig Vorschub leistet, die Legstädte an den Lieferungen verkürzt, Unberechtigten Eisen zufließen läßt. Je länger, desto mehr empfinden die Steyrer Eisenhändler die Rechte der Legstädte als eine höchst unwillkommene Beschränkung ihrer Handelsfreiheit. Wir werden sehen, wie insbesondere in der zweiten Hälfte des 17. Jahrhunderts die Spannung zwischen der nun zur Innerberger Organisation gehörigen Händlerschaft in Steyr und der Gruppe Freistadt, Krems und Wien zu erbitterten Streitigkeiten führt und wieviel Mühe es kostet, schließlich eine leidliche Lösung zu finden. Auch in diesem Zusammenhange begegnet uns der Konflikt von Gesetz und Praxis, der Gegensatz zwischen fortererbtem formalem Recht und den Forderungen des Lebens, zwischen dem Prinzip der Bindung und Privilegierung und dem Freiheitsbedürfnis des Handels, der sich gegen engherzige Regulierung auflehnt, wenn ihm lockendere Gewinnchancen winken, der im Vorrecht einzelner ein Unrecht gegen die Allgemeinheit erblickt.

[1] Z. B. 1672 22/IV.: „Der kaiserlichen und landesfürstlichen Stadt Freistadt, dero Eisenhändler und Werkstattsverleger Beschwer- und Erinnerungspuncta, um deren Remedierung bei der neu einzurichten habenden Eisensatzordnung gehorsamst gebeten wird.“ (A. Fr.)

Die Legstädte leben jedoch nicht nur mit ihrer Prinzipalin Steyr in Unfrieden, sondern machen sich auch untereinander durch Eifersucht und Uneinigkeit das Leben sauer. Am liebsten möchte jede den Handel für sich allein betreiben und mißgönnt der Nachbarin Vergünstigungen im Verkehr mit Steyr, sei es beim Preis oder beim Transport des Eisens. „Dieses lauffet der gottliebenden Gleichheit und Billigkeit, quae mater concordiae est, immediate zuwider.“ Schwere Mißhelligkeiten entstehen besonders zwischen Freistadt und Krems, die, wie es scheint, sich gegenseitig aus dem Eisenhandel zu verdrängen suchen. In diesem Sinn ist wohl das Anerbieten der Kremser Eisenhändler 1566 zu verstehen, ein eigenes Gewölbe zu halten, wo sie Eisen zur Versorgung des Handwerkes aufstapeln wollen.[1] Auf der anderen Seite machen die Freistädter gegen das Kremser Niederlagsprivilegium energisch Front. „Die von Freistadt kraft Irer Freiheit vermeinen, daß außer Steyr und Wien in Oesterreich ob und unter der Enns mit dem Eisen kein Niederlag als bei Ihnen sein solle und daß demnach al Lastet (alle Legstädte) welche die von Steyr am Wasserstrom der Donau bis gen Wien an etlichen ungewöhnlichen Flecken und sonderlich zu Krems (haben), Ir der von Freistadt Freiheit zuwider.“ Die Freistädter glauben also nicht nur das Recht von Krems, sondern auch das der anderen Legstädte anfechten zu können, wollen sich allein mit Steyr und Wien in den Donauhandel teilen. Die königlichen Kommissäre müssen erst die Freistädter über den wahren Sinn ihres Privilegs belehren. Auch Frachtbegünstigungen, die den Kremsern in Steyr gewährt werden, erregen den Unwillen Freistadts. Die Kremser — so lautet die Klage — erhalten in der Steyrer Eisenkammer den Zentner um 15 Kreuzer unter dem Normalpreis. Wohl werde er den Freistädtern zum selben Preis gegeben, aber sie müssen dafür bei jedem Zentner mindestens 30 Kreuzer an Fuhrlohn und Maut bis nach Hause aufwenden. Dagegen werde den Kremsern der Gezeug ohne weitere Unkosten auf Risiko der Steyrer bis an den „Hofstöckhen“ geliefert, „bei welchen Umständen dann wir mit der Handlung graviert, die Kremser aber um so viel mehr subleviert und befördert werden“. Die neue Eisenordnung solle daher zwischen beiden Städten bei Kauf und Verkauf im Preise durchgehende Gleichheit walten lassen. Wie durch das Stapelrecht Steyrs fühlen sich also auch durch das Legstadtsystem weite Kreise benachteiligt, und es erwächst daraus ein Rattenkönig von Zank und Wirrsal.

Rein theoretisch betrachtet zeichnet sich aber die Organisation des Innerberger Handels durch strenge Gliederung, durch eine den natürlichen Verhältnissen sich anpassende Verteilung des Verkehrs aus, wie

---

[1] Bittner a. a. O. S. 590.

sie bei dem großen Umfang des Absatzgebietes wohl auch nötig war. Ähnliche Prinzipien gelten, wenn auch in stark abweichender Form, für Vordernberg.

Auch im Vordernberger—Leobener Bereich ist die Wirtschaft in der Weise geordnet, daß die Produktion, vor allem die Erzeugung des Roheisens, von einem bestimmten Mittelpunkt aus durch den Zufluß des notwendigen Betriebskapitals belebt wird. Ebenso ist auch hier die Ab-

Abb. 2. Leoben nach dem Stich von Vischer (um 1680).

gabe des Rohstoffes an die heimischen und fremden Konsumenten nach Bezirken organisiert, obgleich diese Bezirke wesentlich anders gestaltet sind als die Legstadtgliederung Innerbergs. Den Mittelpunkt aber bildet die Stadt Leoben, die im Umkreis des südlichen Bergteiles dieselbe Stellung einnimmt wie Steyr in dem des nördlichen. Ihre Bürger sind die finanziellen Träger des Radwerksbetriebes und die Vermittler des Roheisens an die Hammermeister. Zu dieser Stellung ist Leoben berufen gewesen durch die Nachbarschaft des Vordernbergs und durch seine Lage an einem trefflichen Wasserweg. Wie das Innerbergische Eisen auf Enns und Donau nach Osten und Westen hin befördert wird, so tragen Mur und Drau die Erträgnisse Vordernbergs nach dem Süden. Wie das Stadtbild Steyrs spiegelt auch das architektonische Gepräge der Altstadt Leoben die einstige Macht und Herrlichkeit des steirischen Eisenwesens aufs lebensvollste wider.

Die Bedeutung Leobens gründet sich gleich derjenigen der obderennsischen Eisenstadt auf das Verlagsprivileg. Leoben ist die Hauptverlagsstadt für Vordernberg, nur mit dem Unterschied gegen Steyr, daß, wie schon erwähnt, von dort aus nur die Radwerke finanziert werden, die Verleger zwischen diesen und den Hämmern die Verbindung herstellen und von deren Inhabern sich teils selbst verlegen lassen, teils aber sie subventionieren.[1] Unzweideutig wird das Verlagsmonopol Leobens durch die Ordnung von 1575 festgestellt: „Und zu dem Ersten soll jetzt alsbald und fortan kein Eisenhandelsmann außer denen von Leoben einiges und weniges noch viel Roheisen bei dem Berg oder den Radmeistern zu verlegen oder an sich zu ziehen, nicht zugelassen noch verwilligt, sondern daselbst hiemit gänzlich und gar eingestellt und verordnet sein, daß anfänglich allein Bürger zu Leoben den Verlag auf das Roheisen haben, auch hingegen niemand anderen als ihnen das Roheisen gewogen werde, und daß sie, die von Leoben hinwieder inhalt der Amtsordnung solches Roheisen in Unwürde sowohl als in Würde zu heben und zu bezahlen schuldig und verbunden sein sollen." Dieses Privileg in seinem ungeschmälerten Wert bei der Stadt zu erhalten, war die Sorge der Regierung sowohl als der Bürger. Wir entsinnen uns der Maßregeln, die unter Ferdinand I. gegen die drohende Überfremdung des Leobener Roheisenverlages ergriffen wurden. Auch die Leobener selbst haben ihr Recht hochgehalten, sich gegen willkürliche Eingriffe des Vordernberger Amtmannes kräftig verwahrt.[2] Und wenn sie auch einmal in dunklen Tagen sich pessimistischen Anwandlungen hingeben, ihre Verlagsverpflichtungen am liebsten abschütteln möchten, das Privileg gilt ihnen doch als eine „wohl zu considerirende Gabe des Fürsten", als ein Hebel, der aus schwerster Not wieder emporhelfen kann.[3]

Die Ordnung für den Vertrieb des geschmiedeten Eisens weicht im Vordernberger Gebiet stark von der Innerbergischen ab. In der Steiermark selbst vermag das in den Ländern ob und unter der Enns so kräftig entwickelte Legstadtsystem infolge des Widerstandes der Hammergewerken, wie es scheint, nicht so recht Boden zu gewinnen. Es gibt für das Vordernberger Eisen nur zwei unstreitig anerkannte Legstädte und beide liegen außerhalb der Landesgrenze: Wiener-Neustadt und

---

[1] Vgl. S. 102, zum folgenden 1575, 17/IV., Paragraph aus der Verlagsordnung (H. K. 1699 XII. 19).

[2] Schmidt a. a. O. S. 166/67, 170/71.

[3] In diesem Sinne möchte ich die merkwürdige „Taffel = Abschrift" vom Ende des 17. Jahrhunderts deuten: „Die Herren von Oesterreich haben denen von Leoben wieder andere Freyheit geben auf das Rauheisen, so man in Vordernberg plöhet, darumb sie wieder (nach einem großen Brand, wo die ältere Freiheit verbrannt war) ein neu Statt auf grünem Waasen . . . auferbaut haben." (H. K. 1699 XII. 19.)

Wien, die selbst miteinander um das Bezugsrecht hadern.[1] Innerhalb des Landes dagegen werden die Legstadtprivilegien von den Hammergewerken, als dem Herkommen widersprechend, heftig bekämpft.[2]

Auf steirischem Boden ist die Regulierung des Handels mit den Hammervierteln verknüpft, die selbst wieder der Distrikseinteilung des Landes nachgebildet sein dürften. Die Hämmer scheiden sich nach den Vierteln Kammer-, Enns-, Paltental, Murboden, Mürztal und Bruck. Jedes dieser Viertel untersteht einem Obmann und hat seinen ausgezeigten Handelsbezirk. Das Eisen aus dem Murboden und aus dem Kammer-, Enns- und Paltental hatte, so weit es nicht den anderen steirischen Bergwerken dienen mußte, seinen Zug ins Erzbistum Salzburg und von dort weiter nach Westen hin zu nehmen, wobei es auf dem Boden des Hochstiftes stark durch Mauten beschwert und dem Niederlagszwang in der Hauptstadt Salzburg unterworfen war, ehe es seine Reise in Baierland und ins übrige Deutsche Reich fortsetzen konnte: „wie dann auch solch Leobener Eisen, so durch uns alhie (zu Leoben), auch die Hammermeister im Murboden, Kammer-, Enns- und Paltental abgeschmiedet wird, außerhalb des Eisens, was zu den kaiserlichen Salzsieden und Bergwerken, vermög derselben frumbwerk und Bestallung jährlich allhie gemacht, verbraucht wird, kein anderen Paß noch Straßen, dann durch das Stift Salzburg hat, daselbst auch meistenteils niedergelegt und von dannen ferrer in das Baierland, ins römische Reich und anderer Orten ... versilbert und verhandelt wird".[3]

Die Mürztaler Hammergewerken sandten ihre Erzeugnisse über den Semmering in das an Leoben-Vordernberg zugeteilte Viertel unter dem

[1] J. Mayer, Geschichte von Wiener-Neustadt, Bd. III, S. 326 ff.

[2] „Indem nun die Grazer Eisenwar bei unwürdigen Zeiten niemalen kein Staffel- (Stapel-)gerechtigkeit angesucht, als können sie auch solche bei den würdigen Zeiten, zumalen dergleichen im ganzen Land Steyr niemalen, obwohl die Stadt Brugg dergleichen Staffels-Freiheit auf das Salz und Wein von Kaiser Friedrich in Handen, bei Menschengedenken exerciert worden, nicht praetendieren." Das Begehren der Grazer Eisenhändler nach Errichtung eines Grazer Stapels weisen die Hammermeister wegen der damit für sie verbundenen Gefahren und Nachteile aufs entschiedenste zurück. (H. K. 1701. II. 7.) Jedoch werden Rottenmann und Murau als Legstädte und zugleich als Amtssitze der landesfürstlichen Beschauer genannt. Laut Verordnung Erzherzog Karls (29/IV. 1581) soll aller weicher und gestreckter Stahl „in die zwo Legstätt als Rottenmann und Murau gelegt und desselben vorher bei den Hämmern oder sonst wenig noch viel verkauft, solcher in diesen zweyen Orten durch die geschworenen Stahlbeschauer . . . besichtigt", der nicht als gerecht befundene in die Kammer eingezogen, „das aber, so Kaufmannsgut und gerecht ist, mit bayden dem Oesterreich und Steyrerischen Schildtlen gezeichnet, dieselben auch auf die Vasseln geprännt, jede Vermischung des weichen und harten Zeugs unterlassen werden". (OBA. 1581, n. 16.)

[3] OBA. 1562, n. 30 (16/IV. Leobener an die Amtleute in Inner- und Vordernberg).

Wienerwald, nach Neunkirchen, Wiener=Neustadt und Wien.[1] Die Hammermeister im Brucker Viertel hatten ihr Eisen zu widmen „nach Graz, in das Ungarische, nach Marburg, Pettau bis an die Drau".[2] Die Vordernberger Gewerken setzen, wie es scheint, in der Regel ihren Zeug unmittelbar teils an die Schmiede in den ländlichen Orten, teils an die inländischen — besonders an die Grazer — und an die ausländischen Eisenhändler ab. So weit aber, wie schon bemerkt, die Leobener Ver=

Abb. 3. Leoben. Hauptplatz nach einer aquarellierten Zeichnung von Joh. Max Tendler († 1870) (Städt. Museum Leoben).

leger sich des Roheisenmonopols bemächtigt hatten, mußten sie diesen ihren Produktionsertrag zur Verfügung stellen.

Von schweren Funktionsstörungen blieb indes auch dieser Or=ganismus nicht verschont. Überschneidung der gezogenen Kreise, Ent=blößung des inländischen Marktes, Preistreiberei waren auch hier von Jahrhundert zu Jahrhundert wiederkehrende, unerfreuliche Erscheinun=gen, die ein energisches Eingreifen der Regierung erheischten. Die

---

[1] Schmidt a. a. O. S. 261.

[2] H. K. 1700 VIII. 48 (1700, 5/VIII. Vordernberger Amtmann an die Hofkammer).

Hammermeister der einzelnen Viertel hielten sich nicht an die ausgezeigten Straßen. Aus einem Viertel wurde das Eisen in den Handelsbereich eines anderen entführt oder sonst auf „Abwege“ geleitet. Da die einzelnen Widmungsbezirke weit ins Ausland oder doch in nichtsteirisches Gebiet hinüberreichten, da die Leute im Kammer-, Enns- und Paltental nach Salzburg, Tirol und ins Reich, die Mürztaler nach Unterösterreich, die Brucker nach Ungarn und Kroatien handeln konnten und da bei starker Nachfrage und infolge der freien Preisbildung [1] der Absatz in die Fremde höheren Gewinn versprach als der Verschleiß daheim, so strömte viel Eisen über die Grenze nach Norden oder nach Südosten hin ab und die Grazer Eisenhändler führten ebenso wie die städtischen und ländlichen Handwerker heftige Beschwerde über Eisenmangel und „excessive“ Preise.[2] Auch die Eisenverschleißer im Süden des Erzberges wollten sich also nicht dem Grundsatz unterwerfen, daß die Versorgung des Inlandes der Ausfuhr vorangehen müsse. Ihr unpatriotisches Verhalten erregt den Zorn eines Vordernberger Amtmannes: „... Mir unlängst fürkommen, wie daß von Handelsleuten vermelt worden, wer sein Geld wegen eines so schlechten Gewinndls aufs Eisen im Land versilbern, ausgeben und verwenden wollt, es lege einer sein Gelt leicht nützlicher und besser an, das (daß) es ein Merers ertrage, als auf das Eisen. Daraus leichtlich abzunehmen und zu schließen, weil der Gewinn für zu schlecht geacht, warum im Land bisweilen das Eisen nit zu bekommen. Es will sich schier gleich Niemands nur um billichen Gewinn ersettigen lassen. Wann nit ein Pfennig am anderen gewonnen wird, so gibt's und heißt nichts.“ [3] Aber war konnte solche moralische Entrüstung nützen? Wenn der Kaufmann in der Steiermark sein Eisen um des höheren Profits willen lieber über den Semmering oder nach den ungarischen Ländern verkaufte, statt es im Inland abzugeben, so konnte ihm das um so weniger verwehrt werden, als er ja in diesem Falle die Eisenordnungen nicht verletzte, die ausdrücklich jene Gebiete dem Vordernberger Rayon angegliedert hatten.

[1] Die Preissätze galten damals nur mehr für das Inland. Vgl. S. 45.

[2] H. K. 1700 VIII. 48 (19/VII.). Beschwerde des Grazer Hofschlossers Balthasar Grundl an die Hofkammer wegen Eisenmangels. H. K. 1701 II/7. (1700 7/X.). Vordernberger Amtmann an die Hofkammer. Ebenda s. d. (gegen Ende des 17. Jahrhunderts). Brucker Hammermeister gegen die Eisenhändler.

[3] OBA. 1539/80 (1580 13/V.). Vordernberger Amtmann an die Hofkammer. Gegen die Verschwärzung des Mürzzuschlager Schmiedezeugs nach Ungarn müssen schon Maximilian II. und Erzherzog Karl 1570 Abwehrmaßregeln treffen, die Niederlagsgerechtigkeit von Wiener-Neustadt vor Abbruch schützen. Der Handel nach Ungarn wird nicht schlechthin untersagt, aber er soll nur auf den in der Vordernberger Amtsordnung ausgezeigten Straßen, nicht auf verbotenen Seitenwegen, erfolgen, wodurch die Mauten geschmälert werden. (OBA. 1574, n. 17.)

Also eine neue starke Inkongruenz zwischen den Intentionen der Re≈ gierung und dem Verhalten der Eisenleute.

Das Vordernberger Gebiet aber steht nun in enger Berührung, zum Teil sogar in scharfer Reibung mit Kärnten.

Selten werden zwei Länder zu finden sein, die im Landschaftsbild und damit auch im Wirtschaftscharakter einander so ähnlich sind wie Steiermark und Kärnten. In beiden eine nur spärliche Anbaufläche, dafür aber reichster Bergsegen. Hier wie dort auch ein Überfluß von Wasser

Abb. 4. Althofen nach dem Stich von Valvasor (um 1688).

und Wald zu dessen Verwertung und ein Netz von Land≈ und Wasser≈ straßen für den Handel. Das Eisen aber bildet in Kärnten, wie in der Steiermark, die stärkste Lebensader der Volkswirtschaft und eine der vornehmsten Einnahmsquellen für den Landesherrn. Der Hüttenberg ist das mächtigste Seitenstück zum steirischen Erzberg und neben dieser „Haupteisenwurzen" gibt es in Kärnten, wie im steirischen Nachbarland, da und dort noch andere reichlich gesegnete Eisengruben, so in Mosinz und Lölling und besonders in der Herrschaft Waldenstein und in der salzburgischen Enklave Gmünd im Kremstal. Adelige Herren, fürst≈ liche Räte, hohe Funktionäre der Verwaltung, nicht nur in Kärnten selbst, sondern auch in angrenzenden Territorien, heimische Kirchen≈ fürsten und auswärtige Prälaten, die auf Kärntner Boden Herrschafts≈

rechte üben, ziehen aus der Verarbeitung dieser Eisenschätze als Unternehmer oder durch Besteuerung stattlichen Gewinn.[1] Das gilt nicht zuletzt von den Bischöfen von Gurk und Bamberg. Der Gurker wird noch im 18. Jahrhundert als der vornehmste Kärntner Gewerke bezeichnet. Dem Bamberger unterstand das Kanaletal, dessen blühender Eisenhandel den Neid der Steirer erregte und vom Bischof zwar mit Mauten verschont, aber sonst kräftig besteuert wurde. Mißmutig bemerken steirische Berichterstatter, „die bambergischen Untertanen im Kanale hätten am Eisen reichlich verdient. Sie seien alle maut- und aufschlags-

Abb. 5. Althofen. Gesamtansicht.

frei, hantieren auf vielerlei Weg mit Eisen und Kaufmannschaft, der ihr Herr, der Bischof von Bamberg sie um solcher Hantierung willen und daß sie, wie gemelt, allenthalben in seinem Gebiet mautfrei, dest paß (besser) steuert. Werden groß und reich Hansen.“[2] Auch im Kärntner-

[1] König Ferdinand gewährt dem Achazien Schratt von Kindberg, Dr. Niclas Riberien, Johann Fernberger von Eggenberg, Kämmerer und Vicedom in Österreich o. d. E., Johann Zott von Pernegg, Christ. Khevenhüller v. Aichelberg, Landeshauptmann in Kärnten, „beiden unserer Hofkammerräthen“ bedingungsweise — d. h. solange als dem Leobener Eisen dadurch kein Abtrag geschehe — das Privileg für den Betrieb ihrer Eisenwerke in der salzburgischen Herrschaft Gmünd an der Krems. OBA. 1543 23/VIII.

[2] OBA. 1559 6/1. Bericht der Amtleute von Inner- und Vordernberg wegen eines Zollaufschlages auf die Ausfuhr des Kärntner Eisens nach Welschland.

land schaffen die Eisenfuhren den armen, in der Nähe der großen Verkehrslinien ansässigen Bauern einen besonders in Mißjahren hilfreichen Nebenerwerb. Auch in Kärnten und Krain reiht sich zu Wasser und zu Land eine landesfürstliche Mautstätte an die andere bis zum Meere hinab.[1]

Die Hauptproduktionsquelle fließt natürlich am Hüttenberg und in dessen Nachbargebieten. Das hier gewonnene Roheisen strömt nach Althofen, St. Veit a. d. Glan, Völkermarkt und Klagenfurt, die es in ihren Hämmern abschmieden lassen. Bemerkenswert ist der starke Anteil, den im 16. Jahrhundert die Landeshauptstadt an dieser Produktion zu

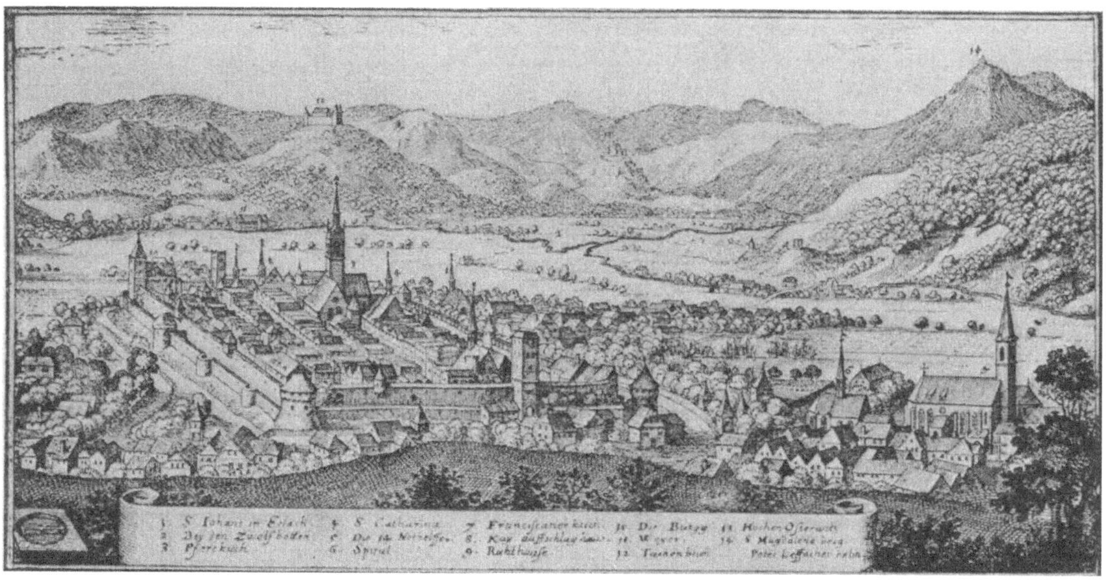

Abb. 6. St. Veit a. d. Glan nach dem Stich von Merian (um 1640).

gewinnen sucht. Während die in unmittelbarer Nähe des Hüttenberges gelegenen deutschen Hämmer 1557 vielleicht wegen Holzmangel zum Teil in Feier gestellt werden, bringen die Bürger Klagenfurts, die „ennhalb der Trau im Hollenburger Gericht und Herrschaft" über reiche, für Hüttenberg selbst wertlose Waldbestände verfügen, namhafte Opfer zur Errichtung einer stattlichen Anzahl welscher und kleiner Hämmer.[2]

Das Hüttenberger Eisen wird zum Zankapfel zwischen einigen der genannten Orte. Streitobjekte bilden das Recht des Einkaufes „in den Bergen, da man das Eisen pläht", die Frage des Weitervertriebes und die Benützung der Straßen, auf denen das Eisen vom Stapelplatz nach seinem Bestimmungsort geführt werden soll. Zwischen Althofen und

[1] OBA. 1556 16/VI. Georg Paradeiser an den König.
[2] OBA. 1557 17/V. Supplikation Klagenfurts.

St. Veit a. d. Glan herrscht ein langer und hitziger Hader um das Verlags- und Stapelrecht auf das Eisen von Hüttenberg, Lölling und Mosinz. Jede der beiden Städte nimmt für sich die Stellung in Anspruch, die im Norden Leoben und Steyr innehaben. Zeitweilig neigt sich die Waage zugunsten Althofens. Händel herrschen auch zwischen St. Veit und Klagenfurt, das sich dem Anspruch der Nachbarstadt auf Niederlags- und Durchfahrtszwang nicht fügen will. Die Klagenfurter wollen das Roheisen direkt von Althofen weg auf der kürzesten Straße und unbeschwert durch die St. Veiter Zwischenhändler nach Hause bringen können, fordern in diesem Punkt Gleichberechtigung mit Völkermarkt. Der blühende Eisenbetrieb der Hauptstadt soll nicht durch erhöhte Transportkosten und durch die Preistreiberei der St. Veiter beeinträchtigt werden — ein Analogon etwa zur Rivalität von Waidhofen a. d. Ybbs mit Steyr. Nicht minder heftig als in Österreich prallen in Kärnten die widerstreitenden Interessen der verschiedenen Eisenstädte aufeinander.[1]

Die genannten vier Städte, die sich mit der Verarbeitung des Roheisens befassen, sind auch die Trägerinnen des Handels, denen sich die an einer großen Verkehrsader gelegenen Plätze Villach, Tarvis und Malborghet anreihen. Einer freien, allseitigen kommerziellen Verwertung des kärntnerischen Eisens werden allerdings von habsburgischer Seite starke Hindernisse in den Weg gelegt. Diese Sperrversuche, sind wohl vor allem darauf zurückzuführen, daß der Hüttenberg zum Kammergut des Salzburger Erzbischofs gehörte, daß die habsburgische Regierung also ihren eigenen Eisenberg so kräftig als möglich gegen die starke fremde Konkurrenz zu schützen suchte, wenn sie diese auch, wie wir bald sehen werden, nicht gänzlich auszuschließen vermochte.[2] Prinzipiell aber ist Kärntens Eisenmarkt eng umzirkt. Das ganze Vordernberg-Leobener Absatzgebiet soll den Hüttenbergern und den privaten Eisengewerken Kärntens verriegelt sein. Verboten ist ihnen somit die Steiermark, die natürliche Straße durchs Pustertal nach Tirol verrammelt, noch dazu ein Stück von Kärnten selbst, das Lavanttal, den Steirern eingeräumt, eine Ausdehnung nach Norden und Westen hin also nicht möglich. Das Kärntner Eisen kann nicht zurück-, nur vor-

---

[1] Belege und genaue Darstellung dieser Gegensätze in späterem Zusammenhang.

[2] Auch die Eingriffe Hüttenbergs in die nahgelegenen steirischen Waldbestände gaben viel Ärgernis. OBA. 1539/80 (1579 28/XI.). Vordernberger Amtmann an Regierung und Kammer: „Das Hüttenberger Eisenbergwerk tut dem allhiesigen nicht gar geringe Schmälerung an Holz und Kohl, sonderlich im Grienwald, die allesamt auf die Werkgäden zu Scheifling, der viel sein, (gewidmet sind) und im Jar der Not auf die Verh (Fähre) nach Leoben gebracht werden mögen. Es will . . . keine Erhaltung dieses Waldes folgen, sondern die Hüttenberger Radmeister kohlen auf Verhängnis (Erlaubnis) des Abtes von St. Lambrecht Tag und Nacht darin, welchs dem allhiesigen Wesen zu höchstem Schaden gereicht.“

wärtsschreiten. Nur der Zug nach dem Süden hin ist ihm freigegeben. Es kann sich ausbreiten im größten Teil des eigenen Landes und im ganzen Raum von Krain, Görz, Friaul bis an die „Meeresporten", Triest und Fiume und vor allem über Italien, sein Hauptrevier, dem es zu Land und zur See zustreben kann, und wo Venedig die vornehmste Endstation bildet. Aber auch ins Römische, Apulische und hinüber nach Ragusa wird das kärntnerische Eisen von den Adriahäfen aus befördert.

An Zufahrtsstraßen ist kein Mangel. Von den beiden Hauptlinien führt die eine über Villach und Tarvis durch den großen Kanale nach Pontafel ins Venetianische, die andere über den Loibl nach Krain und weiter von Laibach nach Triest. Die eine dient den St. Veitern, die andere den Klagenfurtern zum Export.[1] Vom fiskalischen Standpunkt aus war für die österreichischen Landesherren die Benützung der Krainerstraße wünschenswerter, weil sie nur habsburgisches Gebiet durchzog, dort also mehr Mauten eingehoben werden konnten. In Völkermarkt sowohl als an mehreren Orten zwischen Laibach und Triest und schließlich dortselbst bei der Umladung aufs Schiff — überall nahm der habsburgische Mautner seinen Tribut in Empfang. Dagegen kam die Straße durch den Kanale „gar bald von der kaiserlichen Majestät auf des ... Bischofs von Bamberg und der Venediger Erdreich". Hier heimsten fremde Obrigkeiten die Mautgefälle ein, wurden die Kaufleute insbesondere von den Venetianern weidlich geschröpft. Allerdings mußte in der Richtung über Krain den Schmugglern gründlich auf die Finger gesehen werden, denen die Laibach nicht berührende Straße durch die Wochein, von Bischoflack durchs Gebirge einen bequemen Pfad bot. Weiter gab es eine Straße von Gmünd nach Friaul und Venedig und zwei andere durch die Flitscher Klause. Auf der einen kam man nach dem venetianischen Ort Cividale. Die andere führte an Karfreit vorbei, „nach einem großen Dorf, Maron genannt (außerhalb Gradisch)", von wo aus nur noch eine kleine Strecke bis ans Meer zurückzulegen war. Obwohl diese Straße „vast pöß" war, das Eisen nur auf Saumrossen transportiert werden konnte, daher die Fracht per Meiler um 1 oder 1½ Dukaten höher kam, wurde sie doch von den nicht ins Venetianische, sondern in die römische Mark und nach Apulien handelnden Kaufleuten gerne begangen. Sie brauchten bis zum Meer das „kaiserliche Erdreich" nicht zu verlassen und ersparten sich die hohen venetianischen Mauten. Doch wurde ihnen 1557 diese Freude durch die Görzer verdorben, die in ihrer Stadt eine neue Maut aufgerichtet hatten und nun die Kaufleute zu einem zwei Meilen weiten

[1] OBA. 1557 17/V. Schreiben Klagenfurts.

Umweg zwangen. Daher wandten sich diese doch lieber nach Venedig, wo sie sich mit den gefälligen Mauteinnehmern immer noch leichter zu verständigen wußten. Also Land- und Wasserstraßen genug nach der Lagunenstadt und überhaupt ins Gebiet der gesamten Adria.[1]

Dennoch konnten die Kärntner diesen Handel nach dem Süden nicht mit ungemischter Freude betreiben. Einmal mußten sie sich ja darein mit den Leobenern teilen, deren Handelsgebiet, wie wir wissen, die

Abb. 7. St. Veit a. d. Glan, Rathaus.

windischen und welschen Lande mitumschloß. Dann aber war den italienischen Gegenhändlern die notgedrungene Beschränkung des kärntnerischen Eisenexports recht wohl bekannt und sie nutzten diese Zwangslage der Kärntner aus, um sie — so wird wenigstens behauptet — scharf im Preise zu drücken. Schon darin lag für die Kärntner Eisenleute ein kräftiger Antrieb, nach vermehrten Ausfuhrmöglichkeiten Ausschau zu halten.

[1] Vgl. die lehrreiche, von den Inner- und Vordernberger Amtleuten auf Grund eines Lokalaugenscheines gegebene Übersicht über die Straßen- und Mautverhältnisse. OBA. 1559, n. 3.

Aber trotz allen Nachteilen und Beschränkungen können die Kärntner dennoch auf den Märkten Welschlands eine reiche Ernte halten. Die Venetianer und die übrigen Italiener brauchen das alpenländische Eisen wie die tägliche Nahrung, solange sie dafür im eigenen Land oder in anderen Staaten keinen Ersatz finden. Das Bewußtsein ihrer Unentbehrlichkeit erfüllt darum unsere Gewerken ebenso wie die Vertreter der Regierung mit Mut und Selbstvertrauen. „Wir können", so äußern sich einmal selbstzufrieden die Amtleute von Inner- und Vordernberg, „über unser fleißig gehabte Erkundigung auch nicht erinnern, wo sie (die Welschen) sonst außer obvormelten Orten (nämlich in Kärnten) andere Eisenbergwerk möchten oder wißten aufzurichten. Und so viel uns angezeigt, so müssen sie sich nur dieses Eisens aus der Kaiserlichen Majestät Landen am meisten behelfen. Und wo sie nur ander Bergwerk in ihren Landen aufrichten könnten, sie hättens wahrlich nicht so lang unterlassen, sondern längst in einen Gang und Schwung gebracht und versucht. Wir verhoffen, ihr Bergwerk werden diesen der Kaiserlichen Majestät Bergwerken nicht wohl großen Abfall oder Sperr gebären."[1] Erst gegen Ende des 17. Jahrhunderts beginnt die Herrschaft des steirisch-kärntnerischen Monopols zu wanken. Damals eröffnen sich den Italienern im Norden der Halbinsel und in Skandinavien neue Eisenquellen, weshalb sie sich auch — den in Wien gehegten Erwartungen zum Trotz — der Mautpolitik des Kaisers nicht mehr blindlings unterwerfen wollen.[2] Wohl aber herrscht in der zweiten Hälfte des 16. Jahrhunderts, also in der Zeit jenes optimistischen Berichtes, wirklich gerade für das Kärntner Eisen im Süden eine solche Hochkonjunktur, daß ein italienischer Kaufmann für eine von ihm zu gründende Handelsgesellschaft vom König Ferdinand ein Ausfuhrmonopol zu erwerben sucht. Regelmäßig werden von den Hüttenbergern und sonstigen kärntnerischen Eisenproduzenten mit den Venetianern und anderen italienischen Händlern Kontrakte über bedeutende Eisenlieferungen abgeschlossen, die dem Bedarf der italienischen Werkstätten dienen müssen. Dabei bleibt es nur zweifelhaft, ob die Kärntner selbst ihr Eisen nach Italien hinabführen oder ob es von den Gegenhändlern abgeholt wird.[3] Allerdings nehmen die Venetianer den Kärntnern einen erklecklichen Teil ihres Gewinns durch hochbemessene Mauten wieder ab. In Pontafel und Cividale müssen per Meiler Eisen je 4 Dukaten (à 80 Kreuzer) „Taz" (= dazio, Zoll) entrichtet werden. „Wie wir erinnert, hat die Herrschaft Venedig von den obgemelten Eisen groß an-

---

[1] Vgl. vorherige Anmerkung.

[2] Vgl. S. 54.

[3] Die Amtsleute erklären, darüber nicht unterrichtet zu sein. (OBA. 1557 5/XII.)

sehnlich Einkommen und Tatz in Ir Kammer zu empfahen und einzenehmen."[1] Die Häupter der Adriarepublik halten an dem alten bewährten Grundsatz fest, ihre Staatseinnahmen durch die stärkste Belastung des fremden Handels zu vermehren. Dafür gewährt der Eisenexport nach Italien den Kärntnern den weiteren hochzuschätzenden Vorteil, daß sie auf diesem Wege die Naturprodukte des Südens um mäßigen Preis geliefert bekommen. Wein, Öl, Feigen, Mandeln, Weinbeeren und Kümmel bieten die italienischen Händler als Gegengaben.[2] Kärnten und das Apenninenland stehen somit im regsten Tauschverkehr. So wird die Enge des dem Kärntner Eisen zugelassenen Absatzgebietes durch seine Ertragsfähigkeit doch einigermaßen wettgemacht. Auf diesem Verkehr mit Italien und zugleich auf dem oberdeutsch-italienischen Transitverkehr beruht die Existenz des Landes. Jede Verschiebung dieser Verkehrslinien, jeder störende Eingriff in den Eisenhandel wird daher von den Kärntnern aufs schmerzlichste empfunden[3] und aufs heftigste abgewehrt.

Durch die geschilderte Abzirkelung der Verschleißgebiete glaubte man an leitender Stelle die Erde nach bestem Wissen und Gewissen verteilt, jedem der Hauptproduktionszentren ein ausreichendes Segment des heimischen und des internationalen Marktes zugewiesen zu haben. Aber die Erfahrung lehrte, daß man am grünen Tisch doch nicht genügend auf die nun einmal nicht unterdrückbaren Bedürfnisse und Impulse der Industrie und des Handels Bedacht genommen, nicht einmal unvermeidliche Produktionsschwankungen gebührend in Betracht gezogen hatte. Nicht genug war mit der Anziehungskraft natürlicher Verkehrslinien, mit dem Naturgesetz gerechnet worden, daß der Handel stets die kürzeste Straße wählen muß. Ebenso konnte der Fall eintreten, daß die Insassen eines Industriebezirkes sich durch das aus dem ihnen zugewiesenen Bezugsgebiet gelieferte Material nicht befriedigt fühlten. Entweder fanden sie den Preis zu hoch oder die Qualität zu schlecht oder sie konnten es nicht in der angesprochenen Menge erhalten, weil die Lieferanten sich selbst nicht an die Vorschrift kehrten, das Eisen an fremden Orten verkauften. Auch war manchmal der Bezug vom vor-

[1] Vgl. vorherige Anmerkung.

[2] OBA. 1557 17/V. Schreiben König Ferdinands.

[3] Wie in Kärnten, gravitiert auch in Krain der Eisenhandel nach Italien. Hier haben, wie es scheint, die Italiener im 16. Jahrhundert sich auch der Produktion bemächtigt. „Im Land Krain wird auch Eisen als zu Assling und in der Wochein gemacht. Das arbeiten am meisten Walhen, die sein Brescianer. Dasselb Eisen führen sie auch selbst in die römische Mark und auf Brescia. Die geben den Aufschlag zu Laibach." (OBA. 1559 6/I. Bericht der Amtleute.)

geschriebenen Stapelplatz her auf den ausgezeigten Straßen zu langwierig, mit zu hohen Transportkosten verbunden. Warum sollten unter solchen Umständen die Werkgadenbesitzer gehindert sein, die Ordnung zu durchbrechen, das Eisen sich dort zu holen, wo sie es besser, billiger und rascher bekamen? Warum sollte der Händler auf die Benützung von Absatzwegen verzichten, die gleichsam an seinem Haus vorüberführten? Namentlich große Unternehmer, wie der angesehene Gewerke Sebald Pögl zu Aflenz in Obersteier, zeigten sich nicht gewillt, solche Möglichkeiten preiszugeben. Mit einem Worte, die Versuchung, über die Grenze des verbotenen Nachbargebietes zu greifen, bestand für den des Rohstoffes bedürftigen Erzeuger wie für den nach Erweiterung seines Absatzgebietes trachtenden Händler, und beide sind ihr vielfach erlegen.

So werden zunächst die Grenzmarken zwischen dem Inner- und Vordernberger Marktgebiete häufig genug bald von der einen, bald von der anderen Seite her willkürlich verschoben. Herrscht im Leobener Bezirk Eisenmangel, so lassen sich die Hammermeister in und um Rottenmann ihr Roheisen über das Teicheneck aus Innerberg kommen und fordern dazu die nachträgliche Genehmigung.[1] Gebricht es den Werkstattinhabern in der unterösterreichischen Waldmark, in der Gegend um Hainfeld, Lilienfeld, Hollenstein an innerbergischem Eisen, so suchen sie den Mangel — entgegen dem Verbot — durch den Bezug aus dem Vordernberger Bezirk über den Seeberg bei Mariazell zu decken, und vor allem jener Sebald Pögl ist es, der die Freigabe dieses Weges nicht ohne Erfolg beim Kaiser durchzusetzen sucht.[2] Und im 17. Jahrhundert werden wir die Sensengewerken der großen Kirchdorf-Micheldorfer Zunft hartnäckig um das Bezugsrecht auf Vordernberger Mock (Rohstahl) kämpfen sehen, weil die Lieferungen aus Innerberg weder nach Qualität noch nach Quantität ihren Wünschen entsprechen, die dann schließlich auch oben Gehör finden. Auch mag der Transport über den Pyhrn bequemer gewesen sein als die Zufuhr von Steyr her.[3] Unter dem Druck der Not wird also das Gesetz bald von den Inner-, bald von den Vordernberger Gewerken übertreten.

Auch die Kärntner streben auf Kosten Vordernberg-Leobens aus ihrem engen Käfig heraus. Während die Hüttenberger und andere Kärntner Gewerken den steirischen Rivalen im eigenen Hause — im Lavanttal — dulden müssen, machen sie sich günstige Straßenzüge zu nutze, um den angrenzenden Teil der Steiermark mit ihren Produkten

---

[1] Schmidt a. a. O. S. 234.

[2] Ebenda S. 172/73. (Instruktion für die Reformkommission von 1539.) Weiteres Material in vielen OBA.-Akten. Vgl. S. 95.

[3] Belege aus dem K. M.-Archiv an anderer Stelle.

zu überschwemmen. Diese sind vor allem den Meistern in der Gegend von Obdach und Neumarkt willkommen, wenn sie aus dem ferner gelegenen Leoben keine genügenden Zufuhren erhalten können. Auch nach Tirol und Salzburg, also in das weitere Absatzgebiet Vordernbergs, sucht im 16., 17. und noch im 18. Jahrhundert das Kärntner Eisen vorzudringen, während es sich freilich auch gelegentlich gegen die nach Süden gerichteten Transitversuche der Steiermärker wehren muß.

Existenznotwendigkeiten der Produktion und Ausdehnungsdrang des Handels drohen also die staatliche Ordnung über den Haufen zu werfen. Unbekümmert um diese strebt der Eisenhandwerker den besten und am bequemsten gelegenen Einkaufsquellen zu. Gewerken und Händler suchen für den Absatz ihrer Produktionsüberschüsse breiteren Raum zu gewinnen. Der Handel will sich günstig gelegene Straßen nicht verbieten lassen. Die Wege über das Teicheneck und durch die Buchau, über den Seeberg und den Pyhrn vor allem locken doch gar zu sehr zur Ablenkung des Eisens von den vorgeschriebenen Bahnen, zum Einbruch in fremdes Gebiet, der natürlich am häufigsten da erfolgt, wo die einzelnen Verkehrszonen unmittelbar aufeinander stoßen. Der illegitime Verkehr zwischen Inner- und Vordernberg spielt sich, wie wir sahen, hauptsächlich in den Grenzgebieten der Steiermark und Österreichs ab, im Rottenmanner Bezirk, in der Waldmark und im Landstrich nördlich vom Pyhrn bis ins Krems- und Steyrtal hinein, sowie auch das Kärntner Eisen in das unmittelbar anstoßende steirische Gebiet hinüberströmt. Eine Kampfzone zwischen Inner- und Vordernberg muß auch Ungarn gewesen sein. Wenigstens wird der von Wien aus erfolgende Vertrieb des innerbergischen Eisens nach den Ländern der Stephanskrone von der Regierung als irregulär angesehen.[1] Ebenso kreuzen sich die Eisenströme aus den beiden steirischen Gebieten in Wien. Der Hauptschauplatz ihres Konkurrenzkampfes aber ist und bleibt doch — darauf sei

[1] Vordernberger Eisensatzordnung 1621 1/VII.: Da augenblicklich in Österreich unter der Enns starker Eisenmangel herrsche, auch wegen der gefallenen Wassergüsse nicht so bald durch Wiederaufnahme der Radwerks- und Hammerarbeit wieder behoben werden könne, so solle derzeit, sonderlich von Wien aus, kein Eisen aus Steyr und aus dem Scheibbser Kreis in die Krone Ungarn gelassen werden, „zumal das Vordernberger und Leobener Eisen und Stahl dahin in Ungarn von Alters her mit seiner Maß und Ordnung, wie sie durch Maximilian II. 1574 20/IV. publiziert worden ist . . . seinen Verschleiß hat". Die wienerischen und wiener-neustädtischen Eisenhändler, „welche mit Leobener Eisen und Stahl zu handeln befugt sind, sollen sich um so mehr um Leobener Zeug bewerben und diesen in Ungarn der Ordnung gemäß und anderer Gestalt nicht verschleißen, damit also der wohlfeile Zeug, Scheibbser Eisen und Stahl zu mehrerer Versehung unseres Erzherzogtums Oesterreich und unserer Hauptstadt Wien im Lande erhalten bleibe". Vgl. S. 115[1], 124.

nochmals nachdrücklich hingewiesen — ohne Zweifel Südwestdeutschland. Wohl werden, wie wir wissen, in den Verkehrsordnungen Bayern, Schwaben und die angrenzenden Länder zum Vordernberg-Leobener Verschleißbezirk gerechnet und der uneingeschränkte Besitz dieser Märkte gilt für das dortige Eisenwesen als eine Lebensfrage, jede Hemmung des dortigen Vertriebes als höchst verderblich.[1] Aber dennoch knüpfen sich zwischen Innerberg und Oberdeutschland die engsten Beziehungen. Die Steyrer Kaufleute legen erfolgreich auf dieses mächtige Verkehrsgebiet mit seinen alten Handelsmetropolen Passau, Regensburg, Augsburg, Ulm und Nürnberg Beschlag. Seine Eroberung gelingt ihnen um so sicherer, als sie, wie schon bemerkt, im Besitz der Donaulinie, durch die billigere Wasserfracht leicht dem Rivalen den Rang streitig machen können. Im 17. und 18. Jahrhundert hat das Innerberger Eisen in Regensburg, Frankfurt am Main und Nürnberg seine festen Legstätten.[2]

Die Streitigkeiten über wechselseitige Eingriffe in die Nachbargebiete schleppen sich durch die Jahrhunderte hin. Die Regierung ist genötigt, ihre Grenzbestimmungen öfter zu wiederholen und ihre Einhaltung mit aller Schärfe anzubefehlen. Sie muß aber auch Ausgleiche treffen, sich zu Konzessionen bequemen.[3] In diesen wie in anderen Fällen ist sie klug genug, lieber von ihren eigenen Normen ein wenig abzuweichen, als durch eigensinniges Beharren auf dem Buchstaben des Gesetzes die wirtschaftlichen und damit auch die Kameralinteressen aufs Spiel zu setzen.

Mit der Überwachung der Verschleißbezirke geht parallel und fällt zum Teil zusammen die Abwehr des „Waldeisens" — eine Bezeichnung, die mitunter auf alles nicht ärarische Eisen, einheimisches und fremdes, angewendet wird. In Steiermark und Kärnten gehen für gewöhnlich unter diesem Namen die Erzeugnisse aller privaten Betriebe im Gegen-

---

[1] Vgl. S. 117 OBA. 1539/80 (1579 28/XI.). Der Vordernberger Amtmann an die niederösterreichische Regierung und Kammer: „ist nit weniger, daß dieses Vordernbergische Roheisen fürnembstes und maistes teils . . . seine Würde, Anwerung und Verschleiß nur im heiligen römischen Reich haben muß, und so es dero Orth nit geth oder steckht, gemeiniglich das allhiesige Wesen in schlechter Arbeit und Beförderung schwebt." 1580 23/IV. Niederösterreichische Kammer an den Vordernberger Amtmann: „. . . man sich hier (in Graz) dermaßen beschwert, als ob der Vordernberger Eisenausgang durch die übermäßige Verführung des Innerberger Eisens nach dem Donaustrom über sich ins Reich verengt und gesperrt werden solle." Vgl. Bericht des Amtmanns 1580 13/V.: „Steyr könne sein Eisen zu Wasser billiger befördern als die Vordernberger das ihrige zu Land."

[2] Pantz a. a. O. S. 132.

[3] Z. B. OBA. 1524, n. 1 u. 2, 19/X. Erzherzogliches Privileg für Sebald Pögl wegen Ausfuhr des Vordernberger Eisens über den Seeberg in die Waldmark.

satz zum Produkt des Kammergutes. Steirische Grundherren geistlichen und weltlichen Standes, auch manche Städte, wie Judenburg, beuten die auf ihren Gebieten erschlossenen Eisengruben energisch aus, wollen deren Erzeugnisse nicht nur zum Hausgebrauche verwenden, sondern in möglichst weitem Umkreis damit Geschäfte machen. Dem Waldeisenbetrieb fröhnen in der Steiermark besonders die Äbte von Admont, St. Lambrecht, Rein und Neuberg, dann der sehr betriebsame Landeshauptmann Hans Ungnad und der Fürst Schwarzenberg als Besitzer des Turracher Bergbaues. Sie alle lassen sich durch landesfürstliche Gebote, die ihnen nur eine beschränkte Anzahl von Feuern zur Deckung des Eigenbedarfes gestatten, nicht „in ihren terminis" halten, sondern streben mit oder ohne Erlaubnis der höchsten Gewalt nach starker Vergrößerung ihres Absatzgebietes. Der Waldeisenhandel ist in der Regel Schleichhandel, tut also nicht nur dem Verkauf des ärarischen Eisens Eintrag, sondern bedeutet zugleich für die Kammer einen gewiß erheblichen Mautverlust. Selbst die Herren Prälaten machen sich kein Gewissen daraus, die Mautgefälle zu unterschlagen.

Zu kräftiger Entfaltung kommt die Waldeisenerzeugung aber auch in Kärnten, besonders im Gebiete der bambergischen Lehensherrschaft Waldenstein in der Zeit, wo Hans Ungnad sie inne hat, und in dem zum Stift Salzburg gehörigen Gmünd. Die dortigen, sehr rührigen Gewerken stecken sich hohe Ziele. Der ihnen zugelassene Handel nach Welschland bringt ihnen zu wenig ein, da, wie schon erwähnt, die italienischen Händler die beschränkte Absatzmöglichkeit des kärntnerischen Eisens zu heftigem Preisdruck benützen, und so brauchen die Kärntner für die kommerzielle Verwertung ihrer reichlichen Produktion einen weiteren Spielraum. Neben dem Hüttenberger dringt das Waldensteiner Eisen nicht nur in das an den Vordernberg-Leobener Bezirk angeschlossene Lavanttal ein, sondern wird auch über „Aelbn und Gebirge" in das steirische Grenzgebiet befördert, wo es den von Leoben aus nicht genügend gestillten Eisenhunger der Hammergewerken und Nagelschmiede in Obdach, Neumarkt, Scheifling, Schwanberg und Deutsch-Landsberg befriedigt. Von dem ausgebreiteten Geschäftsbetrieb des Hans Ungnad wird noch die Rede sein. Die Gmündner Gewerken aber, königliche und salzburgische Räte, suchen für ihr Eisen m 16. Jahrhundert Auswege nach Kroatien wie nach den westlichen Absatzbereichen Vordernbergs.[2] Und ein ähnlicher Expansionsdrang herrscht noch im 18. Jahrhundert. So sieht sich das Leobener Eisen von Kärnten her gleichzeitig durch die Invasion des

---

[1] Aufzählung der Waldeisenwerke im Band I. Belege für die obige Darstellung an späterer Stelle.

[2] Vgl. S. 143.

Hüttenberger und des Waldeisens in seinem engeren und weiteren Handelsgebiete bedroht, und die Verteidigungsmaßregeln der Regierung sind stets gegen beide Feinde zugleich gerichtet.

Die Frage nach der Zulassung solcher Waldeisenwerke wird von den Behörden ernstester Prüfung unterworfen. Die Lebensfähigkeit eines neuen Betriebes wird durch amtlichen Lokalaugenschein festgestellt, die Sache kommissionell beraten. Vor allem aber werden die Meinungen der Nächstbetroffenen, der Kammergutsleute, abgehört, von den Rad- und Hammermeistern Inner- und Vordernbergs, den Eisenhändlern in Steyr und Leoben Gutachten eingefordert. Diese antworten regelmäßig mit einem stürmischen Protest. Die Zulassung sei ebenso überflüssig wie gefährlich. Wozu die altberühmte und unerschöpfliche Gottesgabe des Erzberges einer unnötigen und schädlichen Konkurrenz aussetzen, dem Kammergute, zu dessen Förderung der Landesfürst so große Opfer bringe, Nachteil, Schaden und Hinderung bereiten? Sollen denn alle dem (staatlichen) Eisenwesen Verwandten durchaus in Jammer und Elend gestürzt und schließlich zur Auswanderung getrieben werden! Zweifelhaft sei die Höhe wie die Dauer der Rentabilität der Waldeisenwerke. In den ganzen Erblanden sei seit Menschengedenken noch niemals ein Eisen gefunden worden, das sich an Güte mit dem Produkt des Erzberges hätte vergleichen lassen. Werde das minderwertige Waldeisen im Handel mit dem guten Kammereisen vermischt, so werde dieses in „Unlob" geraten, „eines mit dem andern erstickt werden und liegen bleiben". Nun und nimmermehr könne auch das Waldeisen dem Fürsten so viel an Gefällen einbringen, als er an diesen durch den Abfall der ärarischen Werke verlieren würde. Wären Waldeisenwerke aber einmal zugelassen, so würden sie nur unter großen Mühen und Opfern wieder abzustellen sein. Daher sei es unbedingt notwendig, die dem Inner- und Vordernberger Eisen ausgezeigten Straßen dem Waldeisen zu verschließen.[1]

Und doch war eine völlige Unterdrückung der Waldeisenproduktion nicht möglich. Die Erzeugung für den Haus- und Lokalbedarf konnte in keinem Falle verwehrt, das Waldeisen aber auch nicht gänzlich vom Absatz in weiterem Kreise ausgesperrt werden. War es auch — wie wenigstens von ärarischer Seite beharrlich behauptet wurde — von geringerer Qualität, so zeichnete es sich vor den Kammergutsprodukten durch um so größere Billigkeit aus. Grube, Wald und Wasser, Blähhaus und Hammerschlag lagen nahe beisammen, gehörten

[1] OBA. an vielen Stellen. Die Aufmachung von Waldeisenwerken gefährdete auch den Kohlenbezug älterer Hämmer. Z. B. H. K. 1699 XI. 46: Beschwerden der Hammermeister im Murbodenviertel gegen den Fürsten Schwarzenberg.

einem und demselben Unternehmer. Die geringe Entfernung zwischen den einzelnen Betriebsstätten verringerte die Frachtspesen, die Konzentration in der Hand eines Besitzers ersparte den Verlegerprofit. Somit waren die Waldeisengewerken durch geringere Produktionskosten den Leuten auf dem Kammergute gegenüber im Vorteil und darum ihre Erzeugnisse bei Gewerbetreibenden und Händlern geschätzt. Unter Umständen diente das Waldeisen auch zur unentbehrlichen Ergänzung des Kameralproduktes, wenn dessen Erzeugungsmenge durch allzu nachdrückliche Förderung der Ausfuhr — der ergiebigsten Geldquelle des Landes — hinter dem Landesbedarf zu stark zurückblieb, oder gar — etwa aus Holzmangel — verringert werden mußte.

So muß denn der Landesherr wohl oder übel, sei es nun, daß die ärarische Produktion sich als unzureichend erweist, oder auch aus Rücksichten auf die Persönlichkeiten der Bewerber, zeitweilig Konzessionen zur Erzeugung und zum Vertrieb des Waldeisens erteilen. Statt sich auf ein zuletzt doch wirkungsloses Verbot zu versteifen und nur die Kontrabande zu züchten, findet es die Regierung selbst vernünftiger, dem Waldeisen — wenn auch mit aller gebotenen Vorsicht — die Tore zu öffnen.[1] Die Freigabe ist allerdings an starke Vorbehalte geknüpft. Das Waldeisen muß recht und gut gemacht sein, muß sich in Form und Märkung vom ärarischen Eisen deutlich unterscheiden, damit dessen Kredit nicht durch Verwechslung oder Vermischung geschädigt werde. Alle Abgaben sind vom Waldeisen ebenso wie von jenem zu entrichten, die Maut ist, um Hinterziehungen zu verhüten, gleich „beim Stock" (das heißt an der Erzeugungsstätte) einzufordern. Der Mautaufschlag dient auch zum tatsächlichen Ausgleich der Preisdifferenz, wie denn überhaupt die Preise beider Eisengattungen möglichst gleichgehalten werden sollten. Die Freiheit der Ausfuhr des Waldeisens in das Inner- oder Vordernberger Gebiet soll auf eine bestimmte Menge beschränkt bleiben und vor allem nur so lange gelten, als dadurch dem Kammerprodukt

[1] 1580 20/V. Niederösterreichische Kammer an den Vordernberger Amtmann: „Die Zulassung des Waldensteiner Eisens sei möglich aus dem Bedenken, obgleich die Verführung bemelten Waldensteiner Eisens durch Generalmandat gleich verboten, daß doch nicht weniger auf den Abwegen allerlei Contraband gebraucht würden, welchen Nachteil man mit dem, daß die Maut beim Stock abgefordert und bezalt würde, verhüten (könne), diese Zulassung auch dem Vordernberger Eisenausgang, wenn der Kauf beider Orten etwa gleichgestellt, um so viel weniger schädlich sein und also neben desselben Eisenausgangs auch von dem sonst heimlicher Weise verführenden Waldensteiner Eisen was erlangt und fürnemlich dadurch den Landsinsassen desto merers Nutz geschafft und geholfen werden möchte." — Dem Stift Neuberg wird 1492 und 1494 vom Kaiser ein Waldeisenprivileg als Pflaster für erlittene Kriegs- und Feuerschäden gewährt. (H. K. 1699 IX. 4., 1699 28/II. Abt Leopold von Neuberg an den Kaiser.)

nicht Abbruch oder Verhinderung geschehe. Trat dieser Fall ein, so wurde die Konzession sofort wieder zurückgezogen. Die Waldeisengewerken konnten sich also ihrer Privilegien nie in Ruhe erfreuen. Dem Stift St. Lambrecht zum Beispiel war von Maximilian I. der Betrieb von vier Feuern gestattet, diese Erlaubnis aber von Ferdinand I. 1546 wieder aufgehoben worden. Schon im Jahre darauf erhielt indes das Gotteshaus vom König neuerdings die Freiheit für zwei Feuer oder Blähhäuser mit der Befugnis, deren gesamte Produktion, großen oder kleinen Zeug nicht nur zur eigenen Notdurft zu verwenden, sondern auch an anderen Orten zu vertreiben oder zu verkaufen. Dem König aber soll es freistehen, dem Stift jederzeit den Betrieb wieder einzustellen, wenn er dem Leobener Eisen zum Nachteil gereiche. Und wirklich machte Ferdinand aus den angegebenen Gründen 1552 von diesem Rechte Gebrauch. Die privaten Unternehmer lebten also beständig unter einem Damoklesschwert.[1] Im ganzen betrachtet ist aber doch die Auswertung der neben den beiden Bergen in Steiermark und Kärnten vorhandenen Eisenschätze ein zu natürlicher wirtschaftlicher Vorgang und kommt zugleich den Bedürfnissen der Konsumenten zu stark entgegen, als daß sie auf die Dauer hätte unterbunden werden können. Das Kammergut behält den Konkurrenten auf dem Hals.

Übrigens nicht nur durch die Repressivmaßregeln gegen das Waldeisen sucht die Regierung einer Überfüllung des Marktes Schranken zu setzen, sondern auch durch das wiederholte, uns schon bekannte Gebot, neuentstandene Hammerwerke wieder abzustellen. Dadurch soll zugleich die Existenz ärmerer Hammermeister gesichert und dem übermäßigen Verbrauch von Brennstoff und Roheisen gesteuert werden.

Aus dem Gewirre der Einzelheiten treten die Richtlinien der Eisenhandelspolitik doch mit voller Klarheit hervor: Schutz eines jeden der drei großen ärarischen Eisengebiete gegen die Konkurrenz des anderen durch die Abgrenzung der Verschleißbezirke, Schutz aber auch gegen privaten Wettbewerb im eigenen oder im Nachbarland. Diese Politik wird ergänzt durch das Streben nach Fernhaltung des ausländischen, sogar des in einem anderen Erbland erzeugten Eisens, dessen Einfuhr bereits die älteren Habsburger (1361 und 1371) entgegengetreten sind und dessen Konkurrenz man doch wohl schon im 16. Jahrhundert mehr gefürchtet hat, als der selbstbewußte Hinweis auf die Überlegenheit und Unentbehrlichkeit der heimischen Produktion vermuten ließe.[2] Also ein

[1] OBA. 1560, n. 42; 1562, n. 30, 37, 38; (B.) und a. a. O.

[2] An diesen Prinzipien wird zwischen 1500 und 1800 nicht gerüttelt. OBA. 1549 2/I. Innerberger Amtmann an die niederösterreichische Kammer: den Gebrüdern Peter, Manuel und Augustin Luchs, „den Bononen aus Primör“, sei die nachgesuchte Verleihung eines Hüttenschlages auf ein Eisenbergwerk nur zum Betrieb eines Silberberg-

nach allen Seiten hin ausgebautes Prohibitivsystem, überall Bollwerke zur Sicherung des Staatsmonopols. Produktion und Handel sollen in die Grenzen gebannt bleiben, die höhere Weisheit als angemessen erachtet. Keine Gruppe der Eisenleute soll die Kreise der anderen stören, ihr den Anteil am Gesamtgewinn verkürzen. Auch für die Regelung des Handels gilt die Parole: Bindung der Teile zum Gedeihen des Ganzen.

Die imposante Ausdehnung des Eisenhandels über zahlreiche in- und ausländische Märkte hätte hochentwickelte, tadellos funktionierende Transporteinrichtungen erfordert. In Wirklichkeit freilich mußten schwierige Verkehrsprobleme mit sehr primitiven Mitteln bewältigt, mußten mannigfache Reibungen überwunden werden, die sich zum Teil aus den natürlichen Verhältnissen dieser Gebirgsländer, teils aber aus dem Verhalten des Transportpersonals, zum Teil endlich aus der mit der chronischen Geldnot zusammenhängenden Schwerfälligkeit der öffentlichen Straßenpflege ergaben. Durch Mißhelligkeiten zwischen den Absendern und den Empfängern der Ladungen wurden die Verhältnisse noch unerquicklicher.

Die Versendung des Eisens geschieht zu Wasser und zu Lande. Beide Arten der Beförderung bilden ebenso wie die Köhlerei eine einträgliche Nebenbeschäftigung für das Landvolk, machen keinen kleinen Bruchteil des Nutzens aus, den das Eisenwesen für die übrige Volkswirtschaft stiftet. Der Landtransport wird in der Ebene durch Wägen, im Winter mit Schlitten bewerkstelligt. Über steile Gebirgspfade aber muß das Eisen auf Saumtieren geschleppt werden. Das geschieht sogar auf einer Hauptverkehrslinie des kärntnerischen Eisens, auf der Straße über den Loibl nach Triest, wo der Weg durch Wassergüsse für die armen Tiere oft unpassierbar wird.[1]

werkes zu bewilligen, aber nicht zum Handel „auf das Walisch oder Venedigisch", weil sonst der Vertrieb des Leobener Eisens auf den von Alters her ausgezeigten Straßen an der Etsch und auf das Welsch gehindert würde. „Wo wolten die Hammermeister und Eisenhändler im Murboden ihr Eisenzeug vertreiben mögen, wenn die obangezeigten Straßen nicht wären." Der Handel aus dem Viertel Murboden erstreckte sich also über Tirol bis nach Italien. — In der Vordernberger Amtsordnung von 1567 wird die Einfuhr „Gabrielischen (?) oder sonst in der Herrschaft Venedig gearbeiteten Eisens" auf der Etsch verboten. In jener Zeit erweckt auch das Aufkommen salzburgischer Eisenwerke in Flachau und Hüttau schon Mißbehagen. — Halamt Aussee, Rubr. I. 26 (L. A.): Patent Maria Theresias 1748 25/XI.: „So wenig wir aber gestatten, daß ein Kammergut das ander in seinem Verschleißbezirk benachteilige, so wenig wollen und werden wir zulassen, daß eine ausländische Eisen- oder Stahlgattung, sei es gleich von einem unsrigen Erb- oder anderen Land in unser Herzogtum Steyr geführt werden möge, weil jedem unserem Erbland, wie es sich in- und außer Land mit dem Eisen- und Stahlnegotio zu verhalten habe, Ziel und Maß vorgeschrieben ist." Vgl. S. 140.

[1] OBA. 1559, n. 3. (Der früher zitierte Bericht der Amtleute.)

Der Gewerke hält sich zur Zufuhr von Kohle und Erz, soweit diese nicht durch Menschenhände — durch die Sackzieher — besorgt wird, und zum Abtransport des Eisens entweder ein eigenes Gespann oder er nimmt einen Lohnführer in seinen Dienst. So oder so jedoch bleiben ihm Beschwerden und Verdrießlichkeiten nicht erspart. Rosse sind oft nur um teures Geld zu bekommen. In Mißjahren stehen Heu und Hafer in gleich hohem Preis wie die menschliche Nahrung, sind gleich unerschwinglich für die Meister und für die Fuhrleute, die dann höhere Löhne fordern. Dazu erschweren eigennützige „Praktiken" dem Radmeister die Beschaffung des Futters. Geschäftstüchtige Leute, die weder Radmeister noch Lohnführer sind, erwerben Grundstücke und verkaufen deren Ertrag an Heu und Grummet um wucherische Preise an die Gewerken. Ist ein Lohnführer zu arm, um sich selbst Rosse und Zeug anzuschaffen, so muß sie ihm der Radmeister selbst ganz oder zeitweise kaufen oder ihm das dazu nötige Geld vorstrecken. Kann der Führer das Darlehen nicht zurückerstatten, so hat der Radmeister Roß und Zeug an Zahlungsstatt anzunehmen. Die Innerberger Amtsordnung 1539 schreibt dazu „treue ungefährliche und ziemliche Schätzung" vor. Eine etwaige Differenz zwischen der Höhe des Schuldbetrages und dem verringerten Wert des abgenützten Zeuges soll der Schuldner in angemessener Frist bezahlen. Auch davor muß der Meister geschützt werden, daß ein Lohn- und Krippenführer, der ihm noch etwas schuldig ist, nicht etwa gleichzeitig eine andere Lohnfahrt annehme.[1]

Auch im Verkehr der Radmeister und Lohnführer mit den Hammergewerken sind Reibungen nicht ausgeblieben. Rad- und Hammergewerken streiten miteinander, wer die Fuhrkosten für die Beförderung des Roheisens zu tragen habe. Einer sucht die Last auf den anderen abzuwälzen. Die Hammermeister wollen die Weigerungen der Radmeister nicht gelten lassen, weil der Fuhrlohn schon in dem Preise für das Wochenwerk eingerechnet sei. Ähnlicher Zank herrscht im Vordernberger Bezirk zwischen Radmeistern und Verlegern wegen der Kohlenzufuhr. Schwere Not haben endlich die Hammergewerken mit den Lohnführern. Diese verweigern die Zubringung des Roheisens ohne entsprechende Gegenfuhr. Wird das Eisen, wie es so oft geschieht, zu schwer ausgebläht, so werfen die Führer einen Teil der Ladung auf offener Straße ab und die Hammerleute müssen sich ihr Material mit großem Geld- und Zeitverlust selber heimholen, wenn es nicht vorher schon gestohlen worden ist. Kleine Hammerschmiede, so sagen sie, ja sogar „königliche Offiziere" am Hieflauer Rechen betrachten das am Wege liegende, „abgezöschte" Eisen als willkommene Beute. Die Auf-

[1] Schmidt a. a. O. S. 223 ff. u. 231.

forderung des Amtmannes, bei ihm die schuldigen Bläher und Fuhrleute einzeln zu verklagen, könne ihnen nur wenig helfen. Denn sie brauchen oft ein halbes oder ganzes Jahr (!), um das abgeworfene Eisen nach Hause zu bringen. Indessen aber hätten Bläher und Lohnführer wohl dreimal gewechselt und jeder würde die Schuld auf den anderen schieben wollen. Die Fuhrleute hingegen erklären, sei das Eisen überschwer, so gebühre ihnen auch höherer Lohn. Ohne Erhöhung vermöchten sie die gesteigerten Kosten für Proviant, Rosse, Zeug, Geschirr und Knechte nicht länger zu tragen und müßten ihre Fahrten einstellen. Zu einer Lohnerhöhung aber wollen sich wieder die Hammermeister nicht herbeilassen, weil sie ja selber eigene Gespanne halten müßten, bei der Abfuhr des geschlagenen Zeugs mit den gleichen Unkosten belastet seien.[1] So wird der Landtransport des Eisens, abgesehen von den durch die Natur geschaffenen — besonders im Winter bei zu starkem oder zu schwachem Schneefall eintretenden — Hindernissen und Störungen, auch noch durch eine Unzahl von Streitfragen gehemmt und beschwert.

Land- und Wassertransport greifen da und dort ineinander. Von Steyr nach Freistadt wird das Eisen auf der Donau nach Mauthausen, von dort auf Wägen weitergeführt. Von Steyr nach Krems steht gleichfalls der Flußweg zu Gebote. Die Beförderung von Krems nach Böhmen erfolgt natürlich zu Land. Als Wasserwege kommen im Innerberger Gebiet vor allem Donau und Enns, für das Vordernberg-Leobener Eisen Mur und Drau in Betracht. Dem kärntnerischen steht von der Adriaküste aus der Seeweg offen. Als Beförderungsmittel auf den Flüssen dienen Flöße, Plätten und kleine Schiffe (Zillen). Bei der Bergfahrt werden Pferde zum Schleppen der Schiffe verwendet. Mur und Drau gestatten nur die Floßfahrt, wobei Eisen- und Salztransporte einander nicht stören sollen. Auch der Schiffsverkehr auf der Enns zur Donau ist erst mit Vollendung des großen, von Hieflau aus an Steyr vorbeiführenden Schiff- und Roßweges (1567) und auch dann wahrscheinlich nur während der günstigen Jahreszeit möglich geworden.[2] Die Ersetzung der Floß- durch die Schiffahrt mußte jedoch angestrebt werden, weil der ungeheure Verbrauch von Floßholz viel zur Waldschwendung beitrug.

---

[1] OBA. 1553 11/X.; 1556 2/VIII., n. 24/X., 27/XI.; 1557 11/X.; 1558 15/III.; 1562, n. 131 und sonst.

[2] OBA. 1557 s. d. und 1553 19/X. Margaretha Praunshoferin an den Abt von Admont: Auch nach Vollendung des Schiffsweges „werde man Je so jächling an (ohne) Irrung und Erclärung nicht föllig, sondern die wenigste Zeit im Jahr, so er ganz an die Statt berait wär, aus Ursach der Veränderung der Größe und Schneewasser, der Güssen und dergleichen Zufall nicht allweg faren und schiffen mögen“. Daher sei Sparsamkeit im Schlagen der Floßhölzer dringend geboten.

Grundherren und Bauern, Hammermeister und Eisenhändler sind in verschiedener Weise am Floßwesen beteiligt. Die „Rafhölzer" stammen aus den grundherrlichen Wäldern, im Innerberger Kreis besonders aus den Beständen des Stiftes Admont. Die bäuerlichen Untertanen bauen die Flöße, deren jedes aus 12 bis 15 Stämmen bestehen soll, um durchschnittlich 55 bis 60 Zentner Eisen tragen zu können. Doch halten sich die Steyrer und Weyrer zum Teil eigene Floßmacher. Zahlreiche Leute auf dem „Gäu" drängen sich zum Flößergewerbe. Das Auf- und Abladen geschieht an bestimmten Orten, den „Hueb-" oder „Ladstätten", deren Verwaltern, den „Fertigern", von den Hammermeistern vorgeschriebene Gebühren entrichtet werden müssen. Die Einrichtungen dieser Ladstätten an der Enns, die „unentratlichen Schlachten und Archen" sind aber in so schlechtem Zustand, daß das dort gelagerte Eisen schwer gefährdet ist.[1] Die abgeladenen Flöße werden in Steyr von den Hammermeistern zusamt dem Eisen an die Eisenhändler verkauft und von diesen wohl an die Legstadthändler weitergegeben.[2]

Weit mehr noch als die Landfuhren ist der Flußtransport elementaren Störungen ausgesetzt. Namentlich ist die Enns ein „rauhes, wildes Gewässer", das kaum durch die Anlage des Schiffsweges hat völlig gebändigt werden können. Gefährlich wird besonders der hohe Wasserstand zur Zeit der Schneeschmelze. Bei Hochwasser bilden sich an gewissen Stellen des Flusses starke Schuttansammlungen, die beim Sinken des Wasserstandes wieder weggeräumt werden müssen, nicht ohne daß sich Bauern und Gewerken über die Tragung der Kosten des Verfahrens streiten. Dann hemmt wieder einmal ein Bergsturz die „Naufahrt" und verlegt den Eisentransporten den Weg.[3] Auch menschliche Unvernunft und die Erbitterung des Konkurrenzkampfes richten den schwersten Schaden an, erfüllen auch dieses Seitengebiet der Eisenwirtschaft mit Zank und Streit. In Jahren flotten Geschäftsganges, wo ein Hammermeister dem anderen beim Flößen zuvorzukommen sucht, werden die Wälder durch übermäßiges Schlagen der „Rafhölzer" grausam verwüstet. Nur niedere Hölzer werden niedergeschlagen, indes man die hohen stehen läßt. Zwecklos gefällte Stämme müssen verfaulen. Leichtsinnig wirft man große Holzmassen auf den Fluß, so daß bei Wassernot die Brücken gefährdet, viele Hölzer, die sonst auf Jahre hinaus einen Vorrat hätten bilden können, „weggeflößt" werden. Diese unsinnige Wirtschaft beschleunigt die Zerstörung der Wälder, treibt die Floßpreise in die Höhe, wird zu einer Gefahr für den bäuerlichen wie

[1] OBA. 1579, n. 9, gegen Ende.

[2] Über Streitigkeiten zwischen Freistadt und Mauthausen beim Floßholzverkauf vgl. S. 123 [1].

[3] OBA. 1549 8/VIII. Innerberger Amtmann an Steyr.

für den Eisenbetrieb und führt zu heftigen Zusammenstößen zwischen den die Interessen ihrer Untertanen vertretenden Grundherren und den Kammergutsleuten. Ein Hauptschauplatz dieses Treibens ist besonders das mittlere Ennstal gegen Ende der fünfziger Jahre des 16. Jahrhunderts. Damals tritt dort der Abt von Admont als warmer Anwalt seiner Bauern und Hammermeister gegen die Gewerken und Händler von Steyr und Weyer auf, die unter dem Geschrei „Kammergut, Kammergut" seinen armen Untertanen das Brot von Mund wegnehmen, aber durch ihre blindwütige Holzvergeudung bald selbst gezwungen sein würden, Feierabend zu machen. Was bleibt noch für künftige Geschlechter übrig! So muß schließlich die Regierung für gerechte und vernünftige Schlagung und Verteilung der Radhölzer Sorge tragen.[1]

Und so wie die Landfuhrleute und die Gewerken sich oft schlecht miteinander verstehen, so bereitet auch das ungebärdige Völkchen der „Naufergen" seinen Auftraggebern durch gesteigerte Lohnansprüche und sonstige Widerspenstigkeit schweren Verdruß. Die Fergen an der Enns zum Beispiel weigern sich einmal, über Steyr hinauszufahren, so daß die Händler dort für den Eisentransport nach Mauthausen neue Fergen aufnehmen müssen. Im Jahre 1580 klagen die österreichischen Hammermeister, daß die oberreiflingschen Schiffleute bei niederem Stand der Enns die herabgeführten Halbmaße auf den Sand oder ins Wasser werfen. Könne das Eisen, wie so häufig, nicht rechtzeitig geborgen werden, so werde es bei plötzlichem Steigen des Flusses „versandet und verschüttet".[2] Also eine endlose Kette von Hindernissen, Gefahren und Streitigkeiten.

Unter den gegebenen Verhältnissen konnte über die dringlichsten Aufgaben der Verkehrspolitik kein Zweifel herrschen. Der üble Zustand, in dem sich selbst unentbehrlichste Verkehrslinien befanden, mußte behoben werden, um die Eisenabfuhr und die Proviantzufuhr zu erleichtern. Saumpfade, die bei starken und andauernden Regengüssen unwegsam wurden, waren in Wagenstraßen umzuwandeln. An die Stelle der die Wälder zerstörenden Floßfahrt mußte der holzersparende Schiffverkehr treten. Besonders die Regierung Ferdinands I. hat sich dieser Aufgaben eifrig angenommen. Damals ist der Saumpfad durch die Mändling in einen Wagenweg umgestaltet und damit eine bessere Verbindung Innerbergs mit den unterösterreichischen Proviantbezirken geschaffen, vor allem aber durch das große Werk des Schiff- und Roß-

[1] Zahlreiche Angaben da und dort in OBA. 1555/57.

[2] OBA. 1549 8/VIII. Innerberger Amtmann an Steyr. — „Die Schiffahrtsbestandleute . . . mit den Löhnen anhero mit zu sättigen gewest, sondern dieselben nach ihrem Gefallen gesteigert haben." Innerberger Hauptkapitulation 1625 (Archiv der Innerberger Hauptgewerkschaft, in L. A.). — OBA. 1580, n. 65.

weges zwischen dem Erzberg und dem Stapelplatz Steyr eine zweckmäßigere Kommunikation hergestellt worden. Aber freilich nur sehr, sehr langsam können diese Werke zur Vollendung gedeihen, weil ihnen die finanzielle Basis häufig entzogen wird, die für verkehrspolitische Einrichtungen bestimmten Mautbeträge anderen Zwecken zugewendet werden.[1] Auch sträuben sich die anrainenden Untertanen gegen die schuldige Mithilfe zur Bauarbeit. Ungeduldig fragen dann die Gewerken, wofür sie eigentlich Jahre lang die erhöhte Maut gezahlt hätten. Oder die Meister dieser oder jener Gegend murren, wenn aus dem Ertrag der von ihnen geleisteten Abgaben nicht gerade diejenigen Wege und Stege gebaut werden, die ihnen als nötig erscheinen, wenn die Regierung aus diesen Geldern andere Verkehrsanlagen fördert, sie also Bau und Erhaltung der ihnen bequem gelegenen Straßen aus dem eigenen Säckel bestreiten müssen.[2] Das Straßenelend ist ja eine bis zur Gegenwart sich forterbende Plage für Handel und Verkehr in den österreichischen Alpenländern, weil es den leitenden Stellen zwar nicht an Einsicht, um so mehr aber an den notwendigen Mitteln mangelt. Trotz ehrlichen Anläufen, großgedachten Projekten, trotz manchem glücklich vollbrachten Werk bleibt im ganzen zwischen 1500 und 1800 das im allgemeinen für die Förderung des Verkehrs Geleistete doch weit hinter dem Geplanten zurück. Und so hat die im alten Österreich nie überwundene Geldnot auch die Ausgestaltung des für das Eisenwesen notwendigen Verkehrssystems mindestens stark verlangsamt.

Welchen Zwecken dient nun das Eisen, das im Blähhaus und im Hammer erarbeitet wird und auf mühseligen und gefahrvollen Wegen seinen Bestimmungsorten zustrebt? Das letzte und wichtigste Stadium der Produktion, die Umwandlung des Schmiedezeugs in richtige „Kaufmannsware", die Erzeugung fertiger Gebrauchsgegenstände und ihr Vertrieb im engeren und weiteren Kreise, muß den nächsten Gegenstand unserer Betrachtung bilden. Eine knappe, rein systematisch gehaltene, nur die charakteristischen Momente betonende Überschau über die wichtigsten Gebiete der Eisenverarbeitung und ihren Einfluß auf den Handel soll uns auf die spätere Darstellung des geschichtlichen Verlaufes vorbereiten.

Der Wunsch der Produzenten und Händler wie auch der Leitgedanke der Regierung ist es, wie wir wissen, daß die Masse des Rohmaterials in erster Linie für die heimischen Werkstätten zur Verfügung gehalten werden müsse. Erst wenn diese zur Genüge versehen seien,

[1] Vgl. S. 52, 53.
[2] OBA. 1553 12/X. Beschwerdeschrift des Abtes von Admont.

sollen die ausländischen Käufer an die Reihe kommen. Und vor allem soll ja die Einrichtung der Eisenkammern,[1] in denen die für den in= ländischen Bedarf notwendigen Eisenmengen und Eisengattungen fest= gehalten werden, die Durchführung dieses Grundsatzes verbürgen, der freilich zu allen Zeiten durchbrochen wird. Bis ins 19. Jahrhundert sind die Klagen über zu starke Materialabfuhr ins Ausland, über Hemmungen der heimischen Produktion nicht verstummt. Aber doch bleibt noch genug Eisen im Land, um einen weiten Kreis von Gewerben zu be= fruchten. Ein buntes Gewimmel von Eisenhandwerken breitet sich im ganzen Umfang der Alpenländer, vor allem in den innerösterreichischen Territorien und im Donaugebiet aus. So groß ist die Zahl ihrer Vertreter und das Bedürfnis nach ihren Erzeugnissen so weit verbreitet, daß ihnen die Städte nicht genug Raum bieten. Auch kleinere ländliche Orte sind von ihnen bevölkert. Auf den Gütern geistlicher und weltlicher Grund= herren finden sie Unterkunft. Eisengewerbe blühen überall empor, wo ihre Lebensbedingungen, Wasser und Wald, in Hülle und Fülle vor= handen sind. Jede Wasserader wird ausgenutzt, große Flüsse und kleine Gebirgsbäche werden dem Betriebe dienstbar gemacht. Am dichtesten gedrängt hausen die Eisenhandwerker in den beiden österreichischen Ländern. Eisenverarbeitung und Eisenhandel bestimmen die wirtschaft= liche Physiognomie des Alpenvorlandes in Vergangenheit und Gegen= wart. Die Industrie ist konservativ. Ihre führenden Zweige haben heute noch ihre einstigen Standorte inne, so weit sie nicht durch wirtschaft= liche Umwälzungen vernichtet worden sind. In der Blütezeit sind im Lande unter der Enns Wien, die Täler der Ybbs und Erlaf, ob der Enns Steyr mit seiner näheren und weiteren Umgebung, dem Enns=, Steyr= und Kremstal, im Mühlviertel Freistadt mit Eisenwerkstätten übersät ge= wesen. In scharfer Umgrenzung heben sich einzelne große Industrie= bezirke ab, in denen sich bedeutsame Spezialitäten entwickelt haben: der Steyrer Bezirk mit seiner blühenden Messerindustrie, Waid= hofen a. d. Ybbs und später im Kremstal Kirchdorf, Micheldorf und andere Orte als Sitze der Sensenfabrikation.[2]

Der weiten Verbreitung der Eisengewerbe entspricht ihre Mannig= faltigkeit. Teils nur in vereinzelten Angaben, teils in überwältigender Fülle des Stoffes erzählen uns die Quellen von Huf= und Hacken=, Blech= und Nagel=, Pfannen= und Ringlschmieden, von Drahtziehern, Schlossern und Sporern, von den Verfertigern von Faß= und Wagenreifen, Bohrern und Schusterahlen, Feilen und Scheren, von den Sägeschmieden, denen ohne Zweifel die Ausbreitung der Sägemüllerei im 16. Jahrhundert zu

[1] Vgl. S. 47 ff.

[2] Auch zum folgenden: B i t t n e r a. a. S. 544, 545, 555 u. 556.

statten kommt, von den vielseitigen Messer-, den hochberühmten Sensengewerken, den Panzerstrickern, Harnisch- und Bogenmachern und vom jüngsten Glied dieser Reihe, den Erzeugern von Feuerwaffen. Also eine Industrie in vielfältiger Verzweigung, tätig für das friedliche Alltagsleben wie für die Zwecke des Krieges, für die Bedürfnisse des Haushaltes, der Landwirtschaft und der verschiedenen Gewerbe und nicht zuletzt des Montanbetriebes. Kaum eine der heute gang und gäbe Produktionssorten fehlt auf der Liste. Und die Geschichte einer ganzen Reihe von Eisengewerben läßt sich, wenn auch manchmal nur in flüchtigen Spuren, um Jahrhunderte zurückverfolgen.[1] In den alpen-

Abb. 8. Steyr, Schloß, Bekrönung eines Fensterkorbes (18. Jahrhundert).

ländischen Werkstätten wird teils für den lokalen Bedarf, teils aber auch für den Weltmarkt gearbeitet und vielfach schon mit erfolgreichem Streben nach künstlerischer Gestaltung. Fein gearbeitetes Gitterwerk, kunstreiche Türen, schön geformte Schlösser, Schlüssel und Grabkreuze, prunkhaft ausgestattete Waffen erfüllen nicht nur ihre praktischen Zwecke, sondern bieten zugleich eine köstliche Augenweide.

Über diese reichgegliederte Masse von Eisengewerken wachsen einige Produktionszweige hoch empor, am höchsten die Messer- und

---

[1] OBA. 1550, n. 1—7. Für drei Hufschmiede in Neumarkt (Obersteiermark) suchen Richter und Rat 1713 11/II. den urkundlichen Nachweis zu erbringen, daß deren Freiheit 104, vielleicht sogar 200 Jahre alt sei. — Die Schmiede erhalten vom Grundherrn, auf dessen Gebiet sie sich niederlassen, ihre Gerechtsame und entrichten ihm dafür Dienste und Abgaben. Der Nachweis eines möglichst hohen Alters ihrer Betriebe ist für sie deshalb von Wert, weil sie dadurch desto leichter die Bestätigung oder Erneuerung ihrer Freiheiten zu erlangen hoffen. Deshalb wird in den Attestatsurkunden gern von „unvordenklichen Jahren" gesprochen.

Sensenerzeugung. Diese beiden Industrien bringen es zu einer für ihre Zeit sehr weit fortgeschrittenen Technik und vermögen dadurch Qualitätsleistungen zu erzielen, die weit über die Grenzen der engeren und weiteren Heimat hinaus Anwert finden.

Die Messerindustrie[1] zeichnet sich schon frühzeitig durch eine ungewöhnlich starke Spezialisierung aus und steht unter den exportierenden Gewerben mit in erster Reihe. Der Ausdruck „Messer" oder „Klinge" ist in älteren Zeiten in viel weiterem Sinne gefaßt worden als heutzutage.

Abb. 9 und 10. Spital am Pyhrn, Stiftskirche, Einzelheit vom großen Abschlußgitter, geschmiedet von A. F. Lindemayr (um 1734).

Er bezeichnet auf österreichischem Boden wie auch in Westdeutschland die verschiedensten Gattungen von Schneidewerkzeugen, vom gewöhnlichen „Taschenfeitl", einem einfachen mit hölzernem Griff versehenen Taschenmesser, bis zum reich verzierten Waidmesser, bis zum Schwert, Degen oder Säbel. Darnach wird zwischen großem und kleinem Klingenschmiedwerk unterschieden. Die Klingenwaren tragen die

[1] Vgl. den allgemeinen Überblick bei Bittner a. a. O. S. 545 ff. und die dort angegebene Literatur. — Eine Monographie über das Messergewerbe täte dringend not. Reiches Material lagert besonders im Steyrer Stadtarchiv.

mannigfaltigsten Bezeichnungen, zum Teil nach dem Ort ihrer Herkunft oder nach ihrer Bestimmung, wie Steinbacher, „türkische", „ungarische" Klingen. Die Art der Herstellung muß sich also nach den Wünschen der Abnehmer richten.

Als Rohmaterial für größere Klingen und Schwerter dient die beste Stahlsorte, der Scharsachstahl. Zur Herstellung der kleineren werden gezainter Frimbstahl und Zaineisen unter dem Gesamtnamen des „Frimb- oder Frumbwerkzeugs" verwendet. Die Hammermeister haben jedes Jahr an die Werkstätten der einzelnen Städte ein bestimmtes Quantum vom Frimbwerkzeug zu liefern, das sich auf Tausende von Zentnern beläuft.[1] Nur das beste Material ist den Klingenschmieden gut genug, „schlechter", „hadriger", „zerrissener", „zu groß gezainter Zeug" wird von ihnen als unbrauchbar und wegen des zu starken Kohlenaufwandes, den die weitere Bearbeitung erfordern würde, mit Entrüstung zurückgewiesen.

Der Herstellungsprozeß verläuft in folgender Weise. Ein Weicheisenstück wird zwischen zwei Stahlstücke „gepackt" und mit diesen zusammengeschweißt. Das Ganze wird in der Mitte auseinandergehauen und die beiden Hälften wieder so zusammengefügt, daß in der Mitte zwei Stahlstücke aufeinander zu liegen kommen, die später die Schneide bilden. Diese Rohklingen werden dann noch ausgehämmert, geschliffen und mit einem Griff oder einer Schale versehen.[2] Die schon im 15. Jahrhundert durchgeführte strenge Arbeitsteilung bezeugt die früh erreichte hohe Stufe technischer Entwicklung. Ein Messer wird nicht in einer und derselben Werkstatt hergestellt, vielmehr sind dazu drei Kategorien von Gewerbsleuten nötig, die Klingenschmiede, die Schleifer und die Messerer im engeren Sinne. Der Klingenschmied verfertigt die Rohklingen und beschäftigt dabei zwei Gesellen, den Essmeister und den Schlaher. Von den Schleifern werden die Klingen geschliffen, von den Messerern mit einem Griff oder einer Schale versehen und zum Verkauf fertiggemacht. Der Stadtrat beweist seine hohe Wertschätzung für das hochwichtige Gewerbe, speziell für die Schleiferei, durch Errichtung städtischer Schleifmühlen, die dann vom Handwerk gepachtet werden.[3] Die Messerer verwenden neben ihren Gesellen noch eigene Lohnarbeiter, die Schalenmacher oder Schrater, denen die Anfertigung der Schalen für die Messer obliegt. Diese arbeiten zeitweilig in der Werkstatt des Messerers, schließen aber mit dem Meister keinen ständigen Arbeitsvertrag. Sie erhalten von ihm Kost und Trinkgeld und werden nach dem

[1] Georg Schoiber, Die Raminger Schmiede, Blätter des Vereins für Landeskunde von Niederösterreich, N. F. XIV. 1880, S. 102, n. II.
[2] Bittner a. a. O. S. 547.
[3] Joh. Mayer, Gesch. v. Wiener-Neustadt III 114.

Abb. 11. Windisch=Garsten (Oberösterreich). Grabkreuz, jetzt Familie Schröckenfux an der Pfarrkirche (18. Jahrhundert).

Hundert bezahlt. Jeder Schrater hat im Tag eine bestimmte Stückzahl, 1400 bis 1500, zu liefern. Die Schalen der Messer werden aus Bein, Horn, Buchsbaum und Eibenholz erzeugt. Den Buchsbaum und das einen not=wendigen Zusatz bildende Messing liefert Frankreich durch Vermittlung Nürnbergischer Kaufleute, die zugleich die Steyrer Messer abnehmen —

eine Bezugsquelle, die, wie wir später sehen werden, in unruhigen Zeiten versiegt.

Der Messerer ist abhängig von den Klingenschmieden und Schleifern, die jedoch auf ihn nicht immer die nötige Rücksicht nehmen. Schon um die Mitte des 15. Jahrhunderts muß den Klingenschmieden die Ausfuhr unvollendeter Klingen, den Schleifern der gleichfalls zu Handelszwecken geübte Fürkauf der Rohware als den Messerern nachteilig verboten werden. Dieser freie Handel soll nur dann gestattet sein, wenn die Messerer ihren Verlags- und Zahlungspflichten nicht nachkommen, ein Zeichen, daß deren Beziehungen zu den beiden anderen Gruppen eine feste Form gewonnen haben.[1] Ursprünglich hat, wie anzunehmen, jede der drei Klassen ihre Arbeit selbständig verrichtet, haben die Klingenschmiede auf eigene Rechnung den Ankauf des Materials und die Herstellung der Rohklingen besorgt, sie dann an die Schleifer weitergegeben, von denen sie nach Abschluß des Schleifprozesses an die Messerer abgeliefert wurden. Im Laufe der Zeit aber hat sich ein Übergewicht der Messerer über die beiden anderen Gruppen ausgebildet, sind sie zu ihnen in ein Verlagsverhältnis getreten, dessen Entstehungszeit nicht sicher ist, das sich jedoch für Steyr in der zweiten Hälfte des 16. Jahrhunderts mit voller Klarheit nachweisen läßt. Diese Verlagsbeziehungen mögen zum Teil aus Schuldverhältnissen hervorgegangen sein. Ein an einen Messerer verschuldeter Klingenschmied oder Schleifer erhält vom Gläubiger Geldvorschüsse und Betriebsmaterial, Model und Patronen und tritt ihm dafür seinen Arbeitsertrag ab.[2] Wie im Radwerkswesen stehen auch im Messerergewerbe die ärmeren Verleger unter dem Drucke der vermöglicheren, das heißt sie fühlen sich ohne Zweifel durch die von jenen gemachten, übermäßigen Angebote von Verlagsgeldern in ihrem Anteil am Geschäft verkürzt.[3]

Auch auf das Gebiet der Verarbeitung greift speziell in der Messerindustrie die Grundtendenz der damaligen Sozialpolitik über, die Sorge um die Erhaltung der Kleinbetriebe, um die Normierung der Produktion. Das Maß der täglichen Arbeitsleistung ist festgesetzt für große Schwerter und Degen auf 1 bis 3, für kleinere Messer auf 20 bis 30, ja sogar 40 Stück. Im Jahre 1521 verbietet der Burggraf von Steyr, Wilhelm Freiherr von Roggendorf, den Klingenschmieden von Dambach und Raming, mit mehr als einem Feuer zu arbeiten, weil ein Reicher zwei, drei oder mehr Feuer unterhalten könne, ein Armer aber nur eines.[4] Wie die Hammermeister werden also auch

[1] Mandat Maximilians II. 1569 22/III. (A. Fr.).

[2] Müllner, Bd. 16: zu den Jahren 1572/73, 1588 u. 1589.

[3] Müllner a. a. O.: 1589 10/VII. (Prozeß zwischen Steyr und Steinbach.)

[4] Müllner a. a. O. S. 154.

die Klingenschmiede zu starker Begrenzung ihrer Produktion genötigt. Auch da wird dem Reichen die volle, rücksichtslose Auswertung seiner Kräfte versagt, soll das Prinzip der Gleichheit herrschen, die Güte der Arbeit nicht durch schleuderische Massenerzeugung gefährdet werden.

Wie das Ausmaß der Produktion gebunden ist, so unterliegt auch die Qualität scharfer Kontrolle. Keine Werkstatt darf sich auf Kosten

Abb. 12. Stift Admont. Eiserne Truhe mit kunstvollem Schließwerk (18. Jahrhundert).

der anderen einen ungerechten Vorteil verschaffen. Die Model sollen alle das gleiche Gewicht haben, je 25 Lot halten, die Patronen an Länge, Dicke, Breite und Gewicht einander gleichförmig sein, damit Irrung verhütet bleibe, auch der Verschleiß in Österreich befördert werde, „nicht eine Werkstatt die ander durch Ungleichheit der Arbeit, wie bisher beschehen, verderbe".[1] Auch im Messerergewerbe sind die Meister der

[1] 1586 11/III. Verordnung Rudolfs II. für sieben ober- und unterösterreichische Messerwerkstätten. Schoiber a. a. O. S. 104, n. III.

Beschau und dem Zeichenzwang unterworfen, damit die „Wahre gerecht und gut aufgebracht werde", Ruhm und Gewinn des Handwerkes und des Kammergutes gewahrt bleiben. Die Beschauordnungen werden entweder vom Landesherrn erlassen und durch die vom Rat ausgewählten Vertreter der drei Gewerbe gehandhabt oder aber von den Meistern selbst — wohl mit fürstlicher Bestätigung — verfaßt.[1] Jeder Meister führt sein Zeichen, das dem Inhaber durch Handwerksbrief eingeantwortet, auch in des „Handwerks Bleitafel" eingetragen wird. Die Messererzeichen weisen einen ansehnlichen Formenreichtum auf. Wir finden einen „Bischofstab", ein „Schrauf für ein Mostfaß", ein „Kreuz auf einem Tischschragen", einen „Prinzzapfen", ein „Schwert". Der Besitzer eines Zeichens kann es vererben, verkaufen oder übertragen. Am Zeichen haftet das Ansehen der Werkstatt. Wer ein „gutes", das heißt akkreditiertes Zeichen führt, kann auf einen weiten und sicheren Abnehmerkreis rechnen. Ein gutes Zeichen stellt darum einen bestimmten Geldwert dar, kann sogar zur Begleichung einer Schuld verwendet werden. Dafür ist es freilich auch der Gefahr der Fälschung ausgesetzt, die namentlich den Steyrern von seiten ihrer Nürnberger Abnehmer droht. Ist dagegen ein Zeichen einmal in Verruf geraten, so finden die aus dieser Werkstatt kommenden Messer keine Käufer mehr. In diesem Falle fordert der Rat von Steyr die Händler auf, „schlechte" Zeichen mit besseren zu vertauschen. Auch sollen Zeichen, die vordem in gutem Ansehen gestanden sind, nunmehr aber „verligen", das heißt abgekommen sind, wieder in Gebrauch genommen werden.[2]

Hauptbereich der Messerindustrie sind die Lande ob und unter der Enns, besonders Wien, Krems, St. Pölten, Melk, Waidhofen, dann Steyr mit seinen Nachbarorten Kleinraming, Dambach, Steinbach und Kremsmünster, endlich Enns, Wels und Schleißheim. Seit dem 15. Jahrhundert sehen wir die Werkstättenverbände dieser Orte zu größeren Vereinigungen mit wechselnder Mitgliederzahl zusammengeschlossen. Diese interlokalen Organisationen bezeichnen sich als die „redlichen Werkstätten" und beanspruchen eine Monopolstellung. Sie suchen das Aufkommen neuer Werkstätten zu verhindern, indem sie den Gesellen, die dort gearbeitet haben, die Aufnahme verweigern — ein Beginnen, dem der Landesherr entgegentritt.[3] Aber nirgends hat die Messerindustrie prächtiger geblüht als in Steyr, in dessen Nähe nur Steinbach im Steyrtal eine selbständige Stellung zu erringen vermag. Wie in der zweiten Hälfte des

---

[1] G. Friess, Blätter für die Landeskunde für Niederösterreich. 1870, S. 218, für Waidhofen a. d. Ybbs. Schoiber a. a. O. S. 105.

[2] Angaben bei Müllner, Bd. 16: zu 1525, 1571, 1572, 1579.

[3] Bittner a. a. O. S. 550 u. 551; Schoiber a. a. O. S. 100, 104, 110; Friess a. a. O. S. 219.

19. Jahrhunderts die Gewehrfabrikation, so hat namentlich vom 14. bis 16. Jahrhundert die Messerererzeugung dem Wirtschaftsbild Steyrs Rahmen und Farbe verliehen. Die in den verschiedenen Zweigen dieses Gewerbes tätigen Meister mit ihrem Gesinde machen einen erheblichen Prozentsatz der Stadtbevölkerung aus. In einer Zeit hoher Blüte, gegen die Mitte des 16. Jahrhunderts, läßt die Zuwanderung von Messermeistern sogar eine ganz neue Vorstadt entstehen. Auch sind der Zunft ständig zwei Sitze im Rat gesichert. Durch ihre Arbeit erhalten die Messerer die Nähr- und Steuerkraft der Stadt sowie sie auch das stärkste Kontingent der wehrfähigen Bürgerschaft stellen. Steyrs Messerhandel dehnt sich nach allen Himmelsrichtungen aus. Die Messerindustrie ist das köstliche „Kleinod“ der Stadt, dessen Besitz sie aber auch mit niemandem teilen will. Darum Steyrs zäher, aber erfolgloser Kampf gegen das benachbarte Steinbach, das sich zu einem unabhängigen Industriezentrum emporschwingt, darum das Verbot, Messer an Nichtbürger zu verkaufen.[1] Das Monopol soll nach allen Richtungen hin verteidigt werden, der Handelsgewinn den Bürgern allein verbleiben.

Die Steyrer Messerermeister wußten sich auch das platte Land dienstbar zu machen. Vor den Toren der Stadt — wie in den Vorstädten selbst — saßen einst dicht gedrängt die Klingenschmiede, die alle den städtischen Verlegern zinsen mußten. Heute noch erkennt der Besucher des freundlichen Dambach- und Ramingtales die einstigen Schmiedehäuser an ihren charakteristischen, konisch geformten Schornsteinen. Die Schmiede selbst findet er aber nicht mehr. Ihre einstigen Werkstätten sind nun in bäuerliche und gewerbliche Betriebe umgewandelt, die alten Meister fast bis zum letzten Mann niedergemäht vom modernen Großbetrieb. In ganz Steyr gibt es heute nur noch zwei Klingenschmiede, die ihr Gewerbe in der alten patriarchalischen Weise weiterführen. Alle anderen haben der Fabrik weichen müssen. In Kleinraming sind nur ein paar reichgeschmückte Innungskelche als letzte Reste des einstigen Glanzes übriggeblieben, von alten Meistern in treuer Obhut gehalten, bis vielleicht die Not der Zeit die Veräußerung dieser Prunkstücke erzwingt.

Der Weltruf des Steyrer wie des österreichischen Messererwerkes überhaupt gründet sich auf den ausgesucht trefflichen Rohstoff wie auf die sorgsame Art der Ausführung. Vor allem die Steyrer Klingenschmiede bestehen auf der Lieferung des allerbesten Frumbwerkzeuges, damit ihr Gewerbe nicht wegen „böser, unverperlicher“ (das heißt unabsetzbarer) Arbeit erliegen müsse. In ihren Beschwerdeschriften geben

[1] Dafür bietet Müllner im Bd. 16 reichliches Material. Der Streit mit Steinbach wird später ausführlicher behandelt werden.

sie ausführlich ihre Wünsche kund. Der Stahl muß „recht gegärbt, nicht rauch und grob gezaint sein". Sonst werden auch die daraus gefertigten Klingen rauh und „lauter abreißen". Die Schmiede bemängeln es auch, wenn der Stahl „häutig" und „schüfrig" ist, so daß daraus keine ganzen Klingen zu machen sind. Stahl und Eisen dürfen nicht zu hart und nicht zu weich, auch nicht „so grob und groß abgezaint" sein, daß sie (die

Abb. 13. Eßbestecke vom Ende des 18. Jahrhunderts aus dem Besitze der Familie Kallab, Micheldorf.

Schmiede) die Stangen zerbrechen und wieder nach den Hämmern tragen und von neuem zainen lassen müssen.[1] In Jahren lebhaften Betriebes werden solche Massen von Frumbzeug angefordert, daß der Amtmann fürchtet, es möchten andere Eisenhandwerker über Mangel schreien, und keine Lieferung darf sich verzögern. Stockt der Zufluß des Zeuges oder wird er nicht als brauchbar befunden oder suchen etwa diejenigen Hammermeister, die das Ziehereisen, das Material für die

---

[1] OBA. 1564, n. 10 13/I. Die von Steyr an die Hofkammer.

Drahtzüge bearbeiten, dieses auf Kosten des übrigen Schmiedeeisens zu verbessern, so können die Klingenschmiede keine gute Arbeit leisten und bekommen von ihren Messererverlegern die heftigsten Vorwürfe zu hören. Dann wird der Rat von den Beschwerdeführenden überlaufen und muß bei den höheren Stellen auf Abhilfe dringen. In der zweiten Hälfte des 16. Jahrhunderts besonders haben die Steyrer Klingenerzeuger mit ihren Lieferanten, den Hammermeistern in Weyer, St. Gallen und Landl, harte Sträuße um das Rohmaterial ausfechten müssen.[1]

Die peinliche Sorgfalt bei Auslese und Verarbeitung des Rohstoffes trägt aber die reichsten Früchte. Weit gehen die Steyrer und andere Messer aus den Werkstätten ob und unter der Enns in die Welt hinaus. Sie haben ihre Absatzgebiete in Polen und Rußland, in Ungarn und im Orient, in Italien und im Reich, wo die Nürnberger ihre Zeichen nachschlagen. Auch die Messerindustrie ist wie das ganze Eisenwesen wechselnden Konjunkturen preisgegeben. Auf Zeiten stärkster Beschäftigung, lebhaftesten Zudranges zum Handwerk folgen Perioden der Stockung, des Niederganges. Gegen Ende des 16. Jahrhunderts hemmen Verwicklungen in Ost- und Westeuropa die Zufuhr des ausländischen Rohmaterials und lähmen den Absatz. Im Anfang des 17. Jahrhunderts stiften die konfessionellen Streitigkeiten das ärgste Wirrsal. Wie das Schicksal jeder Exportindustrie ist auch das des Messerhandwerkes aufs stärkste von politischen Konstellationen beherrscht.

Das eigentliche Haupt- und Prachtstück nicht nur der Eisenindustrie, sondern des gesamten Eisenwesens ist und bleibt aber doch die Sensenfabrikation, mit der die Erzeugung von Sicheln und Strohmessern im allgemeinen Hand in Hand geht. Hier findet der Erforscher des Eisenwesens seinen dankbarsten Stoff, hier bietet sich ihm ein Objekt, das ihn nicht nur durch seine wirtschaftliche Bedeutung, sondern eben so sehr durch seinen kultur- und sozialhistorischen Reiz fesseln muß, ihn auch zu beständigem Seitenblick auf die Gegenwart lockt. Freilich sieht er sich einer fast erdrückenden Fülle des Quellenmaterials gegenüber, dessen erschöpfende Verarbeitung auch auf rein monographischem Wege die Kräfte eines einzelnen fast übersteigt.[2] Sensenbetriebe fehlen in keinem der vier mit Wald und Wasser gesegneten Länder, denen unsere

[1] Belege folgen später.

[2] Das hier Gesagte entspricht auch nicht entfernt der Wichtigkeit des Gegenstandes, bezweckt nur eine allgemeine Orientierung. Eine Monographie des alpenländischen Sensenwesens — am besten nach den einzelnen Ländern, Österreich ob und unter der Enns, Steiermark und Kärnten gegliedert — wäre eine der dringendsten und reizvollsten Aufgaben im Bereich unserer Eisengeschichte. Einzelne Vorarbeiten sollen später genannt werden. Für Oberösterreich wäre das Material vor allem dem eine stattliche Reihe von Faszikeln umfassenden Archiv der Kirch- und Micheldorfer Gewerkschaft zu entnehmen. (Aufbewahrt im Linzer Landesarchiv.)

Betrachtung gewidmet ist. Sie liegen verstreut in sämtlichen Vierteln der Steiermark, in Rottenmann, Kindberg, Übelbach, Knittelfeld und an anderen Orten, auf kärntnerischem Boden im Lavanttal. Ihre stärksten Wurzeln aber hat die Sensenindustrie gleich dem Messerergewerbe in den Ländern ob und unter der Enns geschlagen, im Gebiete der Ybbs und Erlaf, der Steyr und Krems. Im obderennsischen Land liegen die Sensenhämmer teils dicht beisammen, teils vereinzelt, teils in der Ebene, teils eingebettet in die lieblichen Gebirgstäler, wo ihre charakteristischen Bauformen den Zauber des Landschaftsbildes erhöhen. Wie von der Messer- ist auch von der Sensenindustrie auf ihre Umgebung eine Fülle

Abb. 14. Klein-Reifling (Steiermark). Hammergewerken-Siedelung.

von Lebenskraft ausgeströmt. Wasser und Kohle gab es ja in den beiden Ländern genug. Das Rohmaterial, Stangeneisen, Zwizach, Scharsachstahl und Mock konnten teils aus Steyr, teils aus Innerberg selbst, teils aber auch kraft besonderer Abmachungen aus dem Vordernbergischen bezogen werden. Auch boten sich treffliche Absatzgelegenheiten zu Wasser wie zu Lande dar. Was Steyr für das Messerergewerbe, das bedeutet in älterer Zeit für die Sensenerzeugung Waidhofen an der Ybbs mit dem angrenzenden Göstlinger Bezirk, bis es ungefähr am Ende des 16. Jahrhunderts von Kirchdorf und Micheldorf im Kremstal überflügelt wird. Diese beiden Orte erheben sich damals zum Mittelpunkt einer weitumfassenden Gewerkenvereinigung, der auch die Werke im Gebiete des Steyrflusses angehören. Auch in Steyr selbst hat die Sensenindustrie seit

Beginn des 16. Jahrhunderts Boden gefunden,[1] ebenso wie sie in Mattighofen, Mondsee und Freistadt heimisch gewesen ist.

Auch die Sensenschmiede leben in einer gewissen Enge. Wie andere Eisenproduzenten sind sie eingegliedert in den Verband der Grundherrschaft. Erst wenn der Grundherr die Bestätigung gibt, daß ein Sensenschmied eine Werkstatt erworben habe, wenn er von ihm als „Stifter" aufgenommen ist, gilt er beim Handwerk als redlicher Meister.[2] Mit dem gewidmeten Roh- und Brennstoff muß das Auslangen gefunden werden. Auch im Sensengewerbe ist die Zahl der Arbeitskräfte beschränkt, ob-

Abb. 15. Sensenhammer Grünau bei Spital am Pyhrn (Oberösterreich).

wohl sie, wie es scheint, hier größer ist als in anderen Produktionszweigen. Ebenso wird die tägliche Arbeitsleistung normiert, in Waidhofen zu Beginn des 16. Jahrhunderts auf 70 Stück.[3] Auch für den Sensenhandel gilt die Scheidung der Verschleißbezirke Inner- und Vordernberg. Kirchdorfer Sensen werden in Rottenmann arrestiert. Leobensche, das heißt aus Vordernberger Material gefertigte Sensen sollen österreichischen Märkten fernbleiben.[4] Welch mächtige Entfaltung aber auch in diesem engen Rahmen!

---

[1] Bittner a. a. O. S. 553.

[2] K. M. I. 12, 14, 15 (1717).

[3] Friess a. a. O. S. 216; Bittner a. a. O. S. 564.

[4] K. M. VI, S. 42 bis 45.

Die Stärke der Sensenindustrie lag und liegt noch heute in ihrer eigenartigen, äußerst komplizierten Technik, die sich im Laufe der Zeit immer mehr vervollkommnet, ebenso wie in der Klingenfabrikation eine aufs weiteste getriebene Arbeitsteilung voraussetzt. Zu unserem Bedauern ist das sonst so reichhaltige Quellenmaterial gerade über die Einzelstadien dieser technischen Entwicklung sehr schweigsam, unter denen der Übergang vom Faust- zum Wasserhammer von grundlegender Bedeutung ist.[1] Durch viele Hände muß ein Stahlstück gehen, ehe es zum „Sensenknüttel", das heißt zur Sense in roher Form, und daraus zum gebrauchsfertigen Fabrikat werden kann. Die Sensenknüttel, die den Rohklingen in der Messerproduktion entsprechen, werden in besonderen Werkstätten hergestellt, und ihre Ausfuhr ist, wie die der unfertigen Klingen, verboten,[2] Die Ausarbeitung der Knüttel ist dann Sache der eigentlichen Sensenschmiede. Unter den Arbeitern kommt schon in älterer Zeit, so wie noch heute dem Eßmeister, der das Sensenblatt herzustellen hat, die wichtigste und verantwortungsvollste Funktion zu. Die Sensenerzeugung erhebt sich hoch über das Niveau gewöhnlicher Handwerksarbeit. Der Sensengewerk muß individualisieren können, muß sich wie der Messerschmied den besonderen Bedürfnissen und Geschmacksrichtungen seiner Käufer anzupassen verstehen. Schon im 16. Jahrhundert werden „deutsche" und „ungarische" Sensenknüttel unterschieden. Keine Sense gleicht völlig der anderen. Große Verschiedenheiten herrschen in Form und Ausstattung, je nach der Bodenbeschaffenheit des Landes, für das die Sense bestimmt ist, je nach dem Schmuckbedürfnis des Konsumenten. Ein wenig vom Künstler muß auch der Sensenmacher in sich haben.

Diese höchst verfeinerte Technik kann bewahrt, kann beständig gesteigert werden, weil sie von einer Generation auf die andere übergeht. Die späten Enkel bleiben dem Beruf des Vorfahren getreu, der das Werk gegründet hat und auf dessen Erbe sie stolz sind. Selten springt einmal einer aus dem Kreise und wählt einen anderen Beruf.[3] Gleich den alten

---

[1] Beck, Geschichte des Eisens II. 420 bis 422. Ausführliche Beschreibung der heutigen Produktionsweise 3. B. bei Eduard Stepan, Heimatkunde der Gemeinde Göstling a. d. Ybbs, S. 322 ff.

[2] Bittner a. a. O. S. 553.

[3] Bezeichnend für den ausgeprägten Familiensinn der Sensenleute ist es, daß, wenn nach dem Tod eines Meisters nur minderjährige Söhne vorhanden sind, die den Betrieb noch nicht übernehmen können, dann die Sensenschmiede zwar einem zum Handwerk tauglichen Vertreter eines anderen Berufes übergeben werden kann, doch nur auf gewisse Zeit. Nach dem Tode des Platzhalters soll sie an die Söhne des früheren Besitzers zurückfallen. Vgl. K. M. I. 82. 1770 11/VII: da die drei Söhne der Sensenschmiedmeisterswitwe Maria Josepha Kaltenbrunnerin im Markt Mondsee noch minderjährig sind, so wird die Schmiedegerechtigkeit an Wolfgang Kaltenbrunner,

Kaufmannsgeschlechtern können auch unsere heute noch führenden, zum Teil weitverzweigten Gewerkenfamilien auf eine lange Ahnenreihe zurückschauen. Die Tradition aber, das Gefühl des engsten Verwachsenseins mit dem uralten Familienbesitz ist ein segensreiches Erbteil, wenn auch Degenerationserscheinungen hier ebenso unausbleiblich sind wie in regierenden Häusern.

Die technische Meisterschaft, erprobt am trefflichsten Material, gewinnt, gleichfalls durch die Verlagsorganisation unterstützt, „der steirischen Sense" — so heißt auch das österreichische Produkt, weil es aus steirischem Eisen hergestellt ist —, europäischen Ruf. Mit ihr bestellt der österreichische und steirische Bauer, der sie auf lokalen Märkten oder beim nächsten Händler sich beschafft, sein Feld. Sie dringt aber auch hinaus in die böhmischen Länder, erobert sich die Märkte Deutschlands und Frankreichs, wird hochgeschätzt in den Agrarstaaten des Ostens, in Ungarn, in der Türkei und vor allem in Polen und Rußland. Bis nahe zur Gegenwart sind dem russischen Muschik seine Sensen durch Vermittlung polnisch-russisch-jüdischer Kaufleute geliefert worden. Und kein härterer Schlag hat in jüngster Zeit die österreichische Sensenindustrie treffen können, als die von der Sowjetregierung verhängte Schließung dieses ungeheuren Absatzgebietes.

Vom Handelsgewinn fällt ein Teil auch auf die kleinen Leute ab. Invalide oder arbeitslose Knechte dürfen auf den Jahr- und Wochenmärkten und auf den Kirchtagen inner- und außerhalb des Landes Sensen in bescheidener Menge feilbieten, um ihr Dasein fristen zu können. Im Land ob der Enns wächst dieser Knechtshandel weit über den rein lokalen Absatz hinaus. Der Meister sieht ihn gerne, weil er sich dadurch ungestört der Produktion widmen kann. Und so wird sogar der Auslandsverschleiß auf weite Entfernungen, nach Böhmen, Mähren, Schlesien und den „mitternächtigen Ländern" hin den handelnden Knechten anvertraut — zum argen Verdruß der regulären Eisenhändler. Mißbrauch dieser Handelsfreiheit freilich wird bekämpft. Die Meister erheben Einspruch, wenn ihnen die Arbeitskräfte fehlen, weil auch die jungen Knechte lieber frei und fröhlich als Händler durchs Land ziehen, anstatt sich in der Werkstatt zu plagen. Auch die städtischen Kaufleute, die eifersüchtig ihr Monopol bewachen, möchten gern die unlieb-

Ratsbürger, Wirt und Gastgeber in Mondsee, den Sohn eines verstorbenen Sensenschmiedemeisters, käuflich abgetreten. Er wird zum Meister angenommen, erlegt in die Lade die gebräuchliche Meisterwerdungsgebühr mit 4 fl. 48 kr., als Ablöse für die Wanderschaft 15 kr., für die Eisenobmannschaft 20 fl., für das Zeichen den drei Kaltenbrunner-Söhnen 25 fl. Aber die Werkstatt soll nach seinem Tod an einen der drei Söhne übergehen, jene 25 fl. für das Zeichen den hinterlassenen Erben des Wolfgang Kaltenbrunner zurückerstattet werden.

samen Gäste vom Markt verscheuchen, sich namentlich den Auslandshandel nicht von ihnen entwinden lassen. Nicht weniger macht die Konkurrenz der Hausierer den Knechten zu schaffen, so daß ihr Handelsbetrieb von verschiedenen Seiten her Widerstände erfährt.[1]

Mit dem Reichtum entwickelt sich auch bei den Sensengewerken der Sinn für behagliche und vornehme Lebenshaltung. Wer das Krems- und Steyrtal durchstreift, gewahrt mit Staunen die stattlichen, manchmal palastartigen Sensenhöfe und ihre geschmackvolle Einrichtung — die Zeugen glanzvollerer Tage. Doch fällt ihm neben den stattlichen

Abb. 16. Spital am Pyhrn (Oberösterreich). Sensenhammer Schröckenfux.

Wohnsitzen auch die verhältnismäßige Kleinheit der Werksanlagen ins Auge. Die Sensengewerken repräsentieren gleichsam die Adelsschicht unter dem Eisenvolk. Freilich ihr Haus ist auf unsicherem Grund gebaut. Auch sie sind wechselnden Natur- und Schicksalslaunen preisgegeben.

[1] Zahlreiche Akten hierüber in K. M. 1721 24/V. beschweren sich die Kremser Eisenhändler bei K. M., daß viele dortige Meister, um nicht an ihrer Arbeit gehindert zu sein, den Großteil ihrer Produkte den Knechten zum Vertrieb nach Böhmen, Mähren und Schlesien, und zwar zu Schleuderpreisen übergeben und somit die rechtmäßigen Eisenhändler, die doch gerne zur Abnahme bereit seien, aufs schwerste schädigen. K. M. VI., S. 5.

Irgendwo eine Mißernte — und um das Geschäft des Jahres kann es getan sein. Wie der anderen großen Exportindustrie, der Messerproduktion, kann auch den Sensenerzeugern durch Krieg oder politische Umwälzungen ein wichtiges Exportgebiet verlorengehen. Dazu gesellt sich der Konkurrenzkampf im Innern, der häusliche Streit um den Absatz. Der österreichische Gewerke betrachtet den Steiermärker, der Unter-, den Oberösterreicher als lästigen Konkurrenten.[1] Beide aber sind bedroht vom Neid des Auslandes, das, besonders seit dem Ausgang

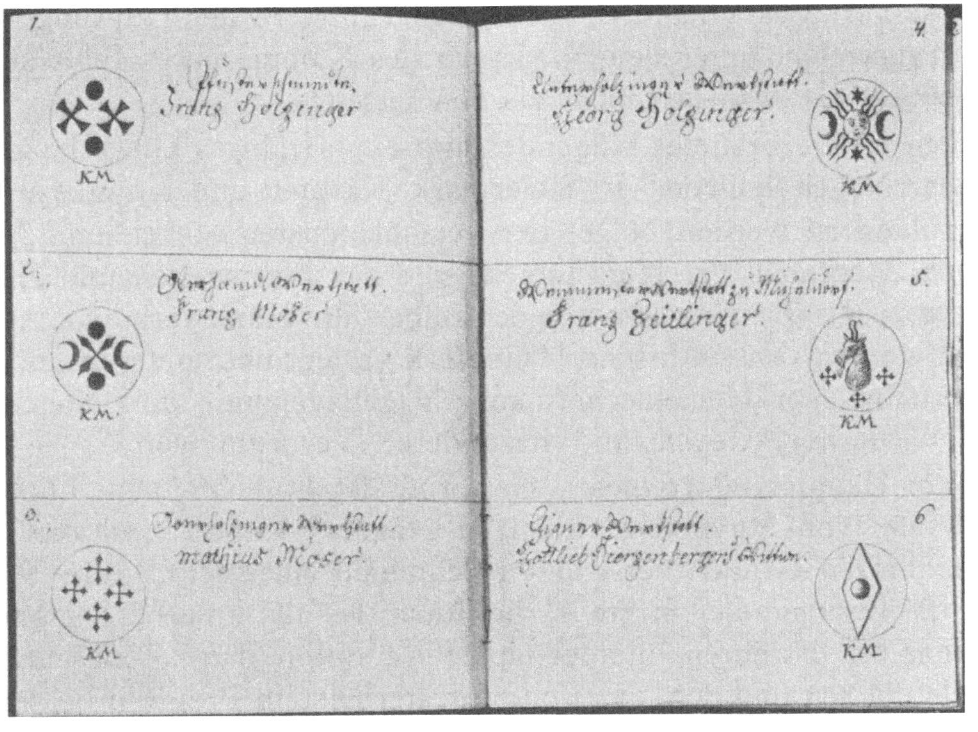

Abb. 17. Micheldorf. Zeichenbüchel (um 1800) aus dem Besitze des Gewerken Hubert Zeitlinger.

des 18. Jahrhunderts, nach eigener Erzeugung strebt, die alpenländischen Sensen von seinen Märkten zu verbannen, um jeden Preis die Geheimnisse der österreichischen Technik zu ergründen sucht.[2] In diesem Kampfe erscheint jedes Mittel erlaubt, um dem Österreicher die Früchte seines alterworbenen Könnens zu entreißen. Wohl besitzt auch die Sensenindustrie ihr sorglich durchgebildetes Zeichenwesen, das in seinen Grundzügen mit den gleichen Einrichtungen anderer Eisengewerbe übereingestimmt haben wird. Es zeigt uns gleichfalls die außerordentliche Verschiedenheit der Zeichenformen. Auch die Sensen-

---

[1] K. M. VI., S. 42 bis 45.

[2] Einzelheiten später.

marken sind vererblich oder gegen Ablöse übertragbar.[1] Aber auch in diesem Zweige der Eisenproduktion versagt das Zeichen nur allzuoft, wo es als Schutzvorrichtung gegen illegale Konkurrenz dienen soll. Klagen und Streitigkeiten über Zeichenfälschung daheim und draußen begleiten die Geschichte der Sensenindustrie bis zum heutigen Tage. So muß der Gewerke unermüdlich wachen und kämpfen, um den alten Ruhm zu bewahren oder doch wenigstens die Existenz zu retten. In seinen Sorgen und Bedrängnissen fordert auch er mit stärkster Beschwörung den Schutz und die Gnade seines fürstlichen Gebieters. Denn unter den Mehrern des Volksvermögens, den Erhaltern des Nahrungsstandes von Tausenden, unter den Förderern des Kammergutes fühlt sich der Sensengewerke wahrlich nicht als den Geringsten.

Ein weitverbreitetes blühendes und exportfähiges Gewerbe ist auch das der Nagelschmiede.[2] In Steiermark, Kärnten und Krain wie in den Donauländern werden Nägel der verschiedensten Sorten und Namen, für den Gebrauch der Hufschmiede wie der Eisenwerks- und Zimmerleute erzeugt. Die Nagelschmiede treiben ihr Handwerk in Stadt und Land, werden von städtischen Händlern verlegt und treten da und dort in geschlossener Gemeinschaft auf. Nagelerzeugung und Nagelhandel sind wiederholt Gegenstand besonderer Verordnungen.

Ein Hauptstandort dieses Gewerbes ist Losenstein im Ennstal, in der Nähe von Steyr. Der dortigen Nagelwerkstätte sind die in den benachbarten Gräben verstreuten Schmiede einverleibt. Ihre Verleger sind die Eisenhändler in Steyr, die ihnen das aus Innerberg stammende Rohmaterial zuführen, die fertige Ware durch den „Zeugsempfaher" abholen lassen und den Vertrieb zu festgesetztem Preise in beiden Ländern diesseits und jenseits der Enns besorgen. Bestimmte Nagelgattungen werden teils den Bürgern von Steyr zu deren Baunotdurft verkauft, teils von den dortigen Händlern nach den Legstädten Wien, Krems, Linz, Wels, Enns und Freistadt zum Weiterverkauf gebracht.

Eine lebendige Schilderung dieser Organisation gibt die Nagelordnung von 1621.[3] Sie legt höchstes Gewicht nicht nur auf gerechten Preis, sondern auch auf tadellose Qualität der Nägel. Der Leitung der Hauptwerkstätte zu Losenstein wird ernstlich auferlegt, allmonatlich

---

[1] K. M. III. 13/46, 1764 19/X. und 18/XI.

[2] Das Material für die zum Großhandel ins Ausland bestimmten Nägel und Hufeisen darf nicht der Eisenkammer entnommen werden.

[3] Sie ist der Eisensatzordnung von 1621 angefügt und genau nach dem Muster der Preistarife für Roh- und Hammereisen angelegt. Sie bestimmt die Preise für den Lokalverkauf in Steyr wie für den Absatz in den oben genannten Legstädten und für den Wiederverkauf daselbst, ist auch lehrreich durch die Aufzählung der einzelnen Nagelsorten. (Exemplar im A. Fr.)

sämtliche Filialen durch taugliche Beschauer besichtigen und die Nägelarbeit auf die Art des verwendeten Materials wie auf gerechtes Gewicht hin prüfen zu lassen. So ist verboten, an Stelle des Stahles Eisen oder statt des „vorderen Hackenstahles“ gemeinen Stahl zu nehmen. Wiegt das Tausend Nägel größerer Sorten um ein Pfund, der geringeren über ein halbes Pfund zu wenig, so sollen sie eingezogen und den Schmieden Geldstrafen auferlegt werden. Der Strafbetrag fällt der Handwerkslade zu, die daraus den Beschauleuten zur Anspornung ihres Amtseifers eine „Ergetzlichkeit“ gewähren soll. Nägel, die als zu gering im Gewicht oder sonst als untauglich befunden worden sind, hat die Eisenkammer zu einem vom Beschauer bestimmten niedrigeren Preise zu übernehmen und „in solchem Wert und ja nicht höher“ zu verkaufen. Unter gar keinen Umständen aber sollen diese schlechten Nägel weiter, das heißt über Steyr hinaus verschickt oder verkauft werden. Damit aber glaubt das Gesetz seiner Obsorge für die Interessen der Nägelkäufer noch nicht genug getan zu haben. Da der Beschauer bei der verstreuten Lage der einzelnen Nagelschmieden nicht überall gleichzeitig seines Amtes walten kann, so besteht die Gefahr, daß die Schmiede geringgewichtige Nägel den Händlern nach Steyr zuschicken und diese die schlechte Ware weiterhin als gerechte verkaufen. Daher wird den Nagelhändlern bei Poen von 100 Dukaten anbefohlen, von den Schmieden keine Nägel unabgewogen anzunehmen und die untergewichtigen und falschen der Eisenkammer zu überantworten. Diese soll sie nach ihrem Wert verkaufen, die eine Hälfte des Erlöses der Eisenobmannschaft verrechnen, während die andere den Schmieden „von wegen ihrer Armut“ überlassen werden soll. Schließlich wird die Kontrolle auf die Nagelhändler selbst ausgedehnt. Jeden Monat soll der Magistrat von Steyr in Gegenwart des Losensteiner Hauptbeschauers „ungewarnt und unversehens“ in ihren Lagern Nachschau halten, alle Nägel wägen lassen, die unbrauchbaren zum Schaden der Händler einziehen und der Eisenkammer zum Weitervertrieb unter den genannten Bedingungen überweisen. Von den Strafgeldern fällt je die Hälfte dem Magistrat und der Eisenobmannschaft zu.

Werden somit die Nagelhändler durch die Ordnung zu unbedingt reeller Geschäftsgebarung verpflichtet, so bleibt ihnen auch angemessener Schutz gegen unredlichen Wettbewerb nicht versagt. Die Ordnung sucht den „Fürkäuflern“ das Handwerk zu legen, jenen „viel ledigen und andern bösen Personen“, die durch direkten Aufkauf bei den Nagelschmieden den rechtmäßigen Kaufmann um seinen Gewinn aus dem Verlagskapital prellen und an mancherlei Orten schlechte Ware heimlich in Umlauf bringen. Diese Fürkäufler sollen durch Konfiskation, die Nagelschmiede, die ihnen Vorschub leisten, durch den Verlust der

Handwerksberechtigung bestraft werden. Eine Abart dieses Mißbrauches herrschte auch bei manchen Grund- und Vogteiherrschaften und Inhabern von Landgerichten: über ihr Recht hinaus, von den ihnen untertänigen Nagelschmieden Nägel zur Haus- und Hofnotdurft zu beziehen, bestellten sie solche auch für fremde Konsumenten oder trieben sonst damit Handel. Auch dieser Eingriff in die Rechte des legitimen Handels sollte abgestellt werden, die Herrschaftsbesitzer Nägel für Fremde nur von den Nagelhändlern in Steyr und in den Legstädten einkaufen.

Eine weitere Gruppe von Nagelschmieden war im Lande unter der Enns, in Scheibbs, Gaming, Gresten, Purgstall und Ybbsitz seßhaft und wurde von den Wiener Eisenhändlern verlegt. Doch kamen ihre Nägel den obderennsischen an Qualität nicht gleich, weil sie nur aus gewöhnlichem Eisen, nicht wie jene aus Stahl hergestellt wurden. Daher durften die Verleger sie auch nicht als Steyrer Ware verkaufen, sondern sollten beide Gattungen im Handel streng auseinanderhalten. Diese unterösterreichischen Nagelschmiede erhielten ähnliche Verordnungen über Form, Güte und Preis ihrer Erzeugnisse wie die Losensteiner. Im Jahre 1559 mußten sie nach Angaben der Verbraucher vier Mustersorten anfertigen und ihre Kosten berechnen, worauf durch königliche Kommissäre mit den Schmieden und Verlegern die Preise vereinbart wurden, zu denen sie die genannten Sorten weiterverkaufen durften. Insbesondere wurde auch das Pfundgewicht für jedes Tausend der einzelnen Sorten fixiert. Doch geriet diese Gewichtsordnung, gleich so vielen anderen Bestimmungen in Vergessenheit.[1] Auch dieser einst kräftig blühende Gewerbszweig ist im Göstlinger Bezirk heute so gut wie ausgestorben.[2] Im Vordernberger Bezirk dürfte Wiener-Neustadt als Sammelstätte für die Erzeugnisse der Nagelschmiede in Mürzzuschlag, Kapfenberg und Aflenz gedient haben, wobei Mürzzuschlag, wie es scheint, sich als Zwischenstapelplatz einzudrängen suchte. Im Jahre 1669 werden die Neustädter verbunden, von dort ihre Nägel zu holen. Doch wurde diese Beschränkung wohl bald durch Vermittlung des Eisenobmannes im „Vordernbergischen Eisenerz“ wieder aufgehoben. Auch Preisstreitigkeiten zwischen den steirischen Erzeugern und ihren Abnehmern jenseits des Semmerings mögen gelegentlich vorgekommen sein. Im Jahre 1674 erhöhte eine kaiserliche Nagelsatzordnung die Preise, worauf sich 1685 die Nagelschmiede der drei Orte dahin einigten, für alle Neustädter Händler die gleichen Preise nach dem neuen Satz festzuhalten: das soll wohl heißen, daß kein Ort den anderen durch ungesetzliche Preis-

[1] OBA. 1559, n. 87. (8/VII. Erlaß König Ferdinands.) Bittner a. a. O. S. 555.

[2] Nach Stepan a. a. O. S. 304, 305 waren 1920 von den alten Nagelschmieden im Ybbstal nur noch zwei übrig.

minderung übervorteilen dürfe.[1] Die Nägelerzeugung bildet auch eine Spezialität der Krainer, die sich dazu ihr Material aus Kärnten holen. Durchaus nicht als ein rein lokales Gewerbe dürfen wir also die Nägelfabrikation ansehen. Wenn Hans Ungnad mit seinen zum Schaden des Leobener Eisens aus Waldensteiner Material erzeugten Nägeln nach Südsteiermark hinab einen schwunghaften Handel treibt, wenn Freistadt behauptet, daß es mit dem Recht der Nägelhandlung außerhalb des Landes „befreit und begabt" sei, wenn die Venetianer die Kärntner Nagelschmiede zu sich ins gesegnete Welschland zu locken suchen, wo sie unter angenehmeren Lebensbedingungen das feine Brescianer Eisen verarbeiten sollen, so sind damit für die ungewöhnliche Tüchtigkeit und Exportfähigkeit unserer alpenländischen Nagelschmiede wohl genügende Belege erbracht und die strenge Überwachung der Qualität erscheint als durchaus gerechtfertigt.[2]

Ein anderer, weithin verwurzelter Produktionszweig war die Drahtzieherei, die sich in den Ländern ob und unter der Enns, in Steiermark und Kärnten nachweisen läßt, aber ganz sicher weiteste Verbreitung genossen hat. Ihre Bedeutung können wir am besten darnach bemessen, daß sich auch für sie besonders in Steyr, Verleger fanden und daß Kärntner Draht nach dem Süden ausgeführt wurde.[3] Es gab Zeiten, wo die Drahtzieherei stark auf andere Eisenhandwerke drückte, ihnen das Rohmaterial wegfraß. Die österreichischen und steirischen Hammermeister fertigten „Ziehereisen" im Überfluß und verwendeten dazu nicht die vorgeschriebenen Abfallprodukte, „Flug- und Werksinter", sondern „Halbmaßteicheln", also höherwertiges Eisen. Dadurch erlitten andere Verarbeiter, Faust- und Hand-, Nagel- und Sichelschmiede, Messerer und Schlosser Abbruch am notwendigen Stangeneisen, das ihnen nur noch „ausgesaigert", das heißt in verschlechterter Qualität geliefert wurde. Auch zwangen ihnen die Hammerleute das teure und für sie

[1] Josef Mayer, Geschichte von Wiener-Neustadt, 3. Bd., S. 328. Anfang des 19. Jahrhunderts wird eine Nagelschmied-Innung von Judenburg, Murau und Scheifling erwähnt, L. A., Sonderarchiv, St. Lambrecht (1811 28/VIII., Kreisamt Judenburg an das Stift St. Lambrecht).

[2] OBA. 1559, n. 4 (6/I. Schreiben der Inner- und Vordernberger Amtleute am Schluß). — Freistadts Beschwerde 1672 22/IV. (A. Fr.) — H. K. 1700, 26/III. (8/II.) Schreiben der Kärntner Gewerken. 1703 7/XI. Kaiser an die innerösterreichische Hofkammer: „Da unsere hiesige (Wiener) Hofkammer erinnert, wasmaßen dieselbe durch unsern Dreißigern und Provisorn zu Kanischa, Paul Wimber, verschiedene Eisenzeugssorten, nämlich 996 Ztr. und 10.000 Stück Schinnägel aus Obersteier zur Versehung unserer Zeughäuser in Ungarn abführen lasset", so wird gegen Paß die maut- und aufschlagsfreie Durchfuhr durch die innerösterreichischen Mautämter gestattet. (H. K. 1703 XI/1.)

[3] OBA. 1565, n. 2; H. K. 1700 III/26., wie in voriger Anmerkung.

weniger brauchbare Ziehereisen auf. Namentlich die Gewerbetreibenden in Steyr und Umgebung hatten in der zweiten Hälfte des 16. Jahrhunderts unter dieser Hypertrophie des Ziehereisens schwer zu leiden. Deshalb wurden damals eingehende Vorschriften über das Ausmaß der Erzeugung, dem zulässigen Rohstoff und die Art seiner Bearbeitung für notwendig erklärt, für deren Durchführung der Stahl- und Eisenbeschauer in Steyr zu haften habe.[1]

Auch das scheinbar so bescheidene Gewerbe der Hufschmiede ladet zu einer kurzen Betrachtung ein. War ja doch ihre Arbeit weiten Kreisen unentbehrlich, dem Bauern so gut wie dem Rad- und Hammergewerken, den Säumern wie den Herren vom Adel. Auch die Funktionen des Tierarztes hatte der Hufschmied, wenigstens auf dem Lande, zu versehen, er mußte den Rossen zur Ader lassen oder ihnen „das Maul ausräumen", wie er denn überhaupt mancherlei Arbeiten verrichtet zu haben scheint, die nicht zu seinem eigentlichen Geschäft gehörten. Ja selbst am Export nehmen Huf- und Grobschmiede unter Vermittlung ihrer Verleger teil.

Die Hufschmiede schlagen ihre Werkstätten in den Städten wie in deren ländlichem Umkreis auf. Es spricht gewiß für Ausdehnung und Geltung des Hufschmiedhandwerkes, daß seine Vertreter zu interlokalen Verbänden vereinigt sind. Die ländlichen Hufschmiede eines Bezirkes sind der nächsten städtischen Organisation angeschlossen, die ihrerseits etwa der hauptstädtischen Zentralstelle untergeordnet ist. Zur Wiener-Neustädter Hufschmiedlade zum Beispiel gehören eine Reihe kleinerer Nachbarorte. Sie selbst aber untersteht der Hauptlade in Wien. Ungehorsam der Wiener-Neustädter Hufschmiede, ihre Weigerung, bei der höheren Stelle zu erscheinen, wird von den Wienern wiederholt gerügt.[2]

Allen diesen für Friedenszwecke tätigen Gewerbszweigen stellt sich die Kriegsindustrie an die Seite, die hier gleichfalls nur flüchtig berührt werden soll. Sie spiegelt in ihrer Entwicklung die im Bewaffnungswesen seit Ausgang des Mittelalters erfolgenden Umwälzungen wieder. In reicher und wechselnder Gliederung sehen wir die Waffenfabrikation sich entwickeln. Als Verfertiger der älteren Schutz- und Angriffswaffen lernen wir den Ringelschmied kennen, der die Panzerhemden macht, den Plattner, der ihn ablöst, Mann und Roß mit einem Eisenkleid versieht, den Helmmacher und Haubner, den Klingenschmied, den Schwertfeger, die Erzeuger stählerner Armbrüste. Mit dem Aufkommen der Feuerwaffen treten neben sie die Büchsenschmiede, die Hand- und

[1] Z. B. OBA. 1563 16/IX., n. 85, Innerberger Amtmann an Steyr, 1564 26/II., n. 19. Derselbe an die niederösterreichische Kammer. 1570 26/X., n. 11. Hammerzunftordnung. Damals wurden in beiden Erzherzogtümern 14 Drahtzüge gezählt.

[2] Josef Mayer, Wiener-Neustadt IV, S. 304 u. 305.

Hackenbüchsen, Flinten und Musketen fabrizieren und von denen sich die Büchsenschifter (die Schaftmacher) als eigenes Gewerbe abzweigen, endlich die Stück- und Kugelgießer.

In zweifacher Weise haben sich die steirisch-kärntnerischen Eisengewerken an der Heeresausrüstung beteiligt, einmal durch Lieferung von Eisenzeug, der in den Waffenfabriken der übrigen Erblande zu „Karthaunen und anderem großen und kleinen Geschütz“ umgegossen wird, dann aber auch durch Herstellung fertiger Waffen aller Art oder ihrer Bestandteile, von Harnischblechen und Helmen, Gewehren und Kugeln. Das von ihnen erzeugte Material wandert in die landesfürstlichen Zeughäuser von Wien, Linz, Prag und in die der südlichen Städte. Auf der Vordernberger Seite hat dieser Industriezweig, besonders die Erzeugung von Feuerwaffen, frühzeitig Boden gefaßt. Die notwendige

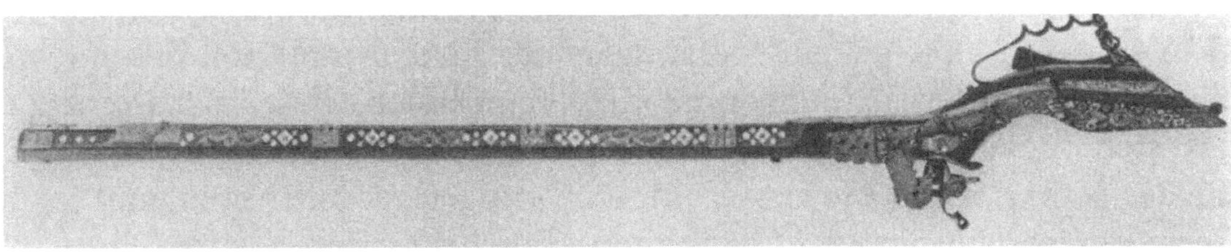

Abb. 18. Flinte aus dem 17. Jahrhundert aus dem Besitze des Gewerken Hubert Zeitlinger, Micheldorf.

Voraussetzung ist gegeben durch die Einführung des Eisengusses, die in Österreich am Ende des 15. Jahrhunderts ausgedehnte Verwendung findet. Schon unter Friedrich III. werden in den großen Werkstätten Sebald Pögls in Obersteiermark in kaiserlichem Auftrag Hackenbüchsen und Kugeln erzeugt.[1] Im 16. Jahrhundert zeichnen sich die Büchsenschmiede und die Verfertiger von Harnischblech zu Rottenmann durch die hervorragende Güte ihrer Produkte aus. Dortige Büchsenmeister erhalten Aufträge vom Hof und sogar das Recht, ihr Eisenmaterial unmittelbar aus Inner- und Vordernberg zu beziehen, also mit Umgehung der Stapelplätze und mit Durchbrechung der zwischen Inner- und Vordernberg gezogenen Verschleißgrenze. Wiederholt bemüht sich der Herrscher, den böhmischen Plattnermeistern Sendungen von Rottenmanner Harnischblech zu verschaffen — zum Ärger der Steyrer, die sich dieses nach Recht und Fug ihnen zukommende Geschäft nicht entwinden lassen wollen, da ja Böhmen dem Innerberger Eisen vorbehalten sei und sie den Kaiser nicht schlechter bedienen

[1] Bittner a. a. O. S. 557, 558. Auch zum folgenden.

würden als die Rottenmanner Meister.[1] Auch die Mürztaler Hammer-gewerken stehen im Dienste der Waffenindustrie, sind zu Lieferungen verschiedener Materialgattungen für das Wiener Zeughaus verpflichtet.[2]

Weit später als in Vordernberg hat sich im Innerberger Industrie-bezirk die Waffenerzeugung emporzuarbeiten vermocht. Die unter Maximilian I. versuchte Einführung des Eisengusses mußte in engen Grenzen bleiben, weil das Innerberger Eisen ohne Beigabe von Graglach dieser Prozedur widerstrebte, Graglach aber als Rückfracht gegen Proviant an die Widmungsbezirke abgegeben werden mußte. Wir sahen schon, daß Steyr in der Erzeugung von Harnischblechen und Feuer-waffen die erfolgreiche Rivalität Rottenmanns ertragen mußte. Der am Ende des 16. Jahrhunderts unternommene Versuch, mit Hilfe des von der Stadt beigesteuerten Verlagskapitals und unter Beiziehung thüringer-scher Arbeiter in Steyr eine privilegierte Waffenfabrik für Ober- und Niederösterreich zu entrichten — dieser Versuch mußte scheitern, weil er in eine Zeit allgemeinen Tiefstandes der Eisenproduktion fiel und weil der Kaiser mit den Zahlungen im Rückstand blieb. Erst in späterer Zeit hat sich Steyr zu einer bedeutenden Produktionsstätte für Harnisch-bleche, Kürasse und Gewehre aufgeschwungen, deren Erzeugung in der Form der verlagsmäßigen Großunternehmung betrieben wird.[3] Ein ähn-liches, stark beschäftigtes Produktionszentrum werden wir in Kärnten in den Ferlacher Büchsenschmieden kennenlernen, von denen zum Bei-spiel am Anfang des 18. Jahrhunderts alle innerösterreichischen Zeug-häuser versorgt werden[4] und nach deren Erzeugnissen sogar das Aus-land, besonders Venedig, die Hände ausstreckt. In den kriegerisch be-wegten Jahrhunderten habsburgischer Weltpolitik haben die Fabri-kanten sämtlicher Waffengattungen reichlich zu tun. Sogar die sonst übel angesehenen Waldeisenwerke kommen dann zu Ehren, müssen mithelfen, die kaiserlichen Arsenale zu füllen, die Versorgung des Reiches mit Kriegsmaterial vom Ausland unabhängig zu machen und

---

[1] Sendungen an das Wiener Zeughaus OBA. 1546 8/X. — Über die Rottenmanner Büchsenmeister OBA. 1557 18/I., 1560, n. 117 (5/X.), 1561, n. 16 (13/XI.), 1562, n. 76 (11/VIII.), n. 78 (12/VIII.). Im Jahre 1565 2/I. will Erzherzog Ferdinand für die Plattner in Prag und andere böhmische Städte eine Sendung von Rottenmanner Eisen und Blech erwirken. Dagegen protestieren die Steyrer unter Berufung auf das Verbot, Vordern-berger Eisen in das Innerberger Absatzgebiet zu bringen, und drohen mit Arrestierung des Materials. Sie könnten ebensogut die Plattner in Prag, Wien und an anderen Orten mit Harnischblech versehen, da sie sich Rottenmanner Hammerschmiede hätten kom-men lassen. (OBA. 1565, n. 1. Erzherzog Ferdinand an Kaiser Max.) Dazu 1565, n. 28 (28/III. Steyr an den Innerberger Amtmann.)

[2] H. K. 1702 an verschiedenen Stellen.

[3] H. K. 1702, 4, Steyrer Armaturverleger Benedikt Schöttel an den Kaiser.

[4] H. K. 1702, 58 und sonst.

der heimischen Produktion anzuvertrauen.[1] Die ausgiebige Beschäftigung für militärische Zwecke kann in Zeiten, wo andere Produktionszweige darniederliegen, für das Eisenwesen ein Notbehelf sein, freilich eben nur ein Notbehelf, weil das Ärar ein schlechter Zahler ist.

Die Rücksicht auf die stete Kriegsbereitschaft zwingt die Regierung zu besonders scharfen Maßregeln. Kein Kriegsmaterial ins Ausland, aber auch keine Waffen vom Ausland — diese Notwendigkeiten werden schon verhältnismäßig früh erkannt, wenn auch freilich die Regierung an dem vernünftigen Grundsatz, sich nur auf die heimische Fabrikation zu stützen, nicht energisch festhält, wohl auch wegen Mangels an heimischen Arbeitskräften, besonders an Stückgießern, nicht daran festhalten kann. Waffenausfuhr, besonders nach Feindesländern, wird häufig verboten. Auch hält die Regierung darauf, daß Offiziere und Soldaten ihren Bedarf unmittelbar bei den Erzeugern decken. Der Zwischenhändler soll nichts zu gewinnen haben.[2]

Wir haben die einzelnen Teilgebiete der Eisenindustrie überblickt. Ihre Gesamtorganisation stellt gleichfalls ein Stück mittelalterlicher Wirtschaftsordnung dar, deren Fortwirken im Eisenwesen hier wohl am kräftigsten zur Erscheinung kommt.

Die verschiedenen Gruppen der Eisenverarbeiter sind eingeschlossen in den Rahmen der Zunftverfassung, deren älteste Zeugnisse auf unserem Gebiet aus dem 15. Jahrhundert stammen und die bis tief in die Neuzeit fortbestanden hat. „Zeche", „Handwerk", später „Innung" sind die geläufigsten Bezeichnungen dieser Verbände. Die Organisation der Eisengewerbe gibt die typischen Züge des Zunftwesens in seinen mannigfaltigen Formen wieder.[3] Teils treten in einer Stadt Genossen verschiedener Handwerke zu einer Zunft zusammen, teils bilden in mehreren Städten ob und unter der Enns die Verbände desselben Gewerbes, namentlich der Messerer oder der Sensenschmiede, größere, beide Länder umfassende Vereinigungen oder es sind, wie bei den Wiener-Neustädter Hufschmieden, die ländlichen Meister der städtischen Lade angegliedert. Auch die Korporationen des österreichischen Eisenhandwerkes tragen einen wirtschaftlich-geistlichen Doppelcharakter, sind zugleich gewerbliche Genossenschaften

---

[1] H. K. 1699 IX. 4 (Neuberg).

[2] Josef Mayer, Wiener-Neustadt III, 116. H. K. 1702 passim.

[3] Schoiber a. a. O., Friess a. a. O. S. 216 ff., Bittner a. a. O. S. 556 ff., dazu Mayer (Wiener-Neustadt) in den einzelnen Abschnitten über „Gewerbe und Handel" bieten eine Fülle charakteristischer Details, von denen hier nur die wichtigsten aufgenommen sind. Speziell über Steiermark vgl. die später zitierte Arbeit von J. v. Zahn.

und religiöse Bruderschaften. Steyr zum Beispiel ist der Hauptort der die Messerer von Steyr, Wels, Wien, St. Pölten, Waidhofen, Melk und Krems umfassenden „Gottleichnamszeche“. Die Zünfte der Klingenschmiede in Steyr und Steinbach haben sich die Jungfrau Maria als Schutzpatronin erkoren.

Die Verbände der Eisenverarbeiter unterstehen der öffentlichen Gewalt, werden gleichfalls von den zentralisierenden Tendenzen der damaligen Verwaltungspolitik erfaßt. Schon aus den frühesten uns erhaltenen Satzungen — aus der zweiten Hälfte des 15. Jahrhunderts — ist zu ersehen, daß die Eisenzünfte der Autonomie entbehren, teils der landesfürstlichen, teils der städtischen Obrigkeit unterworfen sind. Zwar vereinbaren ohne Zweifel die Meister selbst ihre Ordnungen, müssen sie aber der Bestätigung durch den Stadtrat oder den Landesherrn unterbreiten, dürfen sie auch nur mit Wissen und Willen der Obrigkeit abändern. Ebensowenig dürfen die Zunftstatuten mit dem landesfürstlichen Gesetz oder der städtischen Jurisdiktion in Widerspruch stehen. Eine gesetzwidrige Handlung der Meister hebt die Rechtsverbindlichkeit ihrer Ordnungen auf.[1]

Der Inhalt der Satzungen stimmt in den Grundzügen mit den sonst bekannten Zunftartikeln überein. Manchmal läßt sich ein Handwerk die Zunftordnung der Genossen in einer anderen Stadt als Muster senden. An der Spitze jeder Korporation steht der Zechmeister mit seinen vier Assistenten, den Für- oder Viermeistern. Auf dem Jahrtag, der in späterer Zeit in Anwesenheit eines Vertreters der Regierung abgehalten wird, kommen alle schwebenden Handwerksangelegenheiten zur Verhandlung. Der Aufstieg zur Meisterwürde geht in den üblichen drei Stadien — Lehrjunge, Geselle, Meister — vor sich. Erste Bedingung der Aufnahme eines Lehrjungen in die Zeche ist die eheliche Geburt. Das allgemeine, auf dem illegitim Geborenen lastende Vorurteil erheischt bei den Messerern in Waidhofen an der Ybbs eine förmliche Ahnenprobe, da der Junge durch nicht weniger als vier Generationen seine eheliche Geburt nachweisen muß.[2] Während der Lehrzeit, die drei bis sechs Jahre dauern kann, gilt der Lehrling als Glied der Familie des Meisters, er wohnt in dessen Haus und sitzt an seinem Tisch, erhält aber für seine Arbeit eine vorgeschriebene Entschädigung. Nach Ablauf der Lehrjahre wird er in feierlichen Formen zum Gesellen freigesprochen. Nach dem Freispruch hat er seinem Lehrmeister noch eine Zeit zu dienen. Tritt er bei einem fremden Meister ein, so muß er sich

---

[1] OBA. 1462 25/III. Ordnung Albrechts VI. für die Messerer und Scharsachschmiede von Steinbach. Dazu der „Extract aus der vom Steyrer Stadtmagistrat erteilten Ordnung der dortigen Klingenschmiede 1488, abgeändert 1559“.

[2] Friess a. a. O. S. 108.

diesem auf eine bestimmte Zeit verpflichten. „Weder Junge noch Knechte dürfen dem Meister aus dem Zill gehen", das heißt eigenmächtig davonlaufen. Nur gewisse Austrittstermine sind ihm im Laufe des Jahres freigegeben. Kein Meister darf aber auch einem anderen seine Knechte entfremden, kein Geselle, der am selben Ort die Werkstatt wechselt oder nach einem fremden Orte zieht, ohne „seines Abscheidens glaubwürdige Kundschaft" länger als eine bestimmte Zeit beschäftigt werden. Der Geselle arbeitet dem Meister um taxierten Lohn per Woche, Tag oder auch — doch, wie es scheint, erst nach dem 16. Jahrhundert — im Akkord.

Der Weg zum letzten Ziel, zur Meisterschaft, ist dem Gesellen nicht leicht gemacht. Erst muß er seiner Wanderpflicht genügen, in fremden Ländern und Werkstätten seinen Gesichtskreis erweitern, wenn er es nicht vorzieht, sich darüber mit den Meistern durch Zahlung eines Geldbetrages abzufinden.[1] Will er nun Meister werden, so hat er nochmals den Nachweis zu erbringen, daß er ehelich geboren, ferner daß er die vorschriftsmäßigen Lehrjahre abgedient habe und von seinem Meister redlich abgeschieden sei. Dann aber harrt seiner die Ablegung eines schwierigen Meisterstückes. Nach der erwähnten Steyrer Klingenschmiedordnung von 1488 hat der Prüfling „hundert Schreibklingen, hundert Muraten (?), böhaimbische Kling und hundert rheinischer Heubl ½ Pollet und ½ gespizig (zu machen) und die Meister sollen die Modl geben und ihm bei der Arbeit zuschauen, ob er solche Stücke mit eigener Hand mache". Die Ergebnisse seiner Arbeit werden von den Viermeistern und sechs anderen Meistern beschaut, ob „sie gerecht und werchlich sein gemacht". „Die Zehrung, so bei solcher Beschau und Zusehung verzehrt wird", muß der Prüfling bezahlen und in die „Gottsleichnamszeche" zwei Pfund Pfennig entrichten. Wird das Meisterstück von den Beschauern nicht als gerecht und gut befunden, so muß der Arme weiterdienen, bis er sich tüchtig genug fühlt, um die Prüfung ein zweites Mal wagen zu können. Besteht er jetzt bei der Beschau, so wird er als Meister anerkannt. Für den Sohn eines Meisters aber oder für einen Gesellen, der eines Meisters Tochter oder Witwe gefreit hat, sind die Bedingungen des Meisterwerdens allerdings wesentlich ermäßigt.[2] Die Bevorzugung streift schon manchesmal ans Komische, so zum Beispiel, wenn ein Meisterssohn noch in der Wiege freigesprochen werden kann, so daß das Handwerk bei vorzeitigem Tod des Vaters die Ausbildung übernehmen muß. Diese auffallende Begünstigung der

---

[1] K. M. I. n. 8, S. 53. 1711 12/I.

[2] Vgl. das früher zitierte Steinbacher Privileg 1462 und Schoiber a. a. O. S. 108. Josef v. Zahn in „Beiträge z. Kunde steiermärk. Geschichtsquellen", Bd. 18 (1882), S. 93. (Zunftordnung der Fehringer Hufschmiede, 1635 22/III.)

Familienangehörigen eines Meisters zählt zu den allgemeinen und wohl als Symptom allmählicher Verknöcherung zu deutenden Zügen des späteren Zunftwesens. Doch gewinnen wir den Eindruck, daß man in den Kreisen der Eisenhandwerker selbst diese Bevorzugung als bedenklich empfunden und ihren üblen Folgen vorzubeugen gesucht habe. So heißt es in der Steyrer Klingenschmiedordnung, es solle „auch keiner, er sei eines Meisters Sohn oder Geselle zum Meister aufgenommen werden, er kunt dann einem Meister ein Werkstatt mit Schmieden und Praiten erberlich und aufrichtiglich versorgen". In der Kirchdorf-Micheldorfer Sensenzunft ist man — offenbar durch schlimme Erfahrungen gewarnt — so vorsichtig, jungen, noch im Knabenalter stehenden Leuten das Meisterrecht zu versagen. Das bringe dem Handwerk nur üble Nachrede. Zu junge Leute taugten weder zum Betrieb noch zur Behandlung allgemeiner Handwerksangelegenheiten, namentlich wenn das Gegengewicht älterer und erfahrenerer Meister fehle.[1] Auch der Gesell, der auf dem Umweg über den Traualtar leichteren Kaufes zur Meisterwürde zu gelangen strebt, wird mitunter einer Probezeit unterworfen. So bestimmt eine ältere, 1629 vom Kaiser bestätigte Ordnung für die Klingenschmiede in Raming und Dambach: „Welcher Klingenschmied und Schleifer sich zu den obbenannten Meistern desselben Handwerks Töchtern oder gelassenen Wittiben verheyraten will, der soll nach seinen Lehrjahren auf redlichen Werchstetten fuenff Jare vorgedient haben und bei den obbenannten Meistern Klingern und Scheifern zway Jar."[2] Sieben Jahre muß er also um die Braut dienen, wie Jakob um Rahel.

Auch der Eisenhandwerker ist gewissen von der mittelalterlichen Gewerbepolitik geforderten Beschränkungen unterworfen. Sie begegnen uns namentlich in der Klingen- und Sensenindustrie und beziehen sich,

---

[1] K. M. III. B. 47—64. 1784 25/IX. ff. Hier darüber drastische Bemerkungen. Die Zunft lehnt das Gesuch der Sensenschmiedmeisterin zu Micheldorf, Maria Stainhuberin, wegen Übergabe der Werkstatt an ihren ehelichen Sohn Georg energisch ab, weil dieser erst 13 Jahre und nicht vogtbar (mündig) sei. „Wodurch wir dann bei solchen Umständen von äußeren Landshandwerken verschimpft würden, allermaßen sich erst jüngst dessen eigener Stiefbruder und Sensenschmiedmeister unter dem Judenburger Sensenschmiedhandwerk in Obersteiermark im Wirtshaus zu Micheldorf mit folgenden Formalien ausgelassen, wir täten in unserem Handwerk zu Meistern aufnehmen, wer sich nur anmeldet, er könnt hernach das Handwerk oder nicht. Es ist auch ein Prinzipal-Ursach, daß die Meisterschaft an der Krems (aldieweil das Handwerk ohn Underlass mit vielen Angelegenheiten überlästiget und bald dort, bald dahin ein Ausschuß erfordert wird) in solchem Stand sein sollen, damit sie in solchen Handwerksangelegenheiten tauglich wären, allermaßen die alten Hammermeister nach und nach mit Tod abgehen, demnach ain schädlich Consequenz eingeführt würde, wenn man einen Knaben von minderen Jahren aufnehmen würde."

[2] Schoiber a. a. O. S. 108.

wie wir schon hörten, auf das Produktionsquantum, das sich allerdings den wechselnden Absatzverhältnissen anpaßt, ebenso auf die Zahl der Arbeitskräfte und auf den Umfang des Betriebes. Beschränkt ist die Anzahl der Feuer, der Lehrbuben und Knechte. In Raming und Dambach darf ein Klingenschmied in den ersten zwei Jahren, nachdem er Meister geworden, nur Einen Knecht halten, bloß, wenn ihn Gott mit Krankheit schlägt, deren zwei. Auch der Schleifer darf in dieser Zeit gar keinen Knecht halten, außer er würde krank.[1] Vor allem aber ist auch den Eisenkorporationen ein Hauptmerkmal zünftigen Wesens eigen: der Kampf um den ungeschmälerten Nahrungsspielraum, um die Erhaltung des Absatzmonopols — ein Kampf mit vielfacher Front. Er spielt sich zunächst innerhalb der einzelnen Zünfte ab. Überfüllung soll verhütet werden. Denn je größer die Mitgliederzahl, desto mehr sinkt der Wert etwaiger dem Handwerk verliehener Sonderrechte, vermindert sich die Zahl der auf den einzelnen Meister entfallenden Kunden, desto leichter entstehen Streitigkeiten beim Kohlenbezug, wohl auch bei der Benützung der Wasserkräfte. Deshalb machen die Korporationen Schwierigkeiten, wenn ein Meister aus der einen in eine andere Zunft übertreten will.[2] Noch gefährlicher aber ist die den Zünftlern von außenher drohende, in mannigfachen Formen auftretende Konkurrenz. Auch die Eisenhandwerker erklären den Außenseitern, den „Stümplern“, „Frettern“ und „Störern“ den Krieg.[3] Darum auch die Versuche der „redlichen“ Messererwerkstätten, neue Betriebe nicht aufkommen zu lassen und das Verbot für die Gesellen, in „ungewöhnlichen Werkstätten“ zu arbeiten. Darum das weitere Verbot, die Zahl der Werkstätten willkürlich zu vermehren — gewiß eine lähmende Fessel für den heimischen Gewerbefleiß.[4] Kampf aber auch gegen die Konkurrenz der Nachbarorte, wofür der fast endlose Streit zwischen Steyr und Steinbach das Musterbeispiel bietet. Erbittert wehrt sich ferner jede Zunft gegen den Einbruch einer anderen in ihr Arbeitsgebiet: die Hackenschmiede zum Beispiel sollen sich nicht erdreisten, Sensen zu machen. Der Gschmeidler, dessen Aufgabe die Verfertigung feiner Gegenstände ist, soll zum Schutze des Grobschmiedes im Verkauf „rauher Ware“ beschränkt

[1] Ebenda.

[2] K. M. III. B. 47—64. 1784 25/IX. ff.

[3] Die „Fretterei“ war namentlich auf dem platten Lande schwer auszurotten. Den Bauern in einer von Schmieden entfernten Gegend konnte es kaum verboten werden, Schmiedarbeiten für den Hausbedarf selbst anzufertigen. (L. A., Sonderarchiv St. Lambrecht, 1808 25/VII. Protocollum, Stiftsherrschaft St. Lambrecht.)

[4] Zahn a. a. O. S. 93 (Fehringer Hufschmiede). In Kärnten weckt in noch späterer Zeit das Verbot der Errichtung neuer Nägel-, Sensen-, Sichel- und Nagelschmieden die Klage, daß daher viel geschlagener Zeug unverarbeitet ins Ausland gehen müsse. (St. R. 1772, n. 1765.)

werden. Der gemeinsame Feind aber ist der fremde Konkurrent, der durch Erwirkung von landesfürstlichen Verboten und Schutzpatenten gegen das Eindringen ausländischer Fabrikate bekämpft wird. Alles zusammen ein Ausschnitt aus dem erbitterten Kleinkrieg, dem zähen Existenzkampf, der in der Geschichte des älteren deutschen Gewerbewesens einen so breiten Raum erfüllt. Es wirkt neben all dem kleinlichen Gezänk fast versöhnend, wenn in dem verbissenen Streit um den Alleinbesitz des Marktes die Pflicht gegen das Gemeinwohl nicht vergessen, der Begriff der Handwerksehre noch hochgehalten wird, die Genossenschaft unwürdigen Gliedern die Türe weist.[1]

Auch bei den Eisenhandwerken zweigen sich, wie in anderen Gewerben, von den Genossenschaften der Meister die Gesellenverbände ab. Sie sind, namentlich bei den Messerern, schon im 15. Jahrhundert deutlich zu erkennen. Die Organisation hat sich dort — wie es scheint, erst im Laufe der Zeit — auch in den einzelnen Teilgewerben durchgesetzt. In der Raming bei Steyr erlangen 1579 die Klingenschmiedgesellen neben den Schleifern das Recht auf einen selbständigen Verband. Die Gesellen haben „Ir besondere Besamblung, Lad, Püchsen und Zech". Sie wählen nach Ansage an die Viermeister ihre „Viergesellen", geben sich ihre eigenen Artikel und üben insbesondere das Recht der Arbeitsvermittlung. Die Gesellen halten untereinander streng auf Zucht und Sitte und auf Wahrung des Handwerksbrauches, fühlen sich namentlich für die Erziehung der Lehrjungen verantwortlich. Diese sollen sich vor liederlichem Wandel hüten, den älteren Handwerksgenossen Gehorsam und Höflichkeit erweisen. Die Jungen dürfen nicht Gott lästern, spielen und saufen. Sogar über die elementaren Formen des gesellschaftlichen Verkehrs werden sie belehrt: sie sollen Meister und Gesellen durch Abnehmen des Hutes grüßen, ihnen in der Herberge oder in der Kirche ihren Sitzplatz einräumen.[2]

Aus allen diesen Einrichtungen und Normen der Gesellenschaft spricht ein lebhaftes Gefühl für Standesehre und Standesrecht, ein Erwachen des sozialen Selbstgefühls, dessen Äußerungen freilich auch schon manchmal die Grenzen des Erlaubten überschreiten, den Frieden zwischen Meistern und Gesellen stören. Auch die Gesellen streiten für ihre hergebrachten Rechte, bekämpfen den Mißbrauch meisterlicher Gewalt, wollen es nicht dulden, daß die Handwerksordnungen zu ihrem Nachteil abgeändert werden. Auch sie geben alteingewurzelten Vorurteilen Raum, die sie von den Meistern geachtet sehen wollen. Namentlich setzen sie sich dem Eindringen unbefugter Elemente in den ge-

---

[1] In Steinbach werden einmal zwei Meister wegen schlechter Arbeit ausgestoßen, vom Rat in Steyr zwei andere sogar eingesperrt. (Müllner, Bd. 16.)

[2] Schoiber a. a. O. S. 106, 115.

schlossenen Kreis der Genossenschaft entgegen. Die Messerergesellen erheben Beschwerde gegen die in ihrem Handwerk weitverbreitete Verwendung weiblicher Arbeitskräfte — freilich ohne nachhaltigen Erfolg.[1] Die Sensenknechte teilen die auch sonst im Gesellenstand herrschende Abneigung gegen verheiratete Genossen, von denen übrigens auch nach Ansicht der Meister selbst „eine Ehrsame Zunft und Bruderschaft den wenigsten Nutzen mehr schöpfen und hoffen kann". Die Knechte fordern unerbittlich deren Entlassung. Sie erbosen sich darüber, wenn ein Lehrjunge zur „Standarbeit" herangezogen wird, die allein den Knechten gebühre, oder wenn gar dazu statt der „Gedungenen" (das heißt der gemäß der Handwerksordnung aufgenommenen) „ungedungene" Buben verwendet werden oder solche, die ihren Meistern ohne Entlassungsschein davongelaufen sind.[2]

Zur Abwehr angetanen Unrechtes greifen die Gesellen auch zu gewaltsamen Mitteln, zum Streik. Die Steyrer Ordnung von 1488 muß die Klingenschmiedknechte mahnen, nicht aus einem Werktag einen Feiertag zu machen. Wenn sie sich durch die Meister unbillig beschwert fühlen, sollen sie sich an die Fürmeister und, wenn bei diesen kein Recht zu finden sei, an den Richter wenden „und darüber nicht aufstehen noch Feyer machen". Die Unbotmäßigkeit der Gesellen nötigt die Meister zu scharfer Gegenwehr, zur Erlassung harter Strafgebote oder zur Kündigung der Friedensstörer. Namentlich in schlechten Zeiten, wo das Arbeitspersonal verringert werden muß, nehmen die Meister gern die Gelegenheit wahr, sich der Unbotmäßigen zu entledigen. Sie betrachten es als ihr gutes Recht, „daß diejenigen Knechte zuerst in die Feier kommen, welche den Meistern nicht gehorsam oder mit ihrem Schmechlen selbst verursachen, daß ihnen hernach die Meister keine Arbeit geben".[3] Die Regierung aber muß in diesen Streitigkeiten wieder den Mittler machen, beide Teile vor neuen, dem Willen des Fürsten und seiner Vertreter zuwiderlaufenden Ordnungen warnen.[4] So erwacht seit dem gärungsreichen 15. Jahrhundert auch in der Eisenindustrie der Gegensatz zwischen Arbeitgebern und Arbeitnehmern.

In ihrer Gesamtheit also geben die Verhältnisse der Meister und Knechte das volle Bild der Zunftverfassung mit allen ihren charakteristischen Eigenheiten, ihren Licht- und Schattenseiten wieder: die Verbindung materieller und religiöser Interessen, die strenge Prüfung der sozialen Vollwertigkeit, das patriarchalische Verhältnis zwischen Meister und Lehrjungen, die Wanderpflicht der Gesellen, die schwere Meister-

[1] Bittner a. a. O. S. 551.
[2] K. M. III. B. S. 47/64. 1770 20/IX., 29/X., S. 56, 16/X.
[3] K. M. II. B. S. 47/64. 1770 20/IX. Schreiben Sebastian Mosers.
[4] Schoiber a. a. O. n. I, S. 100 ff. (1497).

prüfung und die Begünstigung der Meistersöhne, das Festhalten am Kleinbetrieb, die Beschau der Erzeugnisse, die möglichst gleichmäßige Verteilung der produktiven Kräfte, den in mannigfachen Formen geführten Kampf um das Absatzmonopol, vor allem den Haß gegen die Nichtzünftler, die Wahrung der Handwerksehre, die organisatorische Scheidung zwischen Meistern und Knechten und die Reibungen beider Schichten, endlich den Zusammenschluß der lokalen Handwerke zu interurbanen und interterritorialen Vereinigungen. So wenig aber wie die Rad- und Hammermeister vermögen die einzelnen Eisengewerbe Messer- und Sensen-, Nagel-, Draht-, Huf- und Waffenschmiede ohne Verleger auszukommen, stehen gleichfalls zu ihnen im Verhältnis wechselseitiger Verpflichtung. Der Verleger gibt Geld und Rohstoff her und vermittelt — in welchem Umfang bleibt noch zu untersuchen — auch den Absatz.[1] Die vom Verleger gewährte Hilfe bringt aber nicht nur in die städtischen Werkgäden Leben, sondern wirkt zum Beispiel bei den Messer- und Nagelschmieden auch weit aufs platte Land hinaus.

Auch die Eisenverarbeitung vollzieht sich also in streng gebundenen Formen, die sich zum großen Teil schon aus dem Zunftcharakter ergeben: begrenztes Ausmaß der Produktion, beschränkte Zahl der Arbeitskräfte und fester Lohnsatz, dazu die prinzipielle Beschränkung der Produktionsrechte auf die Zünftler, der Vertriebsrechte auf die städtischen Handwerker. Diese Gebundenheit kommt jedoch auch noch in anderen von oben her gegebenen Ordnungen, in Vorschriften über den Preis der Handwerkswaren, gelegentlichen Anläufen zur Festsetzung eines Preismaximums und -minimums, in Unterbindung des Großbetriebes, in der Rationierung des Rohstoffbezuges zum Ausdruck. Damit aber ist schon die Frage aufgeworfen, wie sich der Einfluß der öffentlichen Gewalt in dieser besonderen Richtung, in ihrem Gesamtverhältnis zur Industrie ausgewirkt habe.

Gleich der Rohstofferzeugung und dem Handel wird auch das gesamte Gebiet der Eisenverarbeitung von der Staatsverwaltung mit fester Hand umklammert. Dient ja doch die Fabrikation den Interessen des Kammergutes in besonders hohem Maße, weil der Verkauf fertiger Erzeugnisse mehr einbringt als der Vertrieb des rohen und halbverarbeiteten Eisens, mithin reichlichere Mauterträgnisse abwirft, überhaupt die allgemeine Steuerfähigkeit kräftiger erhöht. Schon im 15. Jahrhundert ist die landesfürstliche Autorität genügend erstarkt, um namentlich den verschiedenen Handwerksverbänden, Messer-, Klingen-, Sensen-, Nagel- und Hufschmieden ihre Ordnungen vorschreiben zu können. Entweder greift der Landesherr in eigener Person ein, indem

[1] Bittner a. a. O. S. 565.

er Zunftsatzungen und Zunftprivilegien erläßt oder bestätigt oder es haben sich die Zentral- und Spezialbehörden, die Hofkammer, die Amtsleute am Erzberg, in später Zeit ganz besonders der Eisenobmann mit der Erledigung gewerblicher Fragen zu befassen.[1] Als Exekutivorgane für die landesfürstlichen Verordnungen dienen zum Teil die städtischen Obrigkeiten. Die Fürsorge der höchsten Gewalt erstreckt sich weiterhin insbesondere auf die Sicherung und gerechte Verteilung des Rohstoffes. Den Werkstätten der verschiedenen Städte wie auch den einzelnen Verarbeitern werden — zum Teil in sehr detaillierter Systemisierung — ihre Rationen zugemessen,[2] wobei der Steyrer Klingenschmiede mit besonderem Nachdruck gedacht wird. Und so wie die Rohstoffzufuhr innerhalb des Landes durchwegs hemmungslos und proportional dem Bedarf verlaufen soll, so erbaut der Staat auch Schutzdämme gegen den Abfluß ins Ausland durch die Errichtung von Eisenkammern, die Auflage hoher Ausfuhrzölle, Verbote des Exports von Rohklingen, Schleifsteinen und Sensenknütteln. Aber nicht nur durch die Sicherung des Rohstoffes, auch durch Erhaltung der Arbeitskräfte im Lande soll die heimische Industrie den Untergrabungsversuchen der fremden Konkurrenz widerstehen können. Deshalb gegen Ende des 18. Jahrhunderts die scharfen Auswanderungsverbote für „Feuerarbeiter", um den Umtrieben ausländischer Emissäre die Spitze zu bieten. Rohmaterial und Arbeitskräfte aber soll der heimische Erzeuger auch mit vollem Gewinn, ungestört durch die Konkurrenz des Auslandes ausnützen können. Wie gegen fremdes Eisen werden die Landesgrenzen schon ziemlich frühzeitig auch gegen ausländische Fabrikate wenigstens zeitweilig gesperrt, etwa, wenn dem Inhaber einer herabgekommenen Werkstatt deren Wiederaufrichtung ermöglicht werden soll. So verbietet Kaiser Ferdinand III. auf das Gesuch des Adam Achtmark für sechs Jahre die Einfuhr verzinnten ausländischen Bleches, damit Achtmark seinen ganz baufälligen und abgeödeten Werkgaden zu Wendbach, den er vom Kaiser zu Lehen habe und wo verzinntes Blech gemacht werde, wieder instand setzen und erhalten könne.[3] Zugunsten eines einzelnen wird also hier eine allgemeine Sperre verhängt. Und später einmal protestieren die Kirchdorfer Sensenschmiede gegen die Zulassung ausländischer Sicheln, die durch ältere und jüngere landesfürstliche Patente und Generalien „schärfest" verboten seien.[4] Für den

[1] Der Eisenobmann wird insbesondere als „Vogtobrigkeit" der Kirchdorf-Micheldorfer Vereinigung stark in Anspruch genommen. (Zahlreiche Belege im K. M.)

[2] Schoiber a. a. O. S. 163. Abgabs-Systema (1768) L. A., Halamt Aussee, Rubr. I; Waldsachen n. 27.

[3] A. Fr.

[4] K. M. IV. 1779 6. und 21/XII.

Schutz aber, den er den Gewerbetreibenden gewährt, verlangt der Staat von ihnen gleichfalls Gleichmäßigkeit, Güte und Gerechtigkeit in Erzeugung und Absatz, duldet er auch bei ihnen keinen Verstoß gegen Qualität oder Gewicht, keinen Preisexzeß. Sie sollen sich nicht durch unlauteren Wettbewerb gegenseitig schädigen, noch auch ihre Abnehmer durch ungebührliche Forderungen oder absichtlich schlecht gemachte Arbeit schikanieren. Die Kontrollordnungen werden auch auf die Verarbeiter, zum Beispiel auf die Klingen- und Nagelschmiede, ausgedehnt. Die Handwerker eines Ortes sollen nicht denen eines anderen durch Ungleichheit der Arbeit oder durch Unterbieten des Preises Eintrag tun, brauchen sich aber auch durch die Händler nicht die Preise herabdrücken zu lassen.[1] Eine scharfe Zurechtweisung erfahren besonders die Hufschmiede, die zum Danke dafür, daß ihnen das Eisen außerhalb des gesteigerten Satzes gegeben werde, Radmeister, Fuhrleute und andere „hoch dringen und beschweren", mit dem althergebrachten Lohn nicht zufrieden seien, die Rosse „vernageln und verderben".[2] Auch Konflikte zwischen Meistern und Knechten wie zwischen den einzelnen Organisationen der Gesellen selbst finden durch das Eingreifen von Regierungsorganen ihren Austrag.[3] So tritt auch der Klasse der Eisenverarbeiter die landesfürstliche Regierung als ordnende und ausgleichende, schirmende und richtende Macht gegenüber.

In der durch das Zunftwesen gegebenen Beschränkung der Produktion, die überstürzter Arbeit vorbeugen, auch dem ärmeren Meister sein Daseinsrecht sichern will, in den strengen Bedingungen für den Erwerb der Meisterschaft, die den Gesellen nötigen, seine Lehrlings-, Dienst- und Wanderzeit zu gründlichster Ausbildung zu benützen, bei der Prüfung sein Können durch strengste Proben zu erweisen — in all dem liegt doch ein heilsamer Zwang, dem das österreichische Eisenhandwerk die hohe Qualität seiner Erzeugnisse und deren Wertschätzung in der Heimat wie in fremden Ländern verdankt. Über alle Beschränkungen und Hemmungen hinweg, trotz häufiger Erschwerung des Rohstoffbezuges und der auch in den Kreisen der Verarbeiter viel beklagten Mautplage hat es doch in einer ganzen Reihe seiner Zweige den Anforderungen des Weltmarktes zu genügen vermocht.

---

[1] Schoiber a. a. O. n. III, S. 104 u. 105. K. M. IV. 1—10. 1062 26/III.: Eisenobmann an die Zech- und Viermeister. 1637 22/III., „Eisenobmännische Ordonnanz auf den Sensenverkauf nächstkünftig zu Oster-Linzermarkt".

[2] Vordernberger Amtsordnung Erzherzog Karls. — Vgl. das früher über die Nagelschmiede Gesagte.

[3] Schoiber a. a. O.

An den Vertrieb des Rohstoffes und seine Verarbeitung innerhalb der Alpenländer selbst schließt sich ein schwunghafter Export, für den wir kaum noch weitere Zeugnisse beizubringen brauchen. Was der inländische Markt an Material nicht aufzunehmen vermag, was die heimischen Handwerker nicht für den Kriegs- und Friedensbedarf verwerten, das alles — und wie die Klagen über Zeugmangel beweisen, noch viel mehr — strömt hinaus in die Welt. Über Wege und Ausdehnung des Handels mit unverarbeitetem Eisen, über die Aufteilung des Marktes konnten wir uns schon aus den Verordnungen über die Abgrenzung der Verschleißbezirke unterrichten, deren Angaben durch andere Quellen vollauf bestätigt werden. Doch wollen wir uns am Ende unseres langen Weges den Absatzbereich des alpenländischen Eisens nochmals in seiner weltumfassenden Weite vor Augen führen. Als Handelsgebiete werden neben Steiermark und Kärnten selbst genannt die Länder ob und unter der Enns, Böhmen, Mähren, Schlesien, der Machtbereich der Stephanskrone, Tirol, Salzburg und das heilige römische Reich in seinem ganzen Umfang bis hinauf zur Seeküste, ferner England, Holland, Frankreich, Italien und außereuropäische Gebiete. Also weit über die Grenzen der Erzeugungsländer hinaus erstreckt sich der Handel. Dem Begriff des „Auslandes“ wird nun freilich die stärkste Ausdehnung gegeben. Unter ihn fallen nicht nur jene Territorien, die wir heute als „österreichische“ bezeichnen, die aber zwischen 1500 und 1800 noch gar nicht zum habsburgischen Länderbesitz gehört haben oder doch zeitweise nicht von Wien oder Graz aus regiert worden sind, wie das selbständige Hochstift Salzburg und Tirol, das längere Zeit (1564 bis 1594 und 1602 bis 1665) unter der Herrschaft einer habsburgischen Nebenlinie gestanden ist. Vielmehr wird jedes Nachbarland, auch wenn es zum Kreise der „Erblande“ gehört, zum „Ausland“ gerechnet — so die Sudetenländer gegenüber dem Erzherzogtum ob der Enns, so Ungarn gegenüber Wien und Steiermark, von wo aus viel Eisen in die Gebiete jenseits der Leitha abgeflossen ist. Jeder Eisensatz gilt nur für ein bestimmtes Land und keines will sich im Eisenbezug zugunsten eines anderen verkürzt sehen — eine der Erscheinungsformen des in den habsburgischen Ländern so stark ausgeprägten und schwer zu überwindenden wirtschaftlichen Sondergeistes.

Vorzüglich begehrt ist, wie wir wissen, im In- und Ausland das weiche Eisen, dessen die Schmiede zur Erzeugung von Alltagswaren nicht entraten können, dessen Ausfuhr daher von der Regierung mehr als einmal zum Schutze der österreichischen Industrie gesperrt wird. Durch diese Verbote geraten aber die Eisenhändler in Schwierigkeiten gegenüber ihren ausländischen Abnehmern, die den harten Zeug gleichfalls nur unter Beigabe von weichem Eisen haben wollen.[1] Dessen ungeachtet vermögen aber namentlich die Innerberger auch mit ihrem vorzüglichen Stahl große Umsätze in den böhmischen Ländern, im Reich, ja selbst in England und Holland und in den „vornehmsten Seestädten" zu erzielen. Im Jahre 1696 wird das Quantum des im jährlichen Durchschnitt „in fremde Provinzen verführten und an den Mann gebrachten" steirischen Stahles auf ungefähr 12.000 Zentner berechnet, wodurch 100.000 Gulden ins Land hereingebracht würden.[2] Hinter der Ausfuhr des Rohstoffes bleibt der Handel mit fertigen Erzeugnissen nicht zurück. Namentlich Messer und Sensen genießen verdientes Ansehen in aller Herren Ländern.[3]

Wir haben versucht, uns das steirisch-kärntnerische Eisenwesen in seiner reichgegliederten Organisation, seiner mächtigen Verzweigung zu vergegenwärtigen, seine typischen Lebensformen im Zeitraum von etwa drei Jahrhunderten zu erfassen. Es stellt sich uns dar als ein dreigliedriger Körper mit den Herzkammern Steyr, Leoben, Althofen und St. Veit an der Glan. Und dieser Körper reckt seine Arme aus über den Kreis der Alpenländer, über das Gesamtgebiet des alten Habsburgerreiches, über die Agrarländer des Ostens wie über die höher kultivierten Weststaaten. Der Eisenhandel umspannt den ganzen Raum von der Adria bis zu den nördlichen Meeren, selbst der Ozean setzt ihm keine Grenzen. Neben dem böhmischen Glas, dem tirolischen und ungarischen Kupfer, dem Quecksilber Idrias dankt Österreich den Erzeugnissen seiner beiden Erzberge seinen ehrenvollen und einträglichen Anteil am Weltverkehr und gewinnt im Eintausch gegen Eisen die Produkte des Südens und der Levante.

Mit einem flüchtigen Streifblick auf eine jenseits des rein Wirtschaftlichen hervortretende, hochbedeutsame Auswirkung des Eisenwesens, auf tiefere geschichtliche Zusammenhänge möge diese einleitende Betrachtung beschlossen sein. Die habsburgischen Herrscher haben zu allen Zeiten das Eisenwesen als eine ihrer stärksten Finanzquellen gefördert, wo und wie sie konnten, es als eines ihrer kostbarsten Kammergüter mit vollem Recht wertgehalten. Aber sie haben der Entfaltung der Eisenproduktion, so möchten wir glauben, doch noch weit mehr zu danken ge-

---

[1] Vgl. S. 46. Bittner a. a. O. S. 561.

[2] H. K. 1700 III. 26. (1699 7/IX. Innerberger Hauptgewerkschaft an den Kammergrafen.)

[3] Näheres noch in der späteren Darstellung.

habt, als nur die Bereicherung ihrer finanziellen und militärischen Macht≈mittel. Wir dürfen gewiß die Eisenwirtschaft denjenigen Kräften beizählen, die das Habsburgerreich haben aufbauen und so lange am Leben erhalten helfen. Das Eisen belebt den Wechselverkehr zwischen den einzelnen Erbländern, schlägt die Brücke von einem zum anderen. Steiermark ist mit den Ländern ob und unter der Enns buchstäblich durch eiserne Klammern verbunden. Sein Erzberg nährt die Industrien der beiden Erzherzogtümer, die mit ihrem Überschuß an Agrarprodukten dem ärmeren Nachbarland aushelfen müssen. Auch Böhmen gibt für Salz und Eisen Lebensmittel an die Alpenländer ab, Ungarn spendet Ge≈treide. Die Krainer Nägel werden aus kärntnerischem Eisen fabriziert. So kittet der Eisenhandel die einzelnen Bestandteile des vielgestaltigen Reiches fester aneinander. Auch die Geschichte des Eisenwesens bringt uns die wirtschaftliche Zusammengehörigkeit der einstmals unter habs≈burgischem Zepter vereinigten Völker mit voller Klarheit zur An≈schauung. Auch sie gibt uns die Lehre, daß dieses einzigartige Staats≈gebilde doch nicht nur durch Dynastie, Verwaltung, Heer und Glaubens≈einheit äußerlich zusammengehalten worden, sondern aus wirtschaft≈lichen Notwendigkeiten organisch erwachsen, mindestens durch sie ge≈stützt worden ist. Das Eisenwesen dient der „wirtschaftlichen Gesamt≈staatsidee" oder — wie man es im 18. Jahrhundert bezeichnet hat — dem Gedanken des „Universalkommerziums", dessen Verwirklichung freilich der eingefleischte wirtschaftliche Länderpartikularismus im Wege steht. Als eine staatsbildende Kraft, die ihm die Genesis und die lange Dauer der österreichischen Großmacht erklären hilft, wird darum auch der politische Historiker diese gewaltige Erscheinung würdigen müssen.

Eng verwachsen mit dem Habsburgerstaat haben die Eisenkammer≈gutsleute aber auch dessen innere und äußere Krisen miterleben und miterleiden müssen. Ungarn≈ und Türkeneinfälle, religiöse und soziale Bewegungen, Habsburgs Doppelkampf gegen Türken und Franzosen, die Kriege der theresianisch≈josefinischen und der napoleonischen Zeit — alle diese Ereignisse haben ihre schmerzlichen Abdrücke auch in der Geschichte unserer Eisenländer hinterlassen. Und es ist die böse Kehr≈seite ihrer weitverzweigten internationalen Beziehungen, daß sie von Vorgängen der Weltpolitik auch dann nicht unberührt bleiben können, wenn diese Ereignisse sich vielleicht tausend Meilen weit vom Eisengebiet abspielen. Um nur ein Beispiel vorwegzunehmen: die fran≈zösischen Wirren in der Hugenottenzeit und der etwa gleichzeitige polnisch≈schwedisch≈russische Krieg haben die Steyrer Messerindustrie durch Hemmung der Rohstoffzufuhr und des Absatzes in schwere Not gebracht. So ist Kriegszeit auch für die Eisengewerken, wenn auch die Waffenerzeugung blühen mag, doch stets eine schwere Zeit und als ein „Gottesgeschenk“ begrüßen sie den Wiederanbruch des Friedens, der ihnen Wiederbelebung ihrer Werkstätten verheißt. Die empfindliche Eisenkörper reagiert gleich lebhaft auf elementare wie auf politische Störungen und seine Geschichte zwingt den Forscher zum weitesten räumlichen und stofflichen Umblick.

GPSR Compliance

The European Union's (EU) General Product Safety Regulation (GPSR) is a set of rules that requires consumer products to be safe and our obligations to ensure this.

If you have any concerns about our products, you can contact us on ProductSafety@springernature.com

In case Publisher is established outside the EU, the EU authorized representative is:

Springer Nature Customer Service Center GmbH
Europaplatz 3
69115 Heidelberg, Germany

Batch number: 10684220

Printed by Printforce, the Netherlands